中国科学院专家课

# 生态环境保护二十讲

朱永官　　陈卫平◎主编

人民日报出版社

北　京

**图书在版编目（CIP）数据**

中国科学院专家课：生态环境保护二十讲 / 朱永官，
陈卫平主编 . -- 北京：人民日报出版社，2025.4
　ISBN 978-7-5115-8262-1

　Ⅰ.①中… Ⅱ.①朱… ②陈… Ⅲ.①生态环境保护
Ⅳ.① X171.4

中国国家版本馆 CIP 数据核字 (2024) 第 072581 号

书　　　名：中国科学院专家课：生态环境保护二十讲
　　　　　　ZHONGGUO KEXUEYUAN ZHUANJIAKE:
　　　　　　SHENGTAIHUANJING BAOHU ERSHIJIANG
作　　　者：朱永官　　陈卫平

出 版 人：刘华新
责任编辑：霍佳仪　　张炜煜
版式设计：元泰书装

出版发行：人民日报出版社
社　　　址：北京金台西路 2 号
邮政编码：100733
发行热线：（010）65369509　65369512　65363531　65363528
邮购热线：（010）65369530　65363527
编辑热线：（010）65369514
网　　　址：www.peopledailypress.com
经　　　销：新华书店
印　　　刷：大厂回族自治县彩虹印刷有限公司
法律顾问：北京科宇律师事务所 010-83622312

开　　　本：710mm×1000mm　　　1/16
字　　　数：265 千字
印　　　张：22
版　　　次：2025 年 4 月第 1 版
印　　　次：2025 年 4 月第 1 次印刷

书　　　号：ISBN 978-7-5115-8262-1
定　　　价：58.00 元

**如有印装质量问题，请与本社调换，电话：（010）65369463**

# 编委会

# 序

　　1972 年斯德哥尔摩联合国人类环境会议后，环境问题开始成为全球发展的焦点之一，其对社会经济发展的影响在我国也逐步得到重视。1973 年 8 月第一次全国环境保护会议在北京召开，标志着我国环境保护事业的开始。之后，我国生态环境保护制度逐步建立、不断健全完善。党的十八大以来，以习近平同志为核心的党中央把生态文明建设摆在全局工作的突出位置，2018 年 3 月通过的《宪法修正案》将生态文明写入《宪法》，表明了我们党加强生态文明建设的坚定意志和坚强决心，也昭示着我国要从建设生态文明的战略高度来认识和解决生态环境问题。生态文明是人类文明发展的一个新的阶段，也是人类文明发展的历史趋势。

　　生态环境事关民生福祉，关系区域社会和经济的可持续发展，不断提升生态环境保护水平是当前我国全面建设社会主义现代化国家的内在要求。传统的工业化在创造大量物质财富的同时，也过度消耗自然资源，大范围破坏生态环境，大量排放各种污染物，人类为此付出了沉痛的代价。为了避免走发达国家"先污染后治理、牺牲环境换取经济增长"的老路，我国一直积极探索环境保护新道路。生态文明思想是我国在充分吸纳中华传统文化智慧并反思工业文明与现有发展模式的不足，积极推进人类文明进程的重大贡献，为统筹解决区域乃至全球经济社会发展与资源环境问题提供了全新的指导理念和实践路径。

本书集中了中国科学院生态环境中心研究人员的智慧和傅伯杰院士、贺弘院士、欧阳志云（美国科学院外籍院士）等多位生态环境领域知名院士专家的真知灼见，围绕新时期我国生态环境热点问题和国家重大需求，甄选了生态安全、碳中和与持续发展、生态产品价值实现、国家公园、生物多样性保护、碳汇功能提升、山水林田湖草沙一体化保护、城市生态等生态保护相关热点主题8个，土壤环境、水环境、大气环境、废弃物循环利用、新污染物等环境污染防治相关的主题12个。为了确保本书的专业性，我们还邀请在相关主题深耕多年的中青年学术骨干执笔。在撰稿写作过程中，进一步突出了通俗性、科普性、实用性和前瞻性，通过对国家相关政策的系统解读、发展现状与趋势分析、实践案例的深入剖析，阐释了我国在生态环境保护中存在的问题、解决的路径与未来的展望。本书提出了"碳中和：引领可持续发展之路""优化城市生态格局：生态融入城市""新污染物治理：应对新挑战推动高质量发展""雾霾之战：追寻蓝天的足迹""土壤健康：从农田到餐桌"等多个新颖的观点，希望借此抛砖引玉，推动我国在生态文明建设的实践更上一层楼。

生态环境问题复杂多样，本书仅抓住若干主要问题进行阐述，不能全面概括和体现我国生态环境事业发展需求。本书旨在为党政领导干部和生态环境领域的管理者全面了解我国生态环境保护问题、技术现状、发展趋势及解决路径提供参考。限于作者水平，错误与不足之处在所难免，敬请读者们批评指正。

中国科学院院士，发展中国家科学院院士

中国科学院生态环境研究中心主任

2025 年春

# 目　录

## 第1讲

# 生态修复：筑牢我们的绿色防线

孔令桥[①]，欧阳志云[②]

在经济快速发展的今天，生态问题日益凸显，如何在发展与保护之间找到平衡，成为亟待解决的难题。我国作为世界上生物多样性最丰富的国家之一，生态系统复杂多样，但同时也面临着诸多挑战。从森林、草地到湿地、荒漠，每一类生态系统都是国家生态安全的重要组成部分。开展生态保护修复，不仅是为了应对生态退化的现状，更是为了给子孙后代留下一片绿水青山。**本讲将深入探讨我国生态系统现状和问题、生态保护修复工程的成效，以及如何多措并举筑牢国家生态安全屏障。**

生态系统是指一定地域空间内的生物与其环境构成的功能整体，包括植物、动物、微生物等生物组分，以及水、土壤、矿质营养、气候条件等非生物组分等。生态系统为人类创造了生存发展的基础条件，包括粮食生产、水资源供给、碳固定等。然而，在全球气候变化

---

① 孔令桥：博士，中国科学院生态环境研究中心副研究员，中国科学院青年创新促进会会员。主要从事区域生态系统评价、生态系统服务与生物多样性保护、生态保护空间优化等方面的研究。

② 欧阳志云：博士，中国科学院生态环境研究中心研究员，美国国家科学院外籍院士，主要从事生态系统服务功能、生态规划与保护、城市生态、生物多样性保护等方面的研究。

和人类活动共同影响下，出现了生物多样性丧失、环境污染、生态系统退化、生态服务功能下降等诸多生态环境问题。1989 年，国际应用系统研究所提出生态安全的概念。在我国，2014 年 4 月 15 日召开的中央国家安全委员会第一次会议上，生态安全正式作为国家总体安全的重要组成部分，被明确纳入国家安全体系。

## 一、我国生态系统状况与面临的问题

### （一）我国生态系统状况与变化趋势

我国生态系统复杂多样，空间差异大，森林、草地、荒漠和农田是我国的主要生态系统类型，2020 年这四类生态系统面积之和占全国总面积的 82.7%。其中，草地是我国面积最大的生态系统类型，占总面积的 29.1%，其次为森林、农田和荒漠，分别占 21.1%、18.1% 和 14.4%，而城镇总面积较小，占总面积的 3.3%。

2000 年以来，高速城市化、巨大的资源开发压力和生态保护与恢复的综合作用重塑了我国生态系统格局，表现为森林、湿地和城镇生态系统面积增加，草地、荒漠和农田生态系统面积减少。生态系统格局变化剧烈的地区集中在以下三类区域。

一是城镇生态系统扩张区，主要分布在东部和中部地区，包括长江三角洲、京津冀、珠江三角洲、成渝地区、山东半岛、辽东半岛和福建沿海等城镇化发展较快的区域，以及河南中部、陕西关中地区和湖北武汉周边地区。

二是农田生态系统扩张区，主要分布在东北三江平原湿地区、新疆绿洲与甘肃中西部绿洲周边荒漠区以及内蒙古大兴安岭草地区等区域。

三是森林、灌丛生态系统恢复区，主要分布在黄土高原、四川盆地周边、贵州、云南、重庆、辽宁西部、山西和内蒙古中部等退耕还林还草重点区域。

我国森林、灌丛、草地生态系统质量整体较低。自 2000 年以来，我国自然生态系统质量持续改善，优、良等级面积占比由 35.6% 增加至 43.4%；低、差等级面积占比由 45.1% 降至 41.0%。生态系统服务功能也稳步提升。

## （二）我国生态安全面临的主要问题

我国自然生态系统质量与生态系统服务功能呈总体改善趋势，但是，我国生态安全形势依然严峻，面临以下主要问题。

### 1. 生态系统脆弱，生态退化风险高

我国是世界上生态环境脆弱的国家之一。由于气候与地理条件的原因，形成了一系列生态脆弱区，包括青藏高原区、长江和黄河上游地区、喀斯特岩溶地区、黄土高原丘陵沟壑区、干旱荒漠区、农牧过渡带和海岸带。在高强度的人类干扰下，生态系统退化严重，人与自然的矛盾非常突出。据全国生态系统调查资料显示，我国生态高度敏感区域面积达 390 万平方公里，占国土面积的 40.6%。其中，沙漠化高度敏感以上区域达 154 万平方公里，占国土面积的 16%；水土流失高度敏感以上区域达 88 万平方公里，占国土面积的 9.2%；盐渍化高度敏感以上区域达 129 万平方公里，占国土面积的 13.4%；石漠化高度敏感以上区域达 19 万平方公里，占国土面积的 1.98%。

### 2. 自然生态系统质量低，局部地区仍在恶化

虽然我国森林、草地生态系统质量在明显改善，但由于长期的森林资源开发与草地过度放牧，全国森林与草地总体质量低下，森林、

草地生态系统质量为低等级与差等级的面积比例分别占森林与草地总面积的 41.6% 和 53.5%，局部地区生态系统质量仍在下降。

### 3. 生态系统人工化加剧

人工林、库塘等人工湿地和城镇面积显著增长，自然森林、沼泽湿地和自然草地面积持续减少，生态系统人工化趋势进一步加剧。全国人工林面积约占森林生态系统面积的 1/3 以上，桉树面积持续增加，如 2010 年海南桉树等浆纸林面积达到 1941 平方公里，占全省森林面积的 21.1%，比 2000 年增加了 70.3%。全国城镇面积明显增加，2000—2020 年增加了 10.37 万平方公里，比 2000 年增加 51.5%。全国水库数量 9.8 万多座，水库水面占全国陆地水体总面积的 30% 左右，总库容 8983 亿立方米，占全国河流径流总量的约 33%，水库数量、库容还在快速增加。滨海滩涂湿地萎缩，减少 15.1%，人工湿地面积增加 25.3%。

### 4. 许多珍稀动植物面临严重威胁

由于野生动植物栖息地丧失与退化，许多珍稀动植物面临灭绝风险。据统计，我国有 9 种植物、4 种兽类共 13 种珍稀动植物物种已野外灭绝，包括华南虎、白暨豚、儒艮和斑鳖。处于极危等级的植物 614 种、动物 207 种，共 821 种；处于濒危等级的植物 1313 种、动物 670 种，共 1983 种；处于易危等级的植物 1952 种、动物 1025 种，共 2977 种。

### 5. 生物入侵危害严重

自 20 世纪 80 年代以来，随着对外贸易与交流的增加，外来入侵物种的种类和危害急剧增加。我国成为世界上遭受生物入侵危害最为严重的国家之一。外来入侵物种对我国的经济、生态、生物多样性以及社会环境和人类生活安全等已经造成非常严重的威胁，给国家的经济社会发展造成了极其严重的损失。据统计，全国外来入侵植物 515 种，隶属 72 科 285 属，其中恶性入侵类 34 种，严重入侵类 69 种，局部入侵类 85 种，主要分布在我国西南及东部沿海地区，并进一步扩散到内陆各省。截至 2020 年 12 月 31 日，收集到中国外来动物 844 种，隶属 8 门 22 纲 87 目 291 科 591 属。

6. 全国土地退化仍然严峻

虽然 2000 年以来我国土地退化问题的严重程度持续减弱，重度以上面积显著减少，但我国土地退化问题仍然广泛分布，形势仍然严峻，主要包括水土流失、土地沙化、石漠化等。我国土地退化总面积 294.1 万平方公里，占国土面积的 30.6%。土地沙化与水土流失面积较大，分别占退化总面积的 58.8% 与 46.8%。重度以上土地退化面积达 140.9 万平方公里，占土地退化总面积的 47.9%。其中，水土流失主要分布在黄土高原地区和西南地区，以轻度为主；土地沙化主要分布在我国西部、西北部以及华北、东北的局部地区；石漠化主要分布在云南、贵州，以及云南与广西交界的地区。

7. 城市生态功能退化严重，人居环境有待改善

全国城镇扩张现象普遍。自 2000 年以来，17 个重点城市主城区范围均呈较大规模扩张，北京、天津、重庆、成都、武汉等多数重点城市建成区呈"摊大饼"式的单中心扩张模式。城市生态调节功能不断降低，全国所有大城市"热岛效应"不断增强，以地表温度为例，北京、天津、上海、广州、重庆、武汉等城市的"高温区"范围都明显增加，其中，上海主城区内"高温区"所占比例由 2000 年 9.2% 增加到 2010 年的 47.7%。全国 62% 的城市发生过城市内涝，其中 74.6% 最大积水深度超过 50 厘米，给城市居民生活带来严重影响。城市绿地结构简单，外来植物比例高，如北京城区外来植物物种占比

高达 52.7%，野生动植物种类少、种群数量低。城市花粉致敏植物种类多，过敏人群快速增长，如北京城区有花粉致敏植物 99 种，深圳市城区花粉致敏植物有 186 种。

### 8. 流域生态环境恶化

由于水资源与水电资源的大规模开发，我国河流断流、湿地丧失及废水排放显著增加，水环境污染严重、生物多样性减少且生态调节功能降低。长江流域、黄河流域和海河流域的生态环境恶化趋势尤为显著。海河流域水资源过度开发、地下水位持续下降、河流断流与水环境污染问题突出。水资源总开发利用程度为 98%，干流及主要支流全面断流，50% 以上河流支流断流天数呈显著增加趋势。全流域浅层地下水超采严重，总开发利用程度高达 110.4%。2011 年海河流域受水区浅层地下水超采区面积为 5.83 万平方公里，占总面积的 45.54%。流域内森林生态系统质量远低于全国的平均水平，水土流失面积也较大。黄河流域也面临严重的水资源过度开发、河流断流加剧、水环境污染问题，同时水土流失严重，生态系统质量降低。除此之外，长江流域还存在自然湿地丧失严重、水生生物多样性丧失加剧。自 2000 年以来长江流域沼泽湿地丧失 742.1 平方公里，湖泊丧失 220.7 平方公里。长江上游支流水电开发强度大，河道断流快速增加，导致河道片段化和江湖阻隔，野生动植物栖息地丧失与退化，水生生物多样性丧失严重。

### 9. 矿产资源开发生态破坏严重，环境风险大

全国矿产资源开发扩张迅速。2010 年直接破坏地表面积在 5 公顷以上的矿产开发点达 52566 个，分布于全国 1774 个县。新增矿区 60% 分布在西部地区。矿产资源开发带来的生态环境破坏和环境污染严重，地面沉降、滑坡、地裂缝和溃坝等次生地质灾害频发，对人民

生命财产造成重大损失。

## 二、生态保护修复工程与成效

近 40 年来，我国启动了一系列投资巨大、在国内甚至世界上都具有重要影响的生态系统保护与恢复工程。仅 1998 年起至 2015 年，在占我国国土面积 65% 的土地上，这些生态保护和恢复工程共投资 3785 亿美元、调动了 5 亿劳动力（根据国外文献数据），这是世界上史无前例的。这些努力使得我国的自然环境与人民的生活环境得到显著改善，也助力实现全球可持续发展目标。

### （一）典型生态系统保护与恢复工程

#### 1. 天然林保护工程

天然林资源保护工程是我国针对生态环境不断恶化的趋势做出的果断决策，是我国六大林业重点工程之一。天然林资源保护工程从 1998 年开始试点，2000 年 10 月，国务院正式批准了《长江上游黄河上中游地区天然林资源保护工程实施方案》和《东北内蒙古等重点国有林区天然林资源保护工程实施方案》，标志着天然林保护工程正式实施。天保工程实施范围包括以三峡库区为界的长江上游地区、以小浪底库区为界的黄河上中游地区和东北、内蒙古、新疆、海南重点国有林区，覆盖我国 17 个省份，以国有森工企业为实施单位。天然林保护工程以从根本上遏制生态环境恶化，保护生物多样性，促进社会、经济的可持续发展为宗旨；以对天然林的重新分类和区划，调整森林资源经营方向，促进天然林资源的保护、培育和发展为措施，以维护和改善生态环境，满足社会和国民经济发展对林产品的需求为根本目的。对划入生态公益林的森林实行严格管护，坚决停止采伐，对划入一般生态公益林的森林，大幅度调减森林采伐量；加大森林资源保护力度，大力开展营造林建设。

2. 退耕还林工程

20世纪90年代后期，我国粮食有节余，加之财政能力的增强，为实施退耕还林工程创造了条件。1999年，退耕还林工程进行试点，根据2000年颁布的《中华人民共和国森林法实施条例》第二十二条规定：25°以上的坡耕地应当按照当地人民政府制定的规划，逐步退耕，植树种草。退耕还林工程主要包含水土流失、风沙危害严重的重点地区。试点范围涉及长江上游的云南、贵州、四川、重庆、湖北和黄河上中游地区的山西、河南、陕西、甘肃等12个省区及新疆生产建设兵团。退耕还林从1999年试点以来，到2002年工程正式全面启动，其范围扩大到湖南、黑龙江、四川、陕西、甘肃等25个省区市和新疆生产建设兵团。1999—2006年，中央累计投入1303亿元，共安排退耕地造林任务926.4万$hm^2$、配套荒山荒地造林任务1367.9万$hm^2$和封山育林任务133.3万$hm^2$。退耕还林工程的全面实施，是我国垦殖史上实现的重大转折，改写了"越垦越穷、越穷越垦"的历史，取得了显著的生态效益和一定的经济效益，并在解决"三农"问题和建设社会主义新农村中发挥了不可估量的作用，工程建设得到了各级政府和亿万农民的拥护和支持。

3. 生态公益林保护工程

森林是陆地生态系统的主体，具有保持水土、防风固沙、涵养水源、改善环境、净化空气等巨大的生态效益。我国生态公益林根据保护程度的不同将其划分为重点保护的生态公益林（简称重点公益林）和一般保护的生态公益林（一般公益林），并分别按照各自特点和规律确定其经营管理体制和发展模式，以充分发挥森林的多种功效。建立了生态公益林重点保护体系，重点保护我国西南、西北、东北、内蒙古自治区的九大重点国有林区和海南省林区的天然林资源（占我国天然林资源总量的 33% 左右），集中分布于大江大河的源头和重要山脉的核心地带，包括长江中上游保护体系，黄河中上游保护体系，澜沧江、南盘江流域保护体系，秦巴山脉核心地带保护体系，三江平原农业生产基地保护体系，松嫩平原农田保护体系，呼伦贝尔草原基地保护体系，天山、阿尔泰山水源保护体系，海南省热带雨林保护体系。2001 年，中央财政建立森林生态效益补助基金，专项用于重点公益林的保护和管理，试点范围包括河北、辽宁等 11 个省（区）。2004 年，中央森林生态效益补偿基金正式建立，补偿金额、面积提升，纳入补偿范围扩大到全国。

### 4. 湿地保护工程

湿地是自然界最富生物多样性的生态景观和人类最重要的生存环境之一，它不仅为人类的生产、生活提供多种资源，而且具有巨大的环境功能和效益，被誉为"地球之肾"。为了实现我国湿地保护的战略目标，2003 年中国国务院批准了由国家林业局等 10 个部门共同编制的《全国湿地保护工程规划（2004—2030 年）》（以下简称《规划》），2004 年 2 月由中国国家林业局正式公布。《规划》将全国湿地保护按地域划分为东北湿地区、黄河中下游湿地区、长江中下游湿地区、滨海湿地区、东南华南湿地区、云贵高原湿地区、西北干旱湿地区以及青藏高寒湿地区，共计 8 个湿地保护类型区域。根据因地制宜、分区施策的原则，充分考虑各区主要特点和湿地保护面临的主要问题，在总体布局的基础上，对不同的湿地区划分了不同的建设重点。2013 年第二次全国湿地资源调查结果显示：全国湿地总面积 5360.26 万公顷（另有水稻田面积 3005.7 万公顷未计入），湿地率 5.58%。纳入保护体系的湿地面积 2324.32 万公顷，湿地保护率达 43.51%。我国已初步建立了以湿地自然保护区为主体，湿地公园和自然保护小区并存，其他保护形式为补充的湿地保护体系。

5. 草地保护工程

2000 年以来，我国先后启动了"京津风沙源治理""天然草原保护工程""退牧还草工程""牧草种子基地建设"等项目和工程，投资草原建设与保护经费达 37.5 亿元。"十五"生态建设和环境保护重点专项规划提出以草原保护为重点任务之一，带动我国生态建设和环境保护的全面展开。草原保护和建设以北方牧区和青藏高原为重点，在内蒙古呼伦贝尔、锡林郭勒、鄂尔多斯，青海环湖、青南，甘肃甘南，西藏北部，四川甘孜、阿坝，新疆天山、阿勒泰等草原分布重点地区，采取人工种草（灌）、飞播种草（灌）、围栏封育、划区轮牧和草地鼠虫害防治等措施，治理"三化"草地。建设节水灌溉配套设施，建立饲草饲料基地和牧草良种繁育体系，变草地粗放经营为集约经营。全面落实《草原法》和草地分户有偿承包责任制，调动广大牧民保护、建设和合理利用草场的积极性。建立草地动态监测体系和草原执法监理体系，切实禁止发菜采挖和贸易，制止毁草开荒、滥挖甘草、麻黄草等破坏植被的行为。同时，搞好南方草山、草坡的保护与建设。通过草地保护、建设和管理，提高牧业生产水平，实现草畜平衡和草场永续利用。农业部根据《全国生态环境建设规划》编制了《全国草地生态环境建设规划》《西部天然草原植被恢复建设规划》和《全国已垦草原退耕还草规划》。2002 年，国家投资 12 亿元，在内蒙古、新疆、青海、甘肃、四川、宁夏、云南等省区和新疆生产建设兵团的 96 个重点县（旗、团场）启动了退牧还草工程。工程实施的目的是让退化的草原得到基本恢复，天然草场得到休养生息，从而达到草畜平衡，实现草原资源的永续利用。

6. 自然保护地建设

自然保护地是重要的生态安全屏障，也是世界公认的自然保护最有效的手段、自然保护战略的核心，对于保护生物多样性及国家生态安全至关重要。自 1956 年建立第一个自然保护区——鼎湖山国家级自然保护区以来，我国已建设形成覆盖森林、草地、湿地、海洋、荒漠等各类生态系统，珍稀濒危动植物物种和种质资源，自然遗迹和自然景观等各类自然保护地。

2013 年 11 月，党的十八届三中全会明确要求"加快生态文明制度建设"，并首次提出"建立国家公园体制"。2015 年 9 月，中共中央、国务院印发《生态文明体制改革总体方案》，明确了生态文明体制改革的八项基础制度，其中提及：中央政府对部分国家公园直接行使所有权；对原有保护地进行功能重组，合理界定国家公园范围，国家公园实行更严格保护等。2017 年 9 月，中共中央办公厅、国务院办公厅印发《建立国家公园体制总体方案》，正式提出国家公园建设的总体框架，明确"国家公园是我国自然保护地最重要类型之一"，"国家公园建立后，在相关区域内一律不再保留或设立其他自然保护地类型"。2017 年 10 月，党的十九大报告提出"建立以国家公园为主体的自然保护地体系"，进一步明确了国家公园在自然保护地体系中的地位。2019 年 6 月，中共中央办公厅、国务院办公厅印发《关于建立以国家公园为主体的自然保护地体系的指导意见》（以下简称《指导意见》），标志着我国国家公园体制建设已经初步完成顶层设计。《指导意见》提出："确立国家公园在维护国家生态安全关键区域中的首要地位，确保国家公园在保护最珍贵、最重要生物多样性集中分布区中的主导地位，确定国家公园保护价值和生态功能在全国自然保护地体系中的主体地位。"

据不完全统计，截至 2020 年底，我国有国家公园、自然保护区与自然公园三大类自然保护地，总数量（不含港、澳、台）超过 10000 个，总面积占陆地面积的 18% 以上。目前我国正在开展的国家公园体制试点区有 10 处（详见第 7 讲）。目前我国自然保护区 2570 处，约占陆域国土面积的 15%。

7. 生态保护红线

为加强生态保护，2011 年，《国务院关于加强环境保护重点工作的意见》（国发〔2011〕35 号）明确提出，在重要生态功能区、陆地和海洋生态环境敏感区、脆弱区等区域划定生态红线。生态红线是指对维护国家和区域生态安全及经济社会可持续发展，在提升生态功能、保障生态产品与服务持续供给必须严格保护的最小空间范围。划定生态红线是维护国家生态安全、增强区域可持续发展能力的关键举措。党的十八届三中全会通过的《关于全面深化改革若干重大问题的决定》中，将划定生态保护红线作为加快生态文明制度建设的重点内容。明确要求"划定生态保护红线"，"建立国土空间开发保护制度"，"建立空间规划体系，划定生产、生活、生态空间开发管制界限，落实用途管制"。2017 年 2 月 7 日，中共中央办公厅、国务院办公厅印发《关于划定并严守生态保护红线的若干意见》，对划定并严守生态保护红线工作做出全面部署，标志着全国生态保护红线划定与制度建设正式全面启动。生态保护红线是国土空间规划中的重要管控边界，通过划定生态保护红线管控重要生态空间，确保生态保护红线生态功能不降低、面积不减少、性质不改变。2019 年，中国"划定生态保护红线，减缓和适应气候变化"行动倡议，入选了联合国"基于自然的解决方案"全球 15 个精品案例。2020 年，"生态保护红线——中国生物多样性保护的制度创新"案例入选了联合国"生物多样性 100+ 全球典型案例"中的特别推荐案例。为了维护和提升生态保护红线的生态环境保护成效，生态环境部 2022 年 12 月组织制定并向社会公开了《生态保护红线生态环境监督办法（试行）》，明确了对生态保护红线内的有限人为活动实行严格的生态环境监督。2023 年 8 月发布的《中国生态保护红线蓝皮书》显示我国划定生态保护红线面积合计约 319 万平方公里，其中，陆域生态保护红线面积约 304 万平方公里（占我国陆域国土面积比例超过 30%），海洋生态保护红线面积约 15 万平方公里。

8. 山水林田湖草沙一体化保护和修复工程

党的十八大以来，党中央、国务院高度重视生态保护修复工作，提出了一系列新理念新思想新战略，习近平在《关于〈中共中央关于全面深化改革若干重大问题的决定〉的说明》中强调："人的命脉在田，田的命脉在水，水的命脉在山，山的命脉在土，土的命脉在树。用途管制和生态修复必须遵循自然规律"，"对山水林田湖进行统一保护、统一修复是十分必要的"，为整体性和系统性的生态保护修复指明了道路。2015 年，中共中央、国务院印发了《生态文明体制改革总体方案》，提出"树立山水林田湖是一个生命共同体的理念"。党的十八届五中全会提出"筑牢生态安全屏障，坚持保护优先、自然恢复为主，实施山水林田湖生态保护修复工程，开展大规模国土绿化行动"。按照国家统一部署，2016 年 10 月，财政部、国土资源部、环境保护部联合印发了《关于推进山水林田湖生态保护修复工作的通知》，对各地开展山水林田湖生态保护修复提出了明确要求。2017 年 8 月，中央全面深化改革领导小组第三十七次会议又将"草"纳入山水林田湖同一个生命共同体。2020 年 8 月 31 日，中共中央政治局会议审议通过的《黄河流域生态保护和高质量发展规划纲要》提出，要"统筹推进山水林田湖草沙综合治理、系统治理、源头治理"，把"沙"纳入了山水林田湖草系统治理当中。自然资源部 2023 年发布的数据显示，我国实施全国重要生态系统保护和修复重大工程规划，累计部署 51 个山水林田湖草沙一体化保护和修复工程。统筹各类生态要素，以流域为主要单元，实施系统治理、综合治理、源头治理，累计完成治理面积 8000 万亩。

9. 全国重要生态系统保护和修复重大工程

为贯彻落实党中央、国务院决策部署，由国家发改委、自然资源部会同科技部、财政部、生态环境部、水利部、农业农村部、应急管理部、中国气象局、国家林草局等有关部门，共同研究编制了《全国重要生态系统保护和修复重大工程总体规划（2021—2035 年）》（以下简称《规划》），2020 年 6 月由国家发展改革委、自然资源部联合印发。《规划》明确提出到 2035 年推进全国森林、草原、荒漠、河流、湖泊、湿地、海洋等自然生态系统保护和修复工作的主要目标，以及统筹山水林田湖草一体化保护和修复的总体布局、重点任务、重大工程和政策举措。该《规划》是党的十九大后生态保护和修复领域第一个综合性规划，部署了 9 项重大工程、47 项具体任务，重点布局在青藏高原生态屏障区、黄河重点生态区（含黄土高原生态屏障）、长江重点生态区（含川滇生态屏障）、东北森林带、北方防沙带、南方丘陵山地带、海岸带等"三区四带"，根据各区域的自然生态状况、主要生态问题，提出了主攻方向。作为新时代国家层面推进生态保护和修复工作的基本纲领，该规划对全国重要生态系统保护和修复重大工程进行了科学布局，从自然生态系统演替规律和内在机理出发，统筹兼顾、整体实施，着力提高生态系统自我修复能力，增强生态系统的稳定性，促进自然生态系统质量的整体改善和生态产品供给能力的全面增强。

### （二）生态保护恢复成效

随着生态保护与恢复工程实施，我国的生态系统得到有效保护、生态问题得到遏制、生态功能显著提升。2018 年 9 月 17 日，国家统计局发布改革开放 40 年经济社会发展成就系列报告。报告指出，改革开放以来，国家逐步加快造林绿化步伐，加强对自然保护区保护力度，推进水土流失治理，重视建设和保护森林生态系统、保护和恢复湿地生态系统、治理和改善荒漠生态系统，全面加强生态保护和建设，国家生态安全屏障的框架基本形成。2013 年，《全国生态保护与建设规划纲要（2013—2020 年）》出台，提出到 2020 年，全国生态环境得到改善，增强国家重点生态功能区生态服务功能，生态系统稳定性加强，构筑"两屏三带一区多点"的国家生态安全屏障。（青藏高原生态屏障、黄土高原—川滇生态屏障、北方防沙带、东北森林带、南方丘陵山地带、近岸近海生态区等集中连片区域和其他点块状分布的重要生态区域）。随着生态保护和监管强化，生态安全屏障逐步构建，我国自然生态系统有所改善，自然保护区数量增加，森林覆盖率逐步提高，湿地保护面积增加，水土流失治理、沙化和荒漠化治理取得初步成效。具体体现在以下三个方面。

1. 森林质量明显提高

第八次全国森林资源清查（2009—2013 年）结果显示，全国森林面积 2.08 亿公顷，森林覆盖率 21.63%，活立木总蓄积 164.33 亿立方米，森林蓄积 151.37 亿立方米。与第一次全国森林资源清查（1973—1976 年）相比，森林面积增加 0.86 亿公顷，森林覆盖率提高

8.93 个百分点，活立木总蓄积和森林蓄积分别增加 69.01 亿立方米和 64.81 亿立方米。2017 年，全国完成造林面积 736 万公顷，比 2000 年增长 44.2%。改革开放 40 年来，我国森林资源呈现出总量增加、质量提升、结构优化的变化趋势。

### 2. 土地退化问题有效遏制

2016 年，全国累计水土流失治理面积 12041 万公顷，比 2000 年增加 3945 万公顷；新增水土流失治理面积 562 万公顷，比 2003 年增长 1.4%。第五次全国荒漠化和沙化土地监测结果显示：截至 2014 年，全国荒漠化土地面积 261.16 万平方公里，沙化土地面积 172.12 万平方公里，有明显沙化趋势的土地面积 30.03 万平方公里，实际有效治理的沙化土地面积 20.37 万平方公里，占沙化土地面积的 11.8%。与 2009 年完成的第四次全国荒漠化和沙化土地监测结果相比，全国荒漠化土地面积减少 1.21 万平方公里，沙化土地面积减少 0.99 万平方公里。与 1999 年完成的第二次全国荒漠化和沙化土地监测结果相比，全国荒漠化土地面积减少 6.24 万平方公里，沙化土地面积减少 2.19 万平方公里。荒漠化和沙化程度逐步减轻，沙区植被状况进一步好转，区域风沙天气明显减少，防沙治沙工作取得了明显成效。

### 3. 生态系统服务功能显著提升

2000 年至 2010 年，对维护国家生态安全具有重要作用的生态系统调节服务功能均有所提升。其中全国生态系统碳固定量提升了 23.4%，土壤侵蚀量降低了 12.9%，洪水调蓄量提升了 12.7%，风蚀量降低了 6.1%，暴雨径流量减少了 3.6%。

## 三、多措并举筑牢国家生态安全屏障

2000 年以来，我国大规模的生态保护恢复取得了显著成效。但我国的生态安全仍然面临诸多挑战，包括：生态系统质量低，城市生态功能低、人居环境恶化，生态安全与粮食安全矛盾仍然严重，生态安全与水资源开发的矛盾持续加剧，气候变化的不利生态影响开始显现，环境污染与资源开发导致的生态风险增加，生态脆弱地区与经济社会发展落后区重叠等。需采取相应的对策与措施应对这些挑战，保障我国生态安全与社会经济的可持续发展。

1. 落实生态安全理念，完善国家生态安全战略

首先，应充分认识生态安全在国家安全中的基础性地位，生态安全是粮食安全、水资源安全、社会安全和经济安全等的重要基础，应协调好各相关安全的关系。其次，落实"生态安全既是目标，也是过程"的理念，坚持尊重自然、顺应自然理念，实行严格生态保护制度，根据生态承载力编制国家与地区国民经济和社会发展规划、区域发展战略、产业布局与城市规划，形成与生态承载力相适应的生产生活方式，从源头上降低生态风险。

2. 坚持保护优先，自然恢复为主的方针，提高生态系统质量与稳定性

遵循生态系统的演替规律，通过严格保护，充分发挥生态系统自生功能，促进受损生态系统恢复，不断提高群落的物种多样性，增强生态系统生态产品与服务功能。生态保护与管理要以增强生态系统服务功能、提高生态系统提供产品和服务能力为目标，坚持保护优先、自然恢复为主的方针，科学规范生态建设与生态恢复，对人工造林、

种草等生态建设工程要进行科学论证和限制，宜林则林、宜草则草、宜荒则荒。在重要的生态功能区采用"退人工用材林和经济林还生态林"的做法。完善生态建设相关政策，提高封山育林、草地封育的经济补贴标准，促进自然恢复。

3. 优化生态安全格局

在区域发展战略上，优化重点生态功能区，保障与增强生态产品的供给能力。根据土地的生态服务供给能力、生物多样性特征，以及粮食生产潜力，优化现有土地利用格局，构建科学、高效的生态安全格局。为保障国家和区域生态安全，明确"生态用地"类型，且其面积应占陆地国土总面积的 50% 以上，并将全国极重要生态系统服务功能的区域划定为生态保护红线区，面积应占陆地国土总面积 30% 以上，并严格管控生态保护红线。

4. 高度重视生态安全与粮食安全的关系

我国当前生态安全问题，主要是由于为了保障粮食生产而造成的，如坡地开垦、草地过牧、水域过度捕捞等问题。在土地利用上，将生态保护极重要区规划为生态保护红线，严格保护。通过农业科技创新与发展，提高耕地粮食生产能力，尽可能避免通过扩张耕地实现粮食增产。进一步加强高标准农田建设，不断培育推广作物新品种，改善耕作制度等，提高粮食单产。同时保护优质农田，严格控制优质耕地的丧失。通过适应性管理促进粮食生产与保护和增强生物多样性及其他生态系统服务的协调。

5. 加快推进以国家公园为主体的自然保护地体系建设

加快国家公园与自然保护地的立法，明确各类保护地的功能与定位。完善国家公园管理体制，提高主管部门与管理机构的管理和协调能力，统一行使自然资源资产所有权和国土空间用途管制权。完善基本农田与国家公园规划建设的关系，提高保护地的完整性。调整和优化自然保护地空间分布，研究自然保护地内生态完整性、特定生态系统及其生态过程、重点保护动植物种群面临的威胁及濒危机制及其与国家公园布局之间的关系，科学合理规划不同类型自然保护地范围与面积。完善国家公园的保障体系，包括法规体系、资金保障机制、执法体系、生态补偿机制和人才保障机制。协调公园社区、居民生产生活与国家公园保护和管理的关系，推进国家公园高质量建设。

6. 系统布局生态保护修复工程

以落实《全国重要生态系统保护和修复重大工程总体规划（2021—2035 年）》为指导，坚持保护优先、自然恢复为主的指导思想，整合生态屏障功能关键区、生态问题区域、气候变化影响和未来生态风险，根据各重点区域的自然生态状况、主要生态问题，系统布局生态保护修复工程，提出可操作性强、符合生态学规律的治理措施。

7. 降低重点生态功能区与生态脆弱区的人口压力

抓住城镇化和工业化带来的人口转移机遇，完善城市户籍管理政策、农村土地流转政策、农牧业产业化政策，并统筹扶贫移民、避灾移民和生态保护，引导人口向城镇集聚，减轻重点生态功能区与生态脆弱地区的人口压力，从根本上解决生态脆弱区保护与发展的矛盾。

8. 推进生态产品价值实现机制

落实绿水青山就是金山银山理念，加快推进制度创新、技术创新，建立生态产品价值实现机制，将生态价值转化为经济效益，保障生态产品（尤其是调节服务）提供者的经济利益，促进优质生态产品的供给与生态公平。

9. 加快推进将生态效益纳入经济社会评价体系

建立生态资产与生态产品总值核算机制，把生态效益纳入经济社会发展评价体系，实施 GDP 与 GEP（生态系统生产总值，详见第4讲）双考核制度，引导各级政府加强生态保护，促进保护与发展协同，预防牺牲生态环境发展经济。

10. 建立与完善生态监测系统

围绕生态系统格局、生态系统结构、生态系统质量、生态资产、生态系统产品、生态问题，完善全国生态监测系统，为掌握生态问题趋势与生态安全状况、生态资产与生态产品总值核算提供系统的数据支持。

11. 加强科技支撑

守住美丽中国的生态安全底线，要落实国家总体安全观，积极有效应对各种挑战与风险，保障我们赖以生存与发展的自然环境和条件不受威胁和破坏。加强生态安全的法制体系、战略体系、政策体系、应对管理体系的研究，提升国家生态安全风险研判、监测预警、应急应对和处置能力。加强环境风险、危险废物、生物安全、外来物种入侵和气候变化等相关科学研究。

## 四、结语

生态系统为人类创造了生存发展的基础条件，生态安全是一个区域与国家经济安全及社会安全的自然基础和支撑，是生态文明建设的目标和最终成果体现。长期不合理的人类活动导致生物多样性丧失、生态系统与生态功能退化，威胁经济社会可持续发展。保护修复生态系统、提升生态系统稳定性与可持续性、预防生态风险、保障生态安全是国家安全的重要组成部分。

近40年来，通过实施一系列大规模生态保护和恢复工程，我国生态系统得以恢复、生态问题得到遏制、生态功能稳步提升。但我国的生态安全仍然面临严峻挑战。为保障我国生态安全与社会经济的可持续发展，需要全面落实生态安全理念，完善国家生态安全战略；贯彻保护优先、自然恢复为主的方针，优化生态安全格局，建设以国家公园为主体的自然保护地体系，推进山水林田湖草沙一体化治理和重要生态区重大生态保护修复工程，提高生态系统质量和稳定性；建立与完善生态产品价值实现机制，将生态效益纳入经济社会评价体系，不断加强生态保护修复科技支撑。为生态文明建设、促进人与自然和谐共生奠定坚实的生态环境基础。

第 2 讲

# 碳中和：引领可持续发展之路

吕　楠[①]，张军泽，吕一河，傅伯杰[②]

随着全球气候变暖的加剧，碳中和成为全球关注的焦点。我国作为世界上最大的发展中国家，积极应对气候变化，提出了碳达峰、碳中和的目标。这不仅是对国际社会的庄严承诺，更是推动我国可持续发展的必然选择。碳中和的实现，将深刻影响我国的经济结构、能源体系和社会发展方式。**本讲将探讨碳中和目标愿景的提出背景，以及如何通过碳中和推动可持续发展。**

2015 年 12 月，《巴黎协定》签订，世界各国在气候变化应对目标上达成一致：应将全球气温增幅控制在不高于前工业化时期 2 摄氏度以内，并争取将其限制在 1.5 摄氏度。2022 年 9 月习近平主席提出中国碳中和路线图：二氧化碳排放力争于 2030 年前达到峰值，2060 年前实现碳中和。碳中和目标愿景的提出为全球的气候变化治理提供了线路图，也为实现可持续发展提供了重要的时代契机。

---

① 吕楠：博士，中国科学院生态环境研究中心研究员，主要从事景观生态学和生态系统生态学等方面的研究。

② 傅伯杰：博士，中国科学院生态环境研究中心研究员，中国科学院院士、第三世界科学院院士、英国爱丁堡皇家学会外籍院士。主要从事景观生态学和自然地理学等方面研究。

## 一、碳中和目标愿景

### （一）"双碳"目标提出的国际背景

工业革命以前的百万年时间尺度上，大气中的二氧化碳浓度一直低于 300 ppm。工业革命以来，人类活动（主要是化石燃料的燃烧）向大气中释放了大量的二氧化碳，二氧化碳浓度在过去 60 年间急剧升高。2021 年，全球大气中平均二氧化碳浓度达到 414.7 ppm 的历史新高。温室气体浓度升高导致温室效应加剧，致使全球气温升高，干旱、暴雨、大风、热浪等各种极端天气频发，人类社会的生存和发展面临巨大的威胁。

1992 年，联合国针对全球气候变暖问题倡导达成了《联合国气候变化框架公约》（以下简称《公约》），旨在防止人为活动继续对气候系统造成干扰，从而减缓气候变化及其对自然、社会与经济系统的危害。这是从全球尺度解决气候变化问题的第一步。然而，从提出国际倡议到形成国际共识，这一过程是波折且缓慢的（见图 2.1）。自《公约》之后的 20 多年，直至 2015 年 12 月，在中国、美国、法国及欧盟等缔约方的共同努力下，各方终于在气候变化应对目标上达成一致：应将全球气温增幅控制在不高于前工业化时期 2℃以内，并争取将其限制在 1.5℃。这就是著名的《巴黎协定》（2016 年 11 月 4 日正式生效）。《巴黎协定》的签订标志着向"碳中和"（即净零排放）世界转变的开始。

碳中和的目标是将人类碳排放限制在生态系统可以自我净化的范围内，使大气中温室气体浓度维持在一个相对较低的平衡状态。因此，碳中和不是二氧化碳的零排放，而是排放与吸收达到平衡。要达到 2℃目标，2030 年全球二氧化碳排放量需减少 25%；而要达到 1.5℃目标，则需减排 45%。根据这一整体目标,《巴黎协定》要求各国发布自己的国家自主贡献(NDC),并每五年更新一次。到目前为止,《巴黎协定》所有缔约方都至少发布了首次国家自主贡献。由于很多国家的碳排放还处于上升期,在实现碳中和目标的过程中,首先要经历的是碳排放的峰值,而后随着减排方案的实施,排放量逐渐下降直至碳中和。

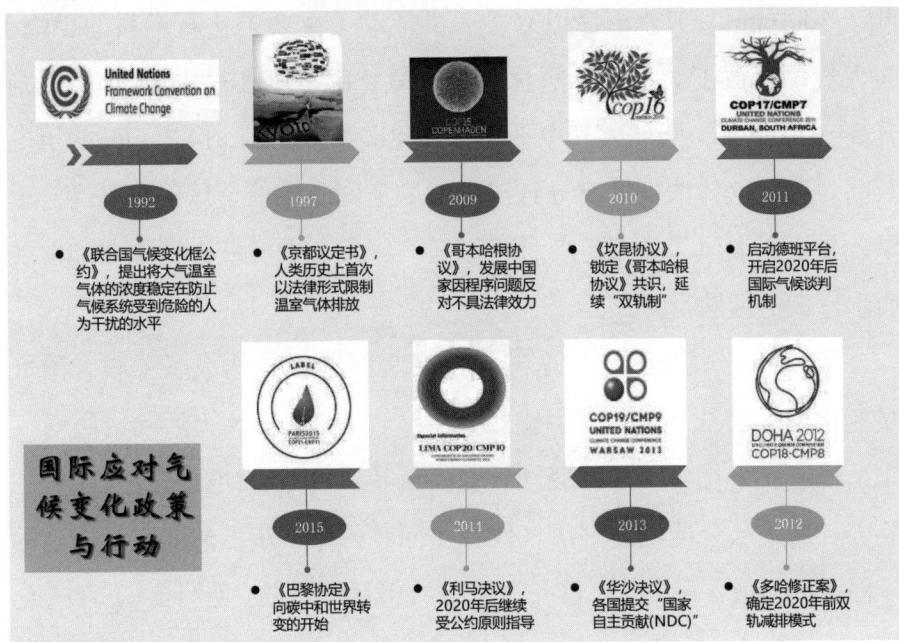

图 2.1　国际应对气候变化的政策及行动

气候变化是一个环境问题,也是一个发展问题,涉及历史、现实和未来,是关乎人类发展和前途的重大且复杂的问题。《公约》规定世界各国遵循"共同但有区别的责任",即发达国家率先减排,承担温室气体减排的首要责任,并且对发展中国家的资源减排提供技术和资金援助。发展中国家可以在不影响本国经济社会可持续发展的前提下自愿减排。2021 年《公约》秘书处根据 192 个缔约方发布的国家自主贡献进行了评估，结果表明，2030 年全球净温室气体排放量与 2010 年相比不会降低，反而将增加约 16%，本世纪末气温将上升约 2.7℃，与 1.5℃目标相去甚远。因此，全球气候减缓目标的实现还存在巨大的不确定性，现有的减排计划在整体上需要制定比之前更高的标准。

　　2015 年我国首次公布国家自主贡献。2021 年 10 月 28 日，中国向联合国气候变化框架公约秘书处提交了《中国落实国家自主贡献成效和新目标新举措》和《中国本世纪中叶长期温室气体低排放发展战略》，并更新了国家自主贡献目标（见表 2.1）。习近平总书记强调，"作为全球治理的一个重要领域，应对气候变化的全球努力是一面镜子，给我们思考和探索未来全球治理模式、推动建设人类命运共同体带来宝贵启示"，"中国将继续采取行动应对气候变化，百分之百承担自己的义务"。

表 2.1　中国国家自贡献（NDC）主要目标 2015 年与 2021 年对比

| NDC | 2015 年 | 2021 年 |
| --- | --- | --- |
| 碳达峰、碳中和目标 | 二氧化碳排放 2030 年左右达到峰值并争取尽早达峰 | 力争 2030 年前碳排放达峰，争取在 2060 年前实现碳中和 |
| 2030 年单位国内生产总值二氧化碳排放 | 比 2005 年下降 60%~65% | 比 2005 年下降 65% 以上 |
| 2030 年非化石能源占一次能源消费比重 | 达到 20% 左右 | 达到 25% 左右 |
| 2030 年森林蓄积量 | 比 2005 年增加 45 亿立方米 | 比 2005 年增加 60 亿立方米 |
| 2030 年风电、太阳能发电总装机容量 | | 达到 12 亿千瓦以上 |

## （二）碳中和行动方案

　　人类历史上已经经历了四次工业革命，即以改良蒸汽机为标志的第一次工业革命（1650s），以电气化为标志的第二次工业革命（1870s），以计算机技术推动的自动化工业为标志的第三次工业革命（1946 年）和以全球计算机网络推动的物联网形成为标志的第四次工业革命（1983 年）。每一次工业革命都对人类文明进程产生了重要影响。碳中和目标宣告了全球绿色低碳转型的方向，即世界的发展需要从资源依赖转向技术依赖，其本质是发展方式的转型，包括社会、经济、生态环境领域，无所不及。碳中和正在酝酿一场新的工业革命。

《2020 中国可持续发展报告：迈向碳中和之路》强调"双碳"目标要纳入社会主义现代化建设强国总体战略和目标，并提出了中国的碳中和八项行动方案。行动方案的总体时间规划是："十四五"时期碳排放增长应进入平台期；2025—2030 年，推动碳排放尽早达峰，非化石能源占一次能源消费比重达 25%；2031—2035 年，全国所有省市均实现达峰；2036—2050 年，形成以可再生能源为主的能源生产和消费体系，争取实现零碳社会；2051—2060 年，争取向温室气体排放中和迈进。绿色低碳转型和全方位结构性变革包括以下八项行动方案。

一是构建绿色低碳循环发展的经济体系。

二是构建清洁低碳、安全高效的现代能源体系。

三是打造智能共享绿色低碳的交通基础设施和运输体系。

四是在国土空间治理与区域经济布局中考虑碳中和需求。

五是推进非二氧化碳温室气体减排。

六是引导绿色低碳的消费模式和生活方式。

七是完善我国适应气候变化的治理体系。

八是走向可持续国际贸易，推动构建全球软性商品绿色价值链。

"碳中和"这一时代的重大课题为我们重构社会的生产和消费方式提供了契机。每一位公民、每一个家庭、每一个企业、每一个城市都是这一时代大计的践行者。减少全球消费碳足迹、减少粮食浪费和废物产生、减少化肥使用，这些都与生产和生活方式的转变息息相关。能源、采矿、交通等是减排的领头行业，是这场重大变革中的重中之重，农林牧渔、建筑与房地产等其他各行各业都可以做出自己的贡献。

碳中和实现的两条根本路径（"减排"和"增汇"）涉及的关键科技问题主要包括三个方面，即构建零碳能源体系、重塑低碳产业流程、发展生态固碳增汇和负排放技术。面向近、中、远期的不同发展阶段，我们可以在能效提升、资源再生利用、发电储能、生态系统碳汇管理等众多关键技术方面逐步取得突破性进展。通过科学技术变革进行产业节能降碳和减排治污，这属于技术性依赖的解决方案。通过对森林、草原、湿地、海洋等自然生态系统和农林牧渔管理下的干扰生态系统进行管理，从而促进陆地、沿海和海洋生态系统退化区域的有效恢复和提升来实现生态系统碳增汇，这属于自然依赖性的解决方案。基于技术的方案与基于自然的方案也可以有效结合，例如沙漠光伏能源与沙地治理相结合，可以创造出新能源经济和生态治理的新的生态—经济增长点。中国如果能够抓住新一轮低碳科技革命的历史机遇，并与减贫、妇女和农村人口就业、城镇社区发展政策等有机融合，实现社会经济转型，将极大提升国家核心科技竞争力，促进国家的可持续与高质量发展，切实增进人民的生活福祉。

## （三）基于技术的气候解决方案

实现碳中和需要排放端（主要包括非碳能源发电、不可替代化石能源、非碳能源技术迭代）、固碳端（生态建设与保护，CCUS 技术与工程）和能源消费端（居民生活、交通、工业、农业、建筑等）三端发力。除生态建设与保护路径之外（被认为是基于自然的方案），其他的技术路径需要整合技术需求清单，构建每项技术迭代进步可能的路线图，逐步规划和建成化石能源、可再生能源、核能融合发展途径，描绘国家低碳化能源新体系。

实现能源革命、把以化石能源为基础的碳基能源系统转型为以可再生能源为基础的零碳能源系统是碳中和最为关键的任务。化石能源被非化石能源的大规模替代是一个逐步实现的过程，非碳能源占比要分阶段实现。煤炭作为主力能源，在许多工业活动中，如冶金、化工、建材和矿山等，还会存在较长一段时期，因此煤炭等化石能源的清洁利用技术仍将在较长时期内处于核心地位，需要持续推进。风、光资源，尤其是西部地区的风、光资源，是实现碳中和重要资源能源，但是电力替代化石能源不仅需要更多新的技术体系的支撑（如风、光能源的存储、运输等），也需要较长时间的市场竞争力的检验。先进的核裂变能最关键的则需要解决燃料和绝对安全问题。

钢铁、水泥、化工、有色等重点工业行业，需以绿色低碳发展为导向，以原料燃料替代、短流程制造和低碳技术集成耦合优化为核心，结合大数据、人工智能、5G 移动通信等新兴技术，引领高碳工业流程的零碳和低碳再造和数字化转型。城乡建设和交通领域需大力推进低碳零碳技术研发与示范应用，推进绿色低碳城镇、乡村与社区建设。当前，全球近 40% 的碳排放来自城市。预计到 2050 年，世界人口的 70% 将居住在城市。随着中国城市的快速发展，建筑行业的碳排放量已超过全球平均水平。在经历了扩展型城市化发展之后，城市的更新，包括城市共享交通、供暖和基础设施系统的升级，将成为中国碳减排的重要机遇，其中关键技术诸如光储直柔供配电、建筑高效电气化、热电协同、低碳建筑材料与规划设计、新能源载运装备、绿色智慧交通等。

碳捕集利用与封存（CCUS）是技术层面的负碳实现路径，通过 CCUS 与工业过程的全流程耦合以及与清洁能源融合工程等技术研发，开展矿化封存与陆地和海洋地质封存。CCUS 技术由二氧化碳来源、捕集、运输、利用／封存四个环节构成。CCUS 技术目前最大的问题之一是成本较高。CCUS 的具体捕集方法取决于 $CO_2$ 排放源的浓度，浓度越高则成本越低。而低浓度排放源的捕集成本则非常高，目前的技术还有待发展和成熟。CCUS 的另外一个问题是长期稳定性。例如，由于设计和开采方式等问题，油气田封存可能存在一定的泄漏风险。陆上咸水层封存的空间较大，但主要在中国西南和中部地区分散分布，而且受到地质构造稳定性的影响，因此需要结合区域地质环境条件评估陆地封存的可行性。

### （四）基于自然的气候解决方案

通过生态建设与保护获得碳汇更多地是一种基于自然的负碳路径。相对于技术的方法（即人工碳捕获和碳封存技术），基于自然的方法是一种安全、高效且相对低成本的方法。通过保护、恢复和可持续的生态系统管理（包括森林生态系统、草地生态系统、农田生态系统和湿地生态系统）来提升生态系统的"碳汇"潜力，从而应对气候危机和提高生态系统的恢复力，被称为"基于自然的气候解决方案"（natural climate solutions，NCS）。

"基于自然的气候解决方案"是一种土地管理方案，在减缓和适应气候变化的同时，可为人类和自然带来多种额外的好处。例如，恢复上游集水区的天然林可以增加碳固存和保护生物多样性，同时有助于保护下游社区免受洪水侵袭；在城市中植树和增加绿地可以增加碳储存，减轻空气污染，同时有助于城市降温和防洪，并提供娱乐和健康益处。因此，政府间科学政策平台全球评估（IPBES）和政府间气候变化专门委员会（IPCC）都认可"基于自然的解决方案"的重要作用，尤其在应对生物多样性丧失和生态系统崩溃带来的经济风险方面。因此，"基于自然的气候解决方案"不仅是协调经济与生态环境健康的一种方式，还是实现经济转型以及可持续发展的一种手段。"基于自然的解决方案"当然也涉及生态系统保护、恢复和管理的一些具体举措和技术手段，但这里"基于自然"是相对于工业技术而言的，强调的是如何通过利用自然规律采取相应的人为措施从而获得更多的碳汇。在过去的几十年里（特别是自1999年以来），中国加强了对生态恢复和保护的力度，虽然并非所有的项目最初都是为了封存碳和减缓气候变化而设计的，但它们对中国陆地生态系统的碳汇做出了重大贡献，显著提升了生态环境质量和生态系统服务。《中国落实国家自主贡献成效和新目标新举措》和《国家重要生态系统保护恢复重大项目总体规划（2021—2035）》等适应性行动策略已发布，提出了一系列未来几十年的生态系统管理战略，以支持中国国家自主贡献目标的实现。

## 中国"基于自然的气候解决方案"对碳中和的贡献

中国实施了一系列的生态保护和修复工程，包括三北防护林工程、退耕还林还草工程、草地保护工程等，取得的成绩举世瞩目，成为全球生态恢复和生态文明建设的典范。根据科学评估，2000—2020 年，通过生态系统管理（包括森林、草地、湿地的保护和退化系统的恢复、改善农田管理等）可以获得的额外碳汇量为每年 6 亿吨二氧化碳当量（$CO_2$e/yr），可抵消同期工业 $CO_2$ 年均排放量（约 75 亿吨）的 8%。到 2030 年，通过生态系统管理可以获得的最大额外碳汇潜力还有 6 亿吨 $CO_2$e/yr，可抵消同期工业 $CO_2$ 年排放量（约 100 亿吨）的比例为 6%；加上 2020 年之前实施的生态系统管理措施在此期间继续发挥的固碳效益（遗留效应），总量可达 12 亿吨 $CO_2$e/yr，占比则达到 11%~12%。到 2060 年，最大额外潜力还有 10 亿吨 $CO_2$e/yr，加上 2020 之前的遗留效应，总量可达 16 亿吨 $CO_2$e/yr。边际效益分析表明，分别有 26%~31%、62%~65% 和 90%~91% 的未来总潜力可以在每吨 60 元、300 元和 600 元的成本线以内实现。从碳汇量大小的空间分布来看，内蒙古、黑龙江、四川和云南是历史实现和未来潜力最高的四个省份。除西北和东部的一些省份外，天然林管理和造林的贡献最大。对于新疆、青海和西藏，草地放牧优化对历史减缓的贡献最大，而在未来几十年，湿地，特别是泥炭地管理也将是非常重要的增汇路径。在中部和东部的一些省份（包括河南、湖北、湖南、山东、安徽、江西和江苏），农田养分管理和改良水稻种植的减排潜力巨大，而在广西、广东等省改善人工林管理的固碳效益不可忽视。

## 二、中国可持续发展的进程与挑战

### （一）可持续发展的概念与目标

20 世纪 60 年代以来，人类社会经济的快速发展带来了全球生态环境的持续恶化。1962 年美国出版的《寂静的春天》和 1972 年罗马俱乐部出版的《增长的极限》是针对全球环境危机和资源枯竭的警示，反映了人类需要对原有社会和经济发展模式进行反思。1980 年《世界保护策略》一书提出了可持续发展，"强调人类利用生物圈的管理，使生物圈既能满足当代人的最大持续利益，又能保持其满足后代人的需求与欲望的潜力"。1987 年，《我们共同的未来》将可持续发展定义为"在满足当代人需要的同时，不损害人类后代满足其自身需要的能力"。

时间来到 1992 年，联合国环境与发展会议在巴西里约热内卢通过了《关于环境与发展的里约热内卢宣言》和《21 世纪议程》，可持续发展的概念开始获得广泛关注。值得注意的是，《联合国气候变化框架公约》也在这一年达成，气候变化问题开始得到重视，在此后逐渐成为可持续发展的重要内容之一。气候变化与可持续发展成为紧密联系的全球重大关切问题。

2000 年，联合国《千年宣言》提出了消除贫困与饥饿等 8 项千年发展目标（MDGs）。2012 年"里约 +20"峰会上，可持续发展目标（SDGs）被首次提出，并将其视为承接千年发展目标的重要选择（见表 2.2）。2015 年 9 月，联合国 193 个成员国共同签署《改变我们的未来：2030 可持续发展议程》（以下简称《2030 议程》），提出了 17 项 SDGs 和 169 项具体目标，而后，包括 230 多个指标的完整的 SDGs 在 2017 年 7 月召开的联合国大会上通过。

　　SDGs 涉及消除贫困、性别平等、环境保护和经济发展等多个方面，17 项 SDGs 兼顾了可持续发展的三个方面：经济发展、社会进步和环境保护。总体而言，SDGs 是一个以结果为导向的宏观发展框架，其目的是鼓励各国利用该框架指导国家规划、政策制定和投资决策，并定期监测和报告 2016 年至 2030 年的进展情况。可持续发展的实现并不是各项目标的简单结合，而是不同目标、具体目标以及指标之间协同作用的结果，并且要最大限度地降低不同要素间的权衡效应。此外，SDGs 之间的相互作用也具有较强的管理体制、地理位置和时空尺度的依赖性。因此，了解各项目标之间、具体目标之间以及指标之间的相互联系对于实现 SDGs 的政策一致性至关重要。而如何构建一个具有较强实用性和适用性的 SDGs 相互作用分析框架仍是一项重要挑战。一些国家将"国家自主贡献"与国家可持续发展计划联系在一起，促进女性、青年和原住民社区的发展以及社会公平，成为推动可持续发展的有利推手。

表 2.2　千年发展目标与可持续发展目标

| 千年发展目标<br>Millennium Development Goals | | 可持续发展目标<br>Sustainable Development Goals | |
| --- | --- | --- | --- |
| 目标 1 | 消除极端贫穷与饥饿 | 目标 1 | 在全世界消除一切形式的贫困 |
| 目标 2 | 普及小学教育 | 目标 2 | 消除饥饿，实现粮食安全，改善营养状况和促进可持续农业 |
| 目标 3 | 促进男女平等并赋予妇女权力 | 目标 3 | 确保健康的生活方式，促进各年龄段人群的福祉 |
| 目标 4 | 降低儿童死亡率 | 目标 4 | 确保包容和公平的优质教育，让全民终身享有学习机会 |
| 目标 5 | 改善产妇保健 | 目标 5 | 实现性别平等，增强所有妇女和女童的权能 |
| 目标 6 | 与艾滋病病毒 / 艾滋病、疟疾和其他疾病做斗争 | 目标 6 | 为所有人提供水和环境卫生并对其进行可持续管理 |
| 目标 7 | 确保环境的可持续性 | 目标 7 | 确保人人获得负担得起的、可靠和可持续的现代能源 |

续表

| 千年发展目标<br>Millennium Development Goals | | 可持续发展目标<br>Sustainable Development Goals | |
|---|---|---|---|
| 目标8 | 全球合作促进发展 | 目标8 | 促进持久、包容和可持续经济增长，促进充分的生产性就业和人人获得体面工作 |
| | | 目标9 | 建造具备抵御灾害能力的基础设施，促进具有包容性的可持续工业化，推动创新 |
| | | 目标10 | 减少国家内部和国家之间的不平等 |
| | | 目标11 | 建设包容、安全、有抵御灾害能力和可持续的城市和人类居住区 |
| | | 目标12 | 采用可持续的消费和生产模式 |
| | | 目标13 | 采取紧急行动应对气候变化及其影响 |
| | | 目标14 | 保护和可持续利用海洋和海洋资源以促进可持续发展 |
| | | 目标15 | 保护、恢复和促进可持续利用陆地生态系统，可持续管理森林，防治荒漠化，制止和扭转土地退化，遏制生物多样性的丧失 |
| | | 目标16 | 创建和平、包容的社会以促进可持续发展，让所有人都能诉诸司法，在各级建立有效、负责和包容的机构 |
| | | 目标17 | 加强执行手段，重振可持续发展全球伙伴关系筹资 |

## （二）中国可持续发展现状

"可持续发展"一词从最开始一个相对模糊的概念，后来逐渐发展为全球发展战略并且开发出了可用于量化评估的指标体系，以在全球、国家和区域的尺度上应用和实践。自 1992 年联合国发布《21 世纪议程》以后，中国政府于 1994 年正式发布了《中国 21 世纪议程》，并将其纳入国民经济发展计划。1996 年，可持续发展和科教兴国正式作为国家的基本战略。至此，有利于促进中国实现可持续发展的措施被迅速展开。例如，在保障经济增长方面，采取的措施包括协调"投资—出口—消费"三者之间的关系、优化三次产业结构、统筹城乡发展以及推动精准扶贫项目的落实；在促进社会进步方面的措施包括控制人口数量、提高人口素质、完善社会保障体系以及改善人居环境等；在资源环境保护方面的措施则包括提高资源利用率、发展清洁能源、加强环境污染的防治与治理以及实施大规模的生态恢复项目。与此同时，中国政府也注重对可持续发展在理论层面的创新，曾先后提出"资源节约型和环境友好型社会""山水林田湖生命共同体"以及"绿水青山就是金山银山"等创新理念，并且基于这些理念，在近些年也开始提倡发展循环经济和低碳经济，并开始构建以国家公园为主导的自然保护地体系。

2016 年以来，中国将落实《2030 议程》同执行"十三五"规划、"十四五"规划和 2035 年远景目标纲要等中长期发展战略有机结合，成立了由 45 家政府机构组成的跨部门协调机制，以推动多个可持续发展目标的进程。截至 2023 年，中国政府已发布三期《中国落实2030 年可持续发展议程进展报告》（简称《进展报告》），两次参加落实 2030 年议程国别自愿陈述，同各国分享落实经验，为其他发展中国家落实议程提供力所能及的帮助，助力全球早日实现可持续发展目标。依据 2023 年《进展报告》，中国在实现可持续发展目标方面取得了显著成就。中国成功消除了绝对贫困，提前实现了减贫目标，例如，2020 年底，中国如期完成脱贫攻坚目标任务，现行标准下 9899 万农村贫困人口全部脱贫，提前 10 年实现 2030 年议程减贫目标。贫困人口的收入水平显著提高，例如，2022 年，脱贫县农村居民人均可支配收入同比增长 7.5%，脱贫人口人均纯收入同比增长 14.3%。中国也取得了显著的经济增长，例如，2022 年国内生产总值为 121.02 万亿元，比上年增长 3%。高技术制造业占规模以上工业增加值的比重提高到 15.5%，"三新"经济增加值超过 21 万亿元，相当于国内生产总值的 17.36%。中国的科技创新领域也取得了显著进展，例如，2022 年，全社会研究与试验发展经费投入强度提高到 2.5% 以上，中国在世界知识产权组织发布的《全球创新指数报告》中的排名上升到第 11 位。

然而，从联合国每年发布的《可持续发展报告》可以看到，尽管中国的可持续发展目标指数（SDG Index）已从 2016 年的 69.42 上升到 72.01，这意味着中国已完成了约 72% 的目标任务，但据《2023 年可持续发展报告》显示，中国的 SDG Index 在 166 个被评估的国家中仅排名第 63。在 17 项目标中仅有目标 1（无贫困）和目标 4（优质教育）已基本完成了相应的任务，其余目标仍面临较大的挑战。同时，从变化趋势来看，中国有 12 项目标进展缓慢甚至停滞，甚至目标 15（陆地生物）呈现出下降的趋势，这表明中国在实现 SDGs 过程中仍面临诸多挑战。

### （三）可持续发展变革的切入点

在中国可持续发展众多实践中，建设具有不同发展主题的可持续发展实验区被认为是最具特色的实践之一。自 SDGs 被联合国全面通过以后，中国政府便决定在现有可持续发展实验区的基础上，建设了一批落实《2030 议程》的创新示范区。在 2018 年、2019 年和 2022 年，国务院已经先后分三批将太原、桂林、深圳、郴州、临沧、承德、鄂尔多斯、徐州、湖州、枣庄、海南藏族自治州等 11 个城市设立为国家可持续发展议程创新示范区，并且每个示范区具有不同的发展主题（见表 2.3）。

2015 年至 2022 年，全国地级及以上城市空气质量不断改善，成为全球大气环境质量改善速度最快的国家，全国地表水环境质量持续提升，土壤污染风险管控取得明显进展。国家积极推进的生态系统保护和修复工程，提高了生物多样性保护水平和生态系统碳汇，森林面积和森林蓄积量连续保持"双增长"，成为全球森林资源增长最快最多的国家。2022 年，万元国内生产总值能耗较 2015 年下降 15.5%，是全球能耗强度降低最快的国家之一。从这些数据成果可以看出，与资源与景观可持续利用、绿色发展和生态保护相关的可持续发展实践产生了巨大的社会和经济效益，是未来可持续发展变革的重要切入点。

表 2.3　设立为国家可持续发展议程创新示范区的 11 个城市及其发展主题

| 批复日期 | 名称 | 主题 |
| --- | --- | --- |
| 2018 年 2 月 13 日 | 太原市国家可持续发展议程创新示范区 | 资源型城市转型升级 |
| 2018 年 2 月 13 日 | 桂林市国家可持续发展议程创新示范区 | 景观资源可持续利用 |
| 2018 年 2 月 13 日 | 深圳市国家可持续发展议程创新示范区 | 创新引领超大型城市可持续发展 |
| 2019 年 5 月 6 日 | 郴州市国家可持续发展议程创新示范区 | 水资源可持续利用与绿色发展 |
| 2019 年 5 月 6 日 | 临沧市国家可持续发展议程创新示范区 | 边疆多民族欠发达地区创新驱动发展 |
| 2019 年 5 月 6 日 | 承德市国家可持续发展议程创新示范区 | 城市群水源涵养功能区可持续发展 |
| 2022 年 7 月 10 日 | 鄂尔多斯市国家可持续发展议程创新示范区 | 荒漠化防治与绿色发展 |
| 2022 年 7 月 10 日 | 徐州市国家可持续发展议程创新示范区 | 创新引领资源型地区中心城市高质量发展 |
| 2022 年 7 月 10 日 | 湖州市国家可持续发展议程创新示范区 | 绿色创新引领生态资源富集型地区可持续发展 |
| 2022 年 7 月 10 日 | 枣庄市国家可持续发展议程创新示范区 | 创新引领乡村可持续发展 |
| 2022 年 7 月 10 日 | 海南藏族自治州国家可持续发展议程创新示范区 | 江河源区生态保护与高质量发展 |

在 2019 年联合国可持续发展目标峰会上发布的《全球可持续发展报告（2019）》中，确定了加速落实 SDGs 的 6 项变革性切入点，并指出实现这些变革将确保《2030 议程》中"不让任何一个掉队"的重要原则。包括以下六大切入点。

（1）增进人类福祉与能力，旨在提升人们做出选择的能力，而这通常取决于健康、教育和无贫穷的生活，同时公平与公正的社会制度也是重要的保障因素。

（2）转向可持续且公正的经济发展模式，旨在将经济增长与环境影响和资源消耗脱钩，从而促进平等并保障就业机会。

（3）建立可持续的粮食系统和健康的营养模式，旨在减少食物浪费和损失、减少对化学品、能源和水资源的消耗、减轻对气候的影响以及保障对最贫穷人们的食品供应。

（4）实现能源脱碳和提升清洁能源的可得性。能源部门通常是温室气体排放的主要来源，也是受气候变化影响最为严重的部门。然而，能源可得性对贫穷人口可能具有更严重的影响，因此发展清洁能源的同时，提升不同人群获取清洁能源的能力对实现可持续发展至关重要。

（5）促进城市和城市边缘地区的可持续发展，旨在减少城市建设对自然资源的消耗、减轻城市中空气和水污染的状况以及降低传染病暴发的风险。

（6）保障全球环境公共资源和物品安全，旨在避免人类活动超过"地球界限"，从而保护全球生态系统的健康。

我们可以看到，六大切入点尤其是后五个点都与资源与景观可持续利用、绿色发展和生态保护等问题紧密相关，是实现碳中和愿景的重要路径。

## 三、瞄准碳中和愿景，走可持续发展之路

### （一）碳中和实现路径与可持续发展的协同效应

气候变化本质上是由人类消耗性地使用煤炭等不可再生资源，导致了地球不同圈层碳循环的失衡所引起的。气候变化极大地改变了地球水热环境并由此带来一系列气候和环境灾害与风险，超出了行星地球可以适应和恢复的阈值，导向了人类生存和发展不可持续的环境条件，因此成为全球可持续发展的最大挑战之一。联合国 2030 年可持续发展议程的核心就是如何实现"碳中和"目标，"保护地球免受退化，包括通过可持续消费和生产、可持续管理自然资源以及采取紧急行动应对气候变化"。

中国"十四五"时期可持续发展面临四大挑战：（1）以煤炭为主的能源结构决定了碳排放规模较大；（2）高碳产业规模大，减排压力大；（3）现有节能减碳技术不能满足高质量发展的需求；（4）低碳消费理念和行动尚待被广泛接纳和倡导。这四大挑战都直指碳中和目标。然而，对中国而言，实现碳中和并不是我们的唯一目标，也不是最终目标，而是国家富强民族振兴道路上的一个难题、一个机遇。实现碳中和不仅是中国可持续发展道路上必须要应对的挑战，也是落实 SDGs 的重要切入点。因此，在迈向碳中和的过程中，无论是对社会、经济系统的调控还是对生态系统与土地的管理，都要从多目标、多尺度统筹规划、协同布局。

可持续发展需要始终把握"社会—生态耦合系统"概念，从促进社会子系统和生态子系统良性互作的角度治理环境和发展经济。碳中和的实现路径应当嵌套在多层级的环境发展战略中，并在省市县等不

同行政单位尺度制定区域化的线路图，从而实现国家发展战略和区域发展战略的协同增效以及生态环境与经济社会的多目标协调发展。例如，《国家适应气候变化战略 2035》《减污降碳协同增效实施方案》《农业农村污染治理攻坚战行动方案（2021—2025）》等国家战略需要同区域和流域的治理与环境规划如京津冀、长江经济带、粤港澳大湾区、长三角区域、黄河流域、成渝地区生态环境保护专项规划以及《黄河生态保护治理攻坚战行动方案》《深入打好长江保护修复攻坚战行动方案》等统筹协调实施，全面和系统地考虑多个国家和区域战略对可持续发展目标产生的权衡与协同效应。碳中和不仅是一种减排目标，更是绿色可持续发展战略的核心。我们要把握污染防治和气候治理的整体性，以结构调整、布局优化为重点，以政策协同、机制创新为手段，推动规划、实施与考核的一体化，实现气候、社会、经济、生态协同增效，形成符合中国国情的温室气体减排图景。

实现碳中和目标是一场极其广泛而深刻的绿色产业革命，除了依靠推动清洁能源发展、能源利用效率，驱动产业向绿色、转型等技术路径，更要转变以人类中心主义为核心思想的发展理念，从生产到消费环节都做出各自的贡献。如果实现净零排放仅仅是人类为了应对气候变化的一种妥协，这种被动的、被裹挟的前进可能会带来一些短暂的进步。但是从长远来看，为效果不可感知而付出巨大努力的行为是脆弱的，甚至可能导致社会整体的不可持续发展。将碳中和愿景作为一种战略目标纳入生态文明建设，成为我国坚定不移的发展道路的思想引领。这种发展理念的转变将会引导企业、居民和社会组织等多方积极参与碳中和行动，从而引领消费和生产两种市场主体行为，助推经济结构的转型，实现可持续治理。

## （二）以碳汇为蓝本的国土空间和城市发展规划优化

国土空间是基于人类生产和生活而形成的区域分布格局，是人地关系相互作用的结果，国土空间优化通过改变土地结构和利用强度影响区域的碳收支状况。因此以碳中和战略为目标，科学进行国土空间规划，一张蓝图干到底，科学划定生态保护红线、永久基本农田保护线和城镇开发边界，高质量推动城市化进程，形成山水林田湖草沙一体化保护和系统综合治理，有助于增加碳汇，促进区域协调发展，推动社会经济可持续发展。

一方面，碳中和战略通过国土空间优化的手段，以保护自然、修复自然等方式，统筹自然资源，提高自然碳汇。扩大林地、草地和湿地等高碳汇用地在生态用地总量中的占比，巩固生态系统碳汇增量。并且将高碳吸收潜力的土地用于林地、草原和湿地保护和恢复，避免将其用于高碳排放活动，如城市扩张。同时，鼓励重点区域设立自然保护区和国家公园等，实行可持续管理和保护，提高生态系统稳定性，提升该区域单位面积固碳能力和叠加效应，提升碳汇增量阈值。针对生态脆弱区域的实际情况，开展生态修复和环境治理等活动，提升该区域固碳功能。在国土空间优化的过程中，通过人类活动保护、恢复和可持续利用陆地生态系统及其服务，可以提高生态系统的功能及其稳定性和恢复力，减少土地退化，增加生物多样性。

另一方面，碳中和战略可以通过国土空间优化实现低碳城市规划和可持续农业实践，通过集约低碳高效的国土空间格局和治理体系，以最大限度地减少碳排放和增加碳汇水平，推动可持续的城市和社区发展。城市群主要是碳源区，以城市群规划和发展为引领，推动城市群之间、城市群内部的协同治理，促进产业升级和转型，降低碳排放，推动可持续的城市化进程。通过加强目前建设用地的利用效率，盘活现有城乡用地存量，提高城市化质量，严格控制城镇用地扩增，保护现有碳汇地。城市周边农田和郊野的自然地域作为碳汇区，是城市生存和发展的基础。应将地理空间纳入能源规划和环境规划战略，调和大规模风能、太阳能、输电建设、生态系统保护、自然保护区和国家公园建设中竞争性的土地利用。

### （三）财政扶绿促绿与生态补偿的新实践

2022年财政部印发了《财政支持做好碳达峰碳中和工作的意见》，明确财政政策将通过强化财政资金支持引导作用、健全市场化多元化投入机制、发挥税收政策激励约束作用、完善政府绿色采购政策、加强应对气候变化国际合作等五类政策手段，重点支持构建清洁低碳安全高效的能源体系、重点行业领域绿色低碳转型、绿色低碳科技创新和基础能力建设、绿色低碳生活和资源节约利用、碳汇能力巩固提升、完善绿色低碳市场体系等六大方面工作，为强化财税支持和促进绿色低碳发展工作提供了有力的抓手。例如，通过补贴奖励等方式，可以鼓励高新技术企业发展，促进产业转型。对于高新绿色技术企业而言，由于其研发投入较多，市场价格难以支持其研发投入，导致其生产积极性较弱。政府对绿色创新技术的政策与财政支持，不仅会激励企业研发低耗能技术，也会倒逼现有龙头企业向低耗能方向转变生产方式，发挥市场经济的活力，推动产业转型，在实现经济增长的过程中，兼顾环境保护，实现负责任、可持续的生产模式。另外，可以构建碳交易市场机制，实现生态系统服务付费。碳交易模式是通过市场交易手段构建生态系统服务提供者和受益者的关系，通过市场机制，进行生态系统服务付费，将生态碳汇变成资产。碳汇交易最重要的工作是碳汇监测与碳汇价值合理核算，如果碳核算方法出现偏差，将会影响碳汇市场的稳定、碳汇交易成效甚至加剧贫富差距等问题，因此需要政府部门的积极配合，构建起以市场为主政策法制为辅的碳交易体系。碳交易通过引入企业参与市场配置的方式，参与碳汇项目，可以促进碳汇项目的发展和进步，为碳汇市场增添活力，激励企业发展生态产业、开发生态产品，促使企业履行生态保护义务，增强投资生态环境保护项目的驱动力，有助于推动市场化补偿机制新发展，推动可持续发展模式的实现。

　　增汇和减碳两种方法都存在很强的外部性，生态补偿通过构建生态保护者与生态受益者双方命运共同体，实现各利益主体之间利益共享、责任共担，是权衡生态保护和经济发展关系，实现人与自然和谐共生的一种有效措施，弥补市场失灵带来的"搭便车"现象。例如，通过税收等转移支付手段，对生态系统进行保护和补偿。对重点生态地区进行生态补偿，可以保护和增强该地区生态系统服务功能及其稳定性，巩固提升整体碳汇能力。由于这些地区的环境禀赋限制了该地区的经济发展，经济承载力低，而通过转移支付，可以在一定程度上弥补该区域因生态保护而带来的经济落后，保障该地区享有平等获取经济资源的权利，缩小贫富差距，减少不平等现象。绿色金融项目也是一种市场化参与生态补偿的手段，通过绿色债券、绿色保险、绿色信贷和碳汇彩票等多元方式，将社会资本引入生态补偿领域。绿色金融项目，不仅能减少碳排放，增强生态系统稳定性，还能够将资金引入农林牧渔等管理者手中，为生态补偿体系纳入更多主体，促进第一产业蓬勃发展，提高土地管理者收入，稳定生态保护补偿资金，提供有力的市场保障，通过金融工具促使生态产品的市场价值得以实现。

## 四、结语

《全球可持续发展报告（2023）》预测发现，如果按照现有的社会经济发展模式，到2030年甚至2050年，可持续发展目标将无法实现。在2030年中期的这个关键时刻，增量和碎片化的变革不足以在剩余的七年时间里实现可持续发展目标。实施《2030议程》需要积极调动政治领导和雄心，实现以科学为基础的变革。碳中和愿景是可持续发展目标的一部分，二者有很强的协同关系。碳中和是推动可持续发展进程的有力抓手。碳中和在引领新的工业革命的进程中，为重构社会的生产和消费方式提供了契机。通过促进资源再生利用、能效提升、发电储能等领域取得绿色科技转型与创新，促进国土空间规划优化和生态补偿机制的完善，将有利于提高国家核心竞争力，增加碳市场动能和农业、林业、牧业、渔业等土地管理者的收入，优化地方经济。我们应抓住新一轮低碳科技革命的历史机遇，并与减贫、妇女和农村人口就业、城镇社区发展政策等有机融合，推动国家的可持续与高质量发展，切实增进人民的生活福祉。同时，我们也要清醒地认识到，目前，碳中和与可持续发展之间耦合关联的科学基础还不够深厚，还存在很大的不确定性，基础科研层面仍需要不断深化基础研究和技术研发。在实践层面，实现碳中和目标不是一蹴而就的，可持续发展目标的实现也可能存在波动向前的状态，需要经过长期的实践，需要代际间共同推进。

# 第3讲

## 陆地生态系统：碳汇效益的守护者

逯　非[①]，黄斌斌、王效科、刘魏魏、张　国、赵　红、刘博杰、
张小标、于天任、王诗雨

　　陆地生态系统是地球碳循环的重要组成部分，其碳汇功能对于减缓气候变化具有不可替代的作用，是实现我国双碳目标的重要途径之一。我国拥有丰富的陆地生态系统类型，但在全球气候变化和人类活动的双重压力下，如何提升陆地生态系统的碳汇能力面临着诸多挑战。**本讲将聚焦我国陆地生态系统碳汇特征，探讨提升碳汇效益的策略与实践。**

　　气候变化是全人类面临的共同挑战，积极应对气候变化以促进人类可持续发展已成为国际社会的共识。自我国提出碳中和目标以来，对于通过何种途径在 2060 年如期实现碳中和这一核心科学问题和重大科技需求，学术界开展了大量研究和探索。考虑到目前尚缺乏成本适宜的碳捕获、收集和利用技术，提升陆地生态系统碳汇能力将在很长一段时间内成为推动我国实现碳中和目标的关键。

---

　　① 逯非：博士，中国科学院生态环境研究中心研究员，中国科学院青年创新促进会优秀会员，主要从事温室气体收支核算、生态系统固碳减排等方面的研究。

## 一、提升陆地生态系统碳汇是实现我国双碳目标的必要途径

2020 年 9 月 22 日，习近平主席在第七十五届联合国大会一般性辩论上宣布，中国将提高国家自主贡献力度，采取更加有力的政策和措施，力争 2030 年前二氧化碳排放达到峰值，努力争取 2060 年前实现碳中和。这是中国首次提出实现碳中和的目标，引起了国际社会的极大关注。然而，我们也必须清醒地认识到，中国的"双碳"目标是全球减排量最大、时间最短的国家行动。根据《中华人民共和国气候变化第四次国家信息通报》和《中华人民共和国气候变化第三次两年更新报告》，我国陆地生态系统只能吸收我国 $CO_2$ 总排放的 5.82%~13.24%（见图 3.1）。根据近年来的科研成果，这一吸收作用的范围可能在 8%~40%。就是说，即便认为我国 $CO_2$ 排放有 26% 被海洋吸收（全球平均数据），那么距离我国实现碳中和仍然有 34%~64% 的当前 $CO_2$ 排放量的差距，可见我国碳中和的实现仍然任重道远。

为了达到碳中和的目标，我们一方面需要让经济发展与 $CO_2$ 排放脱钩，走发展脱碳和减排经济之路，实现低碳发展，直接减少人为碳排放；另一方面我们则需要依靠生态建设、工程封存、土壤固碳等人为努力和措施来进行碳固定，提高碳吸收的能力。根据于贵瑞等科学家在《中国碳达峰、碳中和行动方略之探讨》一文提出的中国碳中和方案，我们有可能通过能源转型和工业减排的努力，在 2060 年前使直接人为 $CO_2$ 排放量从现在的约 100 亿吨减低到每年 30 亿吨左右的水平；然后，针对这部分人为排放量，可以利用生态系统每年中和 20 亿~25 亿吨 $CO_2$，再采用工程性碳捕获、利用及封存（CCUS）技术每年封存 5 亿~10 亿吨 $CO_2$，以实现人为碳排放与自然和人为碳吸

收的碳收支平衡目标。

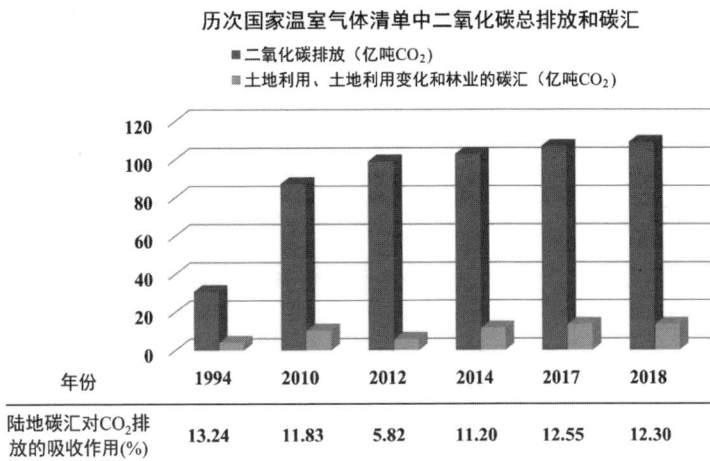

**历次国家温室气体清单中二氧化碳总排放和碳汇**

■ 二氧化碳排放（亿吨$CO_2$）
■ 土地利用、土地利用变化和林业的碳汇（亿吨$CO_2$）

| 年份 | 1994 | 2010 | 2012 | 2014 | 2017 | 2018 |
|---|---|---|---|---|---|---|
| 陆地碳汇对$CO_2$排放的吸收作用(%) | 13.24 | 11.83 | 5.82 | 11.20 | 12.55 | 12.30 |

图 3.1　陆地生态系统固碳对碳排放的吸收作用

当前，通过生态系统固定 $CO_2$ 来减缓全球气候变化已成为国际社会的基本共识。在我国应对气候变化的努力中，增强陆地生态系统碳汇一直是减缓的重要途径之一，得到了中央和有关部门的高度重视。在我国 2008 年首次由国务院新闻办公室发布的《中国应对气候变化的政策与行动》白皮书中明确我了我国自 20 世纪 80 年代以来，推动植树造林、开展森林管理和减少毁林在增强碳汇能力减少排放方面的成效。在随后各年报告中，均将增强增加陆地生态系统碳汇作为减缓气候变化的重要途径和成果进行介绍，所涵盖的内容也从早期的"推动植树种草，增强碳汇能力""增加森林碳汇""增加草原碳汇"等表述，扩展到农田和湿地碳汇等其他碳汇，并发展岩溶碳汇、渔业碳汇等。可见，我国不同类型生态系统的碳汇能力都在应对气候变化的行动中逐渐得到了重视。

2022 年，提升生态系统碳汇能力正式被写入党的二十大报告。

而在我国做出碳中和承诺后，习近平总书记在多次重要讲话中，都强调了生态系统碳汇和碳库的重要，提出了巩固和提升生态系统碳汇，扩大生态系统碳汇增量的要求。

为促进"双碳"目标的实现，我国初步建立了"1+N"的政策体系。2021年9月22日发布的《中共中央 国务院关于完整准确全面贯彻新发展理念 做好碳达峰碳中和工作的意见》（以下简称《意见》），与其后一个月后发布的《2030年前碳达峰行动方案》（以下简称《方案》）共同构成了其中的"1"，是中国实现碳达峰碳中和的指导思想和顶层设计，明确了碳达峰碳中和的时间表、路线图、施工图。《意见》将提升生态系统碳汇能力列为五方面主要目标之一；并明确提出"巩固生态系统碳汇能力，提升生态系统碳汇增量"这一重点任务。《方案》也将"碳汇能力巩固提升行动"列入十大重点任务之一，指出"坚持系统观念，推进山水林田湖草沙一体化保护和修复，提高生态系统质量和稳定性，提升生态系统碳汇增量。"同年10月，我国提交的《中国落实国家自主贡献成效和新目标新举措》和《中国本世纪中叶长期温室气体低排放发展战略》中，明确了提升生态系统碳汇能力这一技术路径。2023年4月，自然资源部、国家发展改革委、财政部、国家林草局近日联合印发了《生态系统碳汇能力巩固提升实施方案》，标志着我国生态系统碳汇巩固和提升行动的全面开始。

总体来说，我国生态系统固碳潜力巨大，碳汇巩固和提升相关技术实施简单，并在可吸纳大气二氧化碳过程中提升生态系统服务和质量，是能源和工业部门碳减排的有力补充，可为碳减排和碳捕捉技术的研发及普及应用争取时间，在实现双碳目标中发挥着关键作用。

## 二、我国陆地生态系统碳汇特征

### （一）我国陆地生态系统碳汇概况与构成

生态系统碳汇是指森林、草原、湿地、海洋等生态系统从大气中清除二氧化碳的过程、活动或机制。根据《中华人民共和国气候变化第四次国家信息通报》和《中华人民共和国气候变化第三次两年更新报告》，我国陆地生态系统碳汇从 1994 年的 4.07 亿吨 $CO_2$ 提升到 2010 年的 10.3 亿吨 $CO_2$，在近期（2017—2018 年）达到约 13.4 亿吨 $CO_2$ 左右。其中林地表现为最大的陆地生态系统碳汇，占全国碳汇约 73.83%~76.79%；其次为草地，占全国碳汇 8.11%~9.63%；农地占全国碳汇的 6.20%~7.64%，是第三大陆地生态系统碳汇；湿地生态系统由于在我国面积占比较小，其碳汇仅占我国碳汇的 0.16%~0.24%；值得一提的是，木质林产品虽然被移出了森林生态系统，但仍然具有每年 1 亿吨 $CO_2$ 以上的碳汇，其碳汇强度与草地生态系统相当，占我国碳汇总量的 8.66%~8.75%，而建设用地和其他用地对我国碳汇的影响较小，不足 0.1%。

### （二）森林（及灌丛）生态系统碳汇

森林生态系统中的绿色植物可通过光合作用将大气中的 $CO_2$ 转变为有机物储存在植物体内，固碳量也在增加。此外，森林土壤也能固定由木质物残体、凋落物等输入的碳。

森林生态系统能够在长时间内固定大量的碳，是我国生态系统碳汇的最主要构成部分，具有以下特点：首先，与农田生态系统和一部分草地生态系统的一年生植物死亡后分解释放 $CO_2$ 相比，森林植被寿命较长，体积和生物量更大，具有长期和大量的碳汇能力。全球森林生态系统植被碳汇能力在每年每公顷 2.2~14.7 吨 $CO_2$。其次，森林生态系统土壤固碳具有持久性，这是由于森林生态系统土壤不像农田生态系统土壤那样经常受到人为扰动，土壤固定的碳不容易被释放。另外，森林生态系统植被和土壤的碳密度也高于其他生态系统植被和土壤的碳密度，且具有较高的生产力和单位面积生物量，其净生产力和生物量分别约占整个陆地生态系统的 70% 和 86%，展现出了巨大的碳吸纳和储存能力。

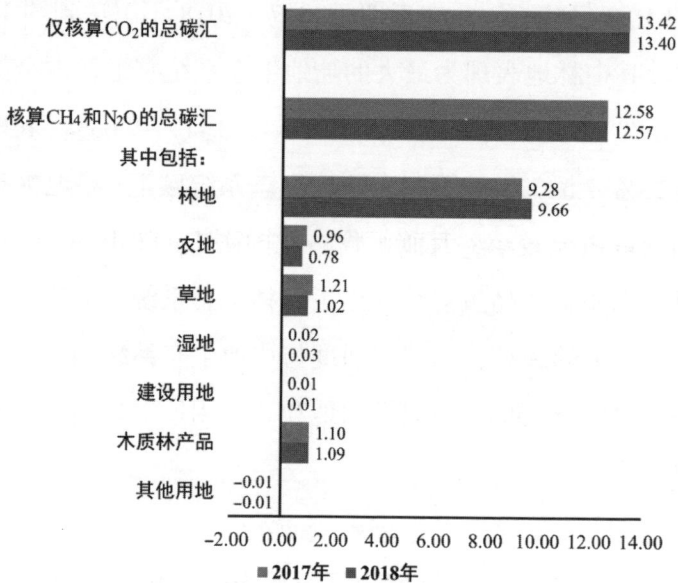

图 3.2　2017 年和 2018 年度我国温室气体清单中"土地利用、土地利用变化和林业"的吸收汇作用（亿吨 $CO_2$ 当量）

当前，竹林的碳汇功能也日益受到重视。竹林是中国南方地区十分重要的森林资源类型，适生能力强，具有优良的固碳能力，在林业应对气候变化的背景下，以积累碳汇和实现碳汇交易为目的的毛竹林营造活动日益增多。研究表明，毛竹林乔木层碳汇功能可达到每年每公顷 5 吨 $CO_2$，超过速生阶段杉木，可以达到热带山地雨林的 1.33 倍，而在毛竹碳汇造林初期，即使扣除种植和管护的温室气体排放的抵消作用，净碳汇量仍然能达到每年每公顷 9.30 吨 $CO_2$。

### （三）草地生态系统碳汇

草地生态系统碳汇形成机制与森林和灌丛生态系统类似，但考虑到草地生态系统中大部分为一年生草本植物，目前普遍认为，天然草地生态系统碳汇作用主要在土壤中。在草地生态系统中，碳输入主要来源于草原植被光合作用；主要的碳输出有植物、凋落物、土壤有机质等的呼吸作用和放牧、割草等人为活动干扰。

草地生态系统的碳汇能力取决于草地植被初级生产力的形成与土壤有机质分解、人为干扰引起的碳输出之间的平衡。与森林生态系统类型不同，草地生态系统的地上生物量比较低，但由于地上部分受放牧、农垦等的影响远较森林生态系统强烈，地上部分基本不具有长期的固碳能力。相对应地，由于全球草地生态系统多处于高寒或干旱地区，其地下部分分解普遍较慢，地下部分固碳作用明显。研究表明草地生态系统地下部分现有碳储量约占其总储量的 89.4%。

### （四）农田生态系统碳汇

与森林、草地等自然生态系统相比，农田生态系统土壤碳库受人类活动的影响尤为剧烈，是陆地生态系统碳库中最活跃的部分。农田作物通过光合作用，吸收 $CO_2$ 固定在作物体内，农田作物收获时，移走的作物地上部分或者还田，或者供人、畜食用分解，其绝大部分固定的碳在短时间内重新以 $CO_2$ 形式释放，并返回到大气中。未移走的作物地上部分和地下部分死亡分解，以腐殖质的形式把碳输入土壤。土壤中的碳通过生物扰动和下茬作物根系生长，带入底层土壤，形成土壤有机质，可以稳定土壤结构、提高土壤质量。

农田生态系统的碳汇受人类活动、土壤特性和自然环境的共同影响。农田生态系统对大气 $CO_2$ 浓度的净贡献既取决于其土壤的碳汇功能，也受各种人类管理活动产生额外的温室气体排放情况影响，在管理不善的情况下农田生态系统可能由碳汇转变为碳源。

### （五）湿地生态系统碳汇

湿地被认为是重要的天然"储碳库"。尽管湿地面积仅占全球陆地生态系统总面积的 5%~8%，却储存了全球陆地生态系统 20%~30% 的碳，是重要的生态系统碳库。我国湿地碳储量估算结果存在较大差异，通常在 24.5 亿~168.7 亿吨碳。总碳汇能力则在 0.44 亿~4.4 亿吨碳 $CO_2$/年之间，碳汇能力在 0.12~16.29 吨 $CO_2$/年·公顷。导致我国湿地碳储量与碳汇能力估算结果存在较大差异的主要原因可能在于估算采用的湿地面积不同，且精准估算方法目前还比较欠缺。

## 三、陆地生态系统碳汇巩固和提升路径

生态系统在不同的管理模式下可能具有完全不同的碳收支过程和结果，通过陆地生态系统的优化管理和生态系统保护与修复可以实现陆地生态系统碳库的"增收"和"节支"。从生态学和生态系统碳循环的机理上看，所谓"增收"，就是提升生态系统的碳元素输入，即促进大气中的具有温室效应的二氧化碳通过光合作用进入生态系统，提升生态系统碳汇。而"节支"则是要控制生态系统的碳损失，特别

是减少人为生态系统破坏，病虫鼠害以及火灾等灾害带来的碳损失，来巩固生态系统碳汇。很多生态系统管理措施，如植树造林、退耕还林、草地围封禁牧、人工种草等，都可能在"增收"和"节支"两条途径上同时发挥作用，即同时增加了生态系统吸收大气中 $CO_2$ 的能力，也减少了生态系统的碳损失。

## （一）生态保护修复碳汇提升作用与碳汇增量的识别

生态系统碳汇巩固和提升的实质就是通过生态系统管理让生态系统实现碳库的"增收"和"节支"。生态系统管理措施所具有的提升生态系统碳汇（或减少生态系统碳库损失）的效应，就是生态系统碳汇增量。习近平总书记要求"扩大生态系统碳汇增量"，技术上的途径就是选择有较高生态系统碳汇提升（或降低生态系统碳库损失）效应的技术和管理模式，并将其在更广大的范围推行实施。

生态系统碳汇巩固和提升管理措施的碳汇增量是管理或技术措施的属性，并且与碳汇交易，额外性等概念密切相关。尽管管理措施的碳汇增量与前文提及的不同类型生态系统碳汇在总量和速率（单位面积和单位时间量）上具有相同的量纲，但二者在概念和机理上存在根本的区别。概括地说，生态系统碳汇巩固和提升措施实施区域的生态系统碳汇，是无措施的基线碳汇（或碳收支）叠加上措施的碳汇增量后的总和。在未实施生态系统保护修复/碳汇巩固和提升措施的情况下，生态系统的碳收支被称为基线（见图 3.3 至 3.5 虚线）。生态系统碳汇以及生态系统碳汇巩固和提升措施的碳汇增量之前的关系存在以下三种情况。

在图 3.3 所代表的第一种情况中，无碳汇巩固提升措施下，生态系统碳储量从 a 自然增长到 c，基线本身即为碳汇。而在采用碳汇巩固和提升的技术和管理措施后，生态系统碳汇得到提升，实现了"增收"，最后在评估时间点达到的碳储量更高的 b（见图 3.3 实线），那么（b-c）就是实施这样一个措施的碳汇增量或增汇固碳效应。

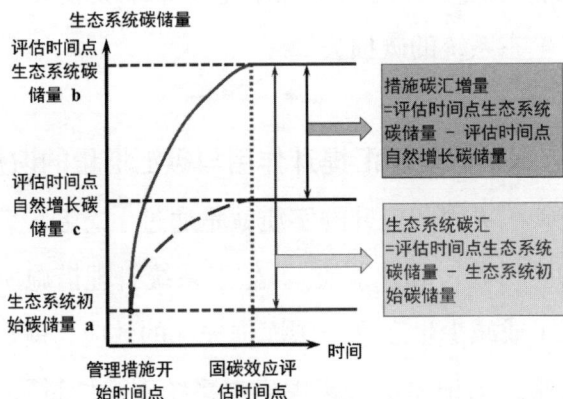

图 3.3　生态保护修复措施碳汇增量提升了原有生态系统碳汇示意图

在另一种情况下，生态系统本身由于发生退化等原因，在无碳汇巩固提升措施的基线情景下，其碳储量发生由 a 到 c 的损失并表现为碳排放或者碳源（见图 3.4 虚线）。而如果能够实施碳汇巩固和提升措施，就让生态系统碳储量实现从 a 到 b 的增长，形成碳汇（见图 3.4 实线）。这种情况下碳汇巩固和提升措施的作用显著，将生态系统碳库损失趋（碳源）扭转为了碳汇，同时实现了"增收"和"节支"；而该措施的碳汇增量仍然是（b-c）。

第三种情况中，生态系统在无碳汇巩固和提升措施的基线情景下，处于和第二种情况类似的碳库损失状况，碳储量将从 a 下降至 c（见图 3.5 虚线）。而实施的碳汇巩固和提升措施可以减轻——但不足以全面遏制——这一碳库损失，让生态系统的碳库储量损失减轻并达到 b（见图 3.5 中实线）。此时，即便实施了保护修复措施，生态系统还是处于碳库损失的碳源状态，但是碳汇巩固提升措施仍然发挥了"节支"的作用并且是气候友好的，其碳汇增量体现在其对生态系统碳库损失的减轻作用，数量上仍然是下图 3.5 中的（b-c）。

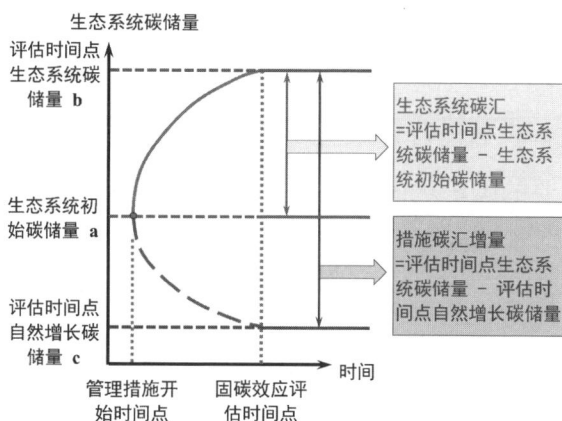

图 3.4　保护修复措施实施后的生态系统碳源逆转为碳汇示意图

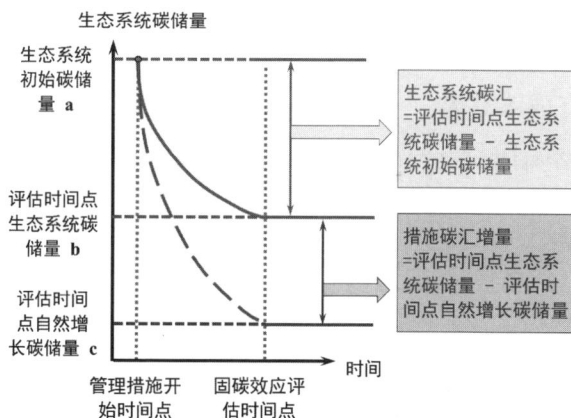

图 3.5　保护修复措施实施后的生态系统碳损失减轻示意图

需要强调的是，在上述各类情况中，碳汇巩固和提升措施的碳汇增量（图 3.3 至图 3.5 的深色箭头区域）和生态系统碳汇（见图 3.3

至图 3.5 的浅色箭头区域）在概念上和数量上都是完全不同的，直接以生态系统碳汇作为生态保护修复的碳汇增量或提升效应，往往难以客观准确评估生态系统固碳行动的效果。

### （二）森林（及灌丛）生态系统碳汇巩固和提升

森林在全球和区域碳循环中具有重要作用，保护和修复天然林，植树造林和改善森林经营管理模式都有助于森林生态系统固定更多的大气 $CO_2$。主要的碳汇巩固和提升措施有：造林、再造林、退耕还林、减少森林采伐、森林恢复、通过森林经营增加林分碳密度、森林防火、森林病虫鼠害防治、提高林产品的异地碳储量、促进产品和燃料的替代等。目前，我国采取的森林固碳措施主要有退耕（牧）还林、封山育林、植树造林、低效林改造等。

造林能够把大量的碳固定和保存在新生的植被中，在树木成熟和土壤碳收支达到平衡之前，固碳作用一直在进行，这个过程一般能够持续数十年甚至上百年。造林不仅能够固定大量的碳，相对于其他固碳措施还具有成本优势。全球造林的碳汇为每年 5.43~88 亿吨 $CO_2$，预计到 21 世纪中期全球造林的碳汇将达到每年 11.4~100 亿吨 $CO_2$。我国是世界上造林最多的国家，预计到 2050 年，造林面积将再增加 21.7 万公顷，新增碳汇达到每年 2.09~2.30 亿吨 $CO_2$。目前，我国森林植被碳储量的增加主要是由造林导致的森林面积扩张引起的，森林植被碳密度增加对碳储量增加的贡献相对较小，未来我国森林植被碳密度还有很大的提升空间，固碳能力也可进一步提升。

森林经营管理措施是影响森林生态系统碳汇能力的重要因素之一。森林抚育管理（封山育林、幼林抚育和间伐等）可促进林木生长，提高林木生物量和质量，从而达到增汇的目的。加强对现有森林的抚育和管理，将会使森林碳汇能力进一步提高。封育管理也可有效增强森林生态系统碳积累能力。研究发现，封育后，马尾松林碳密度比非封育管理增长了 35.2 吨碳 / 公顷。

森林土壤可持续积累碳，是森林生态系统碳汇能力的一个重要方面。对广东省鼎湖山国家自然保护区内成熟森林（林龄 >400 年）土壤有机碳 25 年的观测结果表明，该森林 0~20 厘米土壤层的有机碳储量以平均每年每公顷 0.61 吨的速度增加。然而，对我国北方地区 619 个造林样方、163 个对照样方，共 11775 个土壤样品的采集和分析研究表明，植树造林并不总是增加土壤有机碳含量，其对土壤有机碳的影响取决于本底土壤碳储量。在土壤本底有机碳丰富的区域，造林可能会降低土壤有机碳储量，尤其是深层土壤的有机碳含量；而在土壤本底有机碳较为贫瘠的区域，造林则会促进土壤碳的积累，且在土壤表层最为显著。

### （三）草地生态系统碳汇巩固和提升

中国是草地资源大国，但近几十年长期过度放牧、低水平管理等人为因素和气候因素导致草地生态系统质量退化。21 世纪初，我国开始就草地退化进行调研并全面启动退牧还草工程，通过草地围栏建设（禁牧、休牧、划区轮牧）、人工种草等工程措施，改善和恢复草地生态系统，并自 2011 年起，国家开始实施草原生态保护补助奖励政策，对禁牧管理地区进行补助，对草蓄平衡地区进行奖励。

草地固碳管理措施主要有：草场围栏、禁牧、休牧、轮牧、适度放牧、种草、施肥、补播、改良草场、退耕还草和火灾控制等。依据 IPCC 研究结果，在干旱寒冷地区和干旱温暖地区，全球草地生态系统实施放牧管理、施肥和火灾控制管理等固碳措施的碳汇提升效益为每年每公顷 0.40 吨 $CO_2$ 当量，在湿润寒冷地区和湿润温暖地区为每年每公顷 2.97 吨 $CO_2$ 当量。我国退化草地实施围栏措施后，碳汇提升效益能够达到每年每公顷 0.348~4.33 吨 $CO_2$ 当量。内蒙古锡林浩特的定位观测显示，围封 3 年、8 年、20 年和 24 年的草原土壤有机碳储量分别增加 13%、15%、21% 和 36%。

适度放牧能够提高草原生态系统牧草现有和再生叶片的光合能力，加快叶片和茎秆的生长速度，以补偿牧草原上生物量因牲畜采食而降低光合效率的负效应，刺激牧草的生长，提高植物生产力，增加草地植被碳汇能力，并增加向土壤的碳输入。适度放牧条件下，全球草原生态系统的碳汇提升效益为每年每公顷 1.28~2.16 吨 $CO_2$ 当量，能够使草原碳含量增加 0.13%。在天然草地面积减少的情况下，建植人工草地来增加牧草产量、提高群落稳定性和恢复草地生态系统的固碳量是非常高效的，不同区域和类型的人工种草碳汇提升效益可达每年每公顷 1.28~3.70 吨 $CO_2$ 当量。

### （四）农田生态系统碳汇巩固和提升

农田生态系统是碳源还是碳汇，与其管理方式有很大关系。农业固碳措施主要有：施肥、灌溉、秸秆还田、轮作、免耕少耕、使用保护性耕作技术，改善机耕及作物覆盖等。IPCC 报告指出在控制侵蚀、恢复严重退化土壤、保护性耕作等措施下，全球农田土壤碳汇增量（固碳速率）为每年每公顷 1.80~5.43 吨 $CO_2$ 当量，增汇（固碳）潜力为每年 14.7~22.0 亿吨 $CO_2$ 当量；全面推广合理的土地利用和推荐农业管理措施下，全球农田土壤增汇（固碳）潜力为每年 14.7~29.3 亿吨 $CO_2$ 当量；全面推广应用土壤管理新技术下，全球农田土壤增汇（固碳）潜力也可达到每年 18~73 亿吨 $CO_2$ 当量；推荐农业管理措施下热带干旱地区农田增汇（固碳）速率往往低于寒带湿润区。

　　施肥对农田生态系统土壤的固碳效果存在一定的争议，适量施肥对农田土壤具有增汇效应，而施肥量一旦超过一定阈值，将不会带来更多的增汇效应。一般认为，合理的施肥可以提高肥料的利用效率，避免肥料中养分损失；合理的施肥还能够促进作物生长，增加作物产量，增加土壤中残茬和根系的输入；施肥还能影响土壤微生物数量和活性，进而影响有机碳的生物分解过程。总体上，施肥条件下有机碳明显积累，农田生态系统固碳能力提高。

　　长期免耕和保护性耕作可以保留更多的作物残茬进入土壤，减少土壤扰动和土壤侵蚀，增加土壤渗透性和生物多样性，以及增加表土层土壤微生物碳、氮含量和土壤团粒结构，并通过陆地生物及落叶的转化，增加土壤有机碳固定，促进土壤碳积累。另外，由传统耕作转变为免耕，也可以提高土壤的固碳能力。

　　秸秆还田措施能够直接把秸秆中含有的碳输入到土壤中，直接增加土壤固碳量，同时秸秆分解释放的有机物能够促进作物生长，增加作物固碳，另外还可以避免秸秆焚烧过程中产生温室气体。作物秸秆还田量与其土壤碳汇提升量呈线性关系。施用畜禽粪便能够直接增加土壤碳的输入量，还可以通过提高土壤微生物活性，促进作物生长，增加作物固碳能力。长期施用畜禽粪便等有机肥能够显著提高土壤质量，增加土壤固碳能力。

　　由于不同地区土壤类型、作物类型、肥料种类以及环境因子等的差异，同一措施的农田土壤增汇固碳能力也会有明显差异，在农田生态系统碳汇管理与优化过程中，应根据当地的条件，选择适宜的措施。

（五）重大生态保护修复工程巩固和提升碳汇

自 20 世纪 70 年代末以来，我国陆续启动了一系列重大生态保护修复工程，这些重大生态保护修复工程的实施大大提升了我国陆地生态系统的碳汇能力。研究表明，我国天然林保护工程、退耕还林工程、京津风沙源治理工程、三北防护林体系工程（四期）、长江珠江流域防护林体系工程（二期）和退牧还草工程实施区域生态系统碳汇在 2001—2010 年达到 4.84 亿吨 $CO_2$/ 年，工程的实施贡献了工程区域碳汇的约 56%，工程年均碳汇增量达到 2.71 亿吨 $CO_2$，每 1 公顷上述工程实施的平均碳汇增量在这 10 年间可以达到 25 吨 $CO_2$。重大生态保护修复工程已经在我国生态系统碳汇的形成中发挥了重要作用，并在未来具有巨大的生态系统碳汇提升或碳汇增量潜力，可为我国如期实现碳中和提供重要支撑。

2020 年，国家为解决自然生态系统的质量和功能问题，提出了《全国重要生态系统保护和修复重大工程总体规划（2021—2035 年）》，成为了新时代国家层面推进生态保护和修复工作的基本纲领。在国家加大力度推进生态系统保护和修复重大生态工程实施和努力实现碳中和的背景下，2023 年 4 月印发的《生态系统碳汇能力巩固提升实施方案》将统筹布局和实施生态保护修复重大工程、持续提升生态功能重要地区碳汇增量作为重要举措。2023 年底发布的《中共中央 国务院关于全面推进美丽中国建设的意见》也提出了加快实施重要生态系统保护和修复重大工程，继续实施山水林田湖草沙一体化保护和修复工程，推进生态系统碳汇能力巩固提升行动的要求。工程的巨大碳汇提升效应和潜力以及国家的高度重视都预示着通过重大生态保护修复工程推进生态系统碳汇提升，将在未来一段时间在碳中和进程中发挥重要作用。

## 四、温室气体泄漏和净固碳核算

陆地生态系统固碳增汇管理措施在增加植被和土壤碳汇的同时，也会对边界内外其他生态系统温室气体收支过程造成影响，产生额外的温室气体排放，并部分甚至全部抵消措施的固碳效果，这些固碳措施带来的边界内外的额外温室气体排放被称作温室气体泄漏或碳泄漏。由于生态系统管理活动温室气体泄漏因素的存在，生态系统本身植被和土壤的总固碳量无法客观反映生态系统管理措施对温室气体的真实减排量或对减缓全球气候变化的实际效应。

以在农田施用化学氮肥为例，我国种植玉米、小麦和水稻的农田中增施氮肥可以让土壤碳汇增量扩大 3000 余万吨 $CO_2$ 当量，而化肥的生产、运输、施用中会排放大量的 $CO_2$，同时施肥土壤中另一种温室气体 $N_2O$ 的排放也会增加，增施氮肥的温室气体泄漏约超过每年 6783 万吨 $CO_2$ 当量，达到增施氮肥的土壤增汇固碳扩大量的两倍以上。可见，当考虑碳泄漏因素时，增施氮肥所引起的泄漏完全抵消了其在农田土壤中的额外的碳汇提升效应，因此，增施氮肥作为农田固碳措施是不可行的。

因而，在评价一项生态系统固碳增汇措施效果时，应当以扣除了该措施温室气体泄漏的净固碳能力而非植被和土壤固碳潜力为依据。识别并减少生态系统管理活动产生的碳泄漏可以进一步提高生态系统管理的净固碳能力。

## （一）森林和草地生态系统增汇措施的温室气体泄漏与净减排增汇潜力

生态系统增汇措施的温室气体泄漏研究开始于林业碳汇项目。林业碳汇项目固碳的有效性要求将项目隐藏的温室气体泄漏剔除以保证固碳的额外性。图 3.6 显示了森林碳计量与净减排核算方法框架。根据该框架，我国 2000—2014 年森林管理和资源利用的温室气体排放量为 6490 万吨 $CO_2$ / 年，森林产生的净碳汇年均为 6.969 亿吨 $CO_2$。

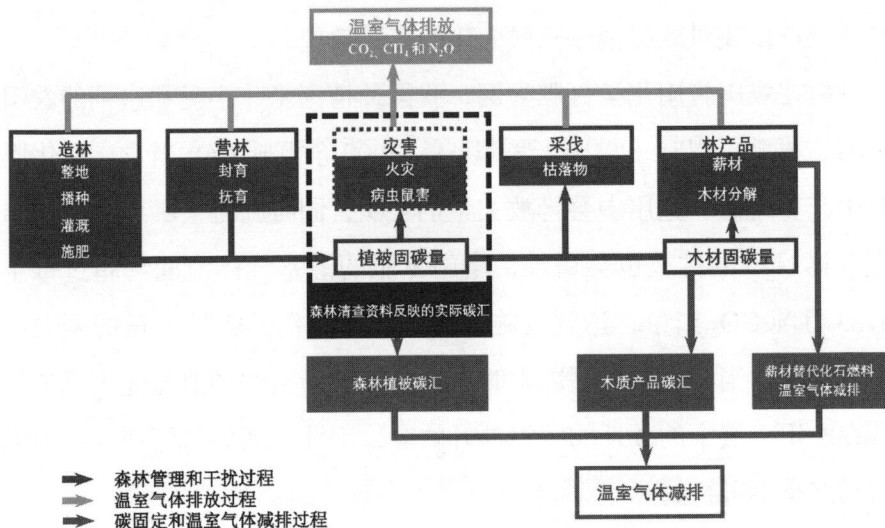

图 3.6 森林碳收支核算与净减排核算方法

可以通过多种途径减少森林经营与管理边界内温室气体排放，包括：对营造林活动进行合理规划以减少林区道路和围栏等基础设施建设消耗建材带来的碳排放；经济林施肥采用精准施肥以减少生产肥料

产生的碳排放和 $N_2O$ 排放；升级改造已有林区道路以缩短采伐林地至木材加工厂的运输距离等。

目前，针对退牧还草工程的净增汇研究较少。在一项京津风沙源治理工程温室气体排放与净增汇量的研究中，汇总了人工种草、草地围封和舍饲暖棚建设的碳排放，以及畜牧业活动转移的碳泄漏，结果显示，碳泄漏对草地治理增汇量的抵消为 57.7%~60.6%，草地治理的温室气体泄漏对固碳的抵消相较于营造林更大，其温室气体泄漏因素主要为人工种草的相关排放及畜牧业活动转移碳泄漏。

**（二）农田生态系统增汇措施的温室气体泄漏与净减排增汇潜力**

由于农业生产过程中土壤有机碳的直接损失以及人为温室气体的排放，农业被认为是全球温室气体第二大排放源，占全球人为排放的 13.5%，并是甲烷（$CH_4$）和氧化亚氮（$N_2O$）的重要排放源这两类非 $CO_2$ 温室气体的在 100 年时间尺度上的全球增温潜势分别是同质量 $CO_2$ 的 27.9 倍和 273 倍。尤其是农业生产过程中的稻田 $CH_4$ 排放和无机氮肥施用的 $N_2O$ 排放。农业生产对全球人为非 $CO_2$ 温室气体排放的贡献达到 56%。因此，农田温室气体收支核算以及农田温室气体减排增汇管理措施的研究在国内外受到了广泛重视。

农田生态系统管理措施的固碳增汇效应涉及的温室气体收支过程比较多，调整一项管理措施可能涉及多个温室气体收支过程，因此，近年来，农田生态系统温室气体收支的研究主要以碳足迹分析的手段开展，图 3.7 显示了我国农田生态系统碳足迹核算的框架。

适宜的农田管理措施可以提升生态系统固碳，降低碳足迹，并可能具有巨大的温室气体减排潜力。农田管理温室气体减排增汇措施主要针对农田温室气体排放中的重要组分，目前主要有两类途径，即节约农业物资投入和控制生态系统温室气体排放，后者又包括土壤固碳、通过调节化肥种类和使用量减少农田 $N_2O$ 排放、通过水肥管理调控稻田 $CH_4$ 排放和使用生物质炭等多种途径。

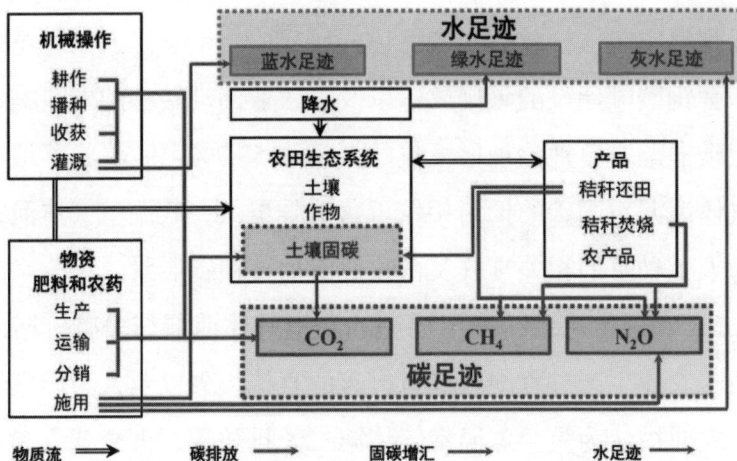

图 3.7　我国农田生态系统碳—水足迹耦合估算方法

由于我国的能源结构主要建立在煤炭之上，生产农业物资中氮肥等化石能源产品的温室气体排放很高，节约农业物资投入具有巨大的减排潜力。基于 Meta 分析的结果表明，1980—2014 年我国施用化学肥料 12.9 亿吨（折纯量），实现土壤固碳 38.83 亿~39.97 亿吨 $CO_2$ 当量；而生产这些化学肥料的碳排放则达到了 67.83 亿吨 $CO_2$ 当量，其中 90% 为生产氮肥碳排放，完全抵消了土壤固碳效应；而当考虑了农田土壤在施用化学氮肥排放的 $N_2O$，增加化肥施用加剧全球气候变暖的作用更加凸显。反之，节约化肥的施用，可能具有重要的净增汇减排潜力。据估算，在合成氨工业改良的背景下，控制氮肥施用和减少氮肥施用情景将在 2020 年分别具有 0.56 亿吨 $CO_2$ 当量和 1.21 亿吨 $CO_2$ 当量的减排潜力。相对于当前的化肥超量施用现象，按国家推荐的方案施用化肥种植水稻、玉米和小麦，通过减少化学氮肥生产和农

田 $N_2O$ 排放，农田温室气体排放每年可减少 8760 万吨 $CO_2$ 当量。当前，采用合理的灌溉技术，达到节水节（灌溉抽水用）电和节肥的相关项目，已经经过认证进入了碳贸易市场。

农田产生的秸秆除了进行直接还田，还可转化为生物质碳还田。农田秸秆热裂解处理等途径得到的生物质炭含碳量高、难于分解、比表面积大、疏松多孔，可充分利用养分和秸秆有机质，减少土壤硬度、促进土壤微生物的发育、补充土壤养分及增产。基于 Meta 分析的相关研究表明，生物质炭输入可有效降低中国主粮作物氧化亚氮排放 41%，而对甲烷吸收／排放并无显著影响。

### （三）我国典型重大生态工程增汇措施的温室气体泄漏和净减排

重大生态工程的实施涉及的温室气体收支过程主要包括生态工程建设和恢复对工程区域内碳库的影响，工程实施导致化石燃料、除草剂和化肥等的消耗，以及对生产活动和物资转移的影响等。

据研究核算，天保工程一期营造林活动共产生边界内温室气体泄漏 898 万吨 $CO_2$ 当量，造林及配套森林基础设施建设是主要部分，二者合计占 82.4%，其中森林基础设施建设占 43.0%，造林占 39.4%。天保工程一期边界外温室气体泄漏总量为 4686 万吨 $CO_2$ 当量，包括薪炭林采伐调减引起的煤炭替代碳泄漏和新造用材林碳泄漏。总体上，天保工程一期净固碳量为 5.12 亿吨 $CO_2$，工程边界内外引起额外温室气体排放量达 5584 万吨 $CO_2$ 当量，抵消了工程增汇效益的 9.82%。

退耕还林工程建设期营造林活动共产生边界内温室气体泄漏 5166 万吨 $CO_2$ 当量，造林及森林基础设施建设是主要的边界内温室气体泄漏来源，维持耕地面积的额外耕地开垦和补助粮运输构成了边界外温室气体泄漏。总体上，退耕还林工程建设期内净固碳量为 7.46 亿吨 $CO_2$，工程边界内外引起的额外温室气体排放量达到 1.86 亿吨 $CO_2$ 当量，抵消了工程增汇效益的 19.9%。

京津风沙源治理工程一期边界内营造林和草地治理造成的边界内碳排放总量为 1005 万吨 $CO_2$ 当量，造林及森林基础设施建设占边界内温室气体泄漏总量的 83.6%，其中造林占 46.2%，森林基础设施建设占 37.4%。碳泄漏总量为 1661~1745 万吨 $CO_2$ 当量，主要来自农业活动转移、畜牧业活动转移和生态移民。其中工程的草地管理措施引起工程边界内的放牧活动向工程区域外转移，造成了工程区外草地的退化和额外的碳损失（碳排放），抵消草地围封增汇固碳的 57%。总体上，京津风沙源治理工程一期建设期内净固碳量为 2.34~2.36 亿吨 $CO_2$，在工程边界内外共产生额外温室气体泄漏 2669~2750 万吨 $CO_2$ 当量，抵消了工程增汇效益的 10.2%~10.5%。

## 五、持续提升我国生态系统碳汇能力

近年来国家重大生态保护修复工程的实施和农田管理措施的转变，使得我国森林（灌丛）、草地等自然生态系统质量得到恢复，农田土壤有机碳提高，既提高了生态系统服务功能，也实现了可观的生态系统碳汇增量。为持续提升我国生态系统碳汇能力，助力碳中和目标实现，依据《生态系统碳汇能力巩固提升实施方案》，还需要加强以下三个方面的工作。

### （一）摸清家底

开展有效的生态碳汇巩固提升行动，最重要的一个前置条件就是明确我国陆地生态系统碳储量和碳汇分布。尽管学术界已经有雄厚的工作积累，但面向我国全面开展生态固碳的需求还有一定差距。我国幅员辽阔，各地区自然条件和生态系统差异较大，明确生态系统碳库储量和碳汇需要基于统一的系统设计和调查方法，结合现有的森林清查、生态状况遥感评估等调查体系，建立制度化、规范化、业务化的生态系统碳库储量和碳汇调查监测和计量体系，在与国际接轨的同时更要满足我国面向双碳目标如期实现的生态系统管理需要。

### （二）系统布局

生态系统固碳要符合植物生长和生态系统演替客观规律，短期内生态系统固碳不可能一蹴而就、"一步到位"；从长期看也需要关注生态系统因碳库趋近饱和而碳汇功能下降的问题。因而，需要针对生态系统碳汇提升行动做好短、中、长期系统布局，避免短期碳汇快速提升而中长期碳汇下降，进而影响 2060 碳中和目标实现的情况发生。

同时，生态系统碳汇提升行动同时面临着水、土地等资源的极大限制，因此需要在资源承载力范围内开展。特别要做到以水而定、量水而行，充分考虑水资源的禀赋条件和承载能力，坚持宜林则林、宜灌则灌、宜草则草、宜湿则湿、宜荒则荒，尊重客观规律。避免在局部区域开展高耗水生态系统碳汇提升行动引起区域水资源短缺从而造成周边生态系统碳汇下降甚至由碳汇转为碳源，或碳汇难以持续的情况。

生态系统固碳本身是一个植物通过光合作用吸收大气中的 $CO_2$ 后，生长并在生态系统内积累碳元素的过程。伴随这一过程，生态系统的质量在改善，多种生态系统服务和生态产品供给也在强化和提升。因此，结合生态系统保护与修复，协同推进生态系统碳汇能力的巩固和提升，也具有重要的生态效益。特别是党的二十大报告对"建立生态产品价值实现机制"作出了总体部署，协同提升生态系统碳汇和生态产品的产出，在推进实现生态产品价值的大背景下，将可能在碳交易市场之外，获取其他生态产品带来的经济效益，提升生态固碳措施的收益和经济可行性。

### （三）公众参与

生态系统碳汇提升行动的顺利开展离不开所在区域居民的支持。因此，开展以碳汇巩固和提升为目标的陆地生态系统保护与修复要充分考虑集体、居民和工程行动实施者的利益，特别是他们的经济利益。如何把碳汇成效转化为切实的经济价值，使实施碳汇提升行为的主体获得相应回报，从而促进全社会参与固碳增汇，是持续驱动陆地生态系统碳汇提升的关键。可以将国家推行的区域高质量发展和乡村振兴与生态系统碳汇巩固与提升统筹考虑，通过宣传教育、制度设计等，确保集体、农民以及工程的实施者能够获得经济上的收益，以激发他们推进生态固碳的积极性，以此提升陆地生态系统保护与修复工程的碳汇增益。

## 六、结语

生态系统碳汇在我国温室气体收支中具有重要地位。利用森林、草地等生态系统吸收二氧化碳成为碳汇，是应对气候变化的重要途径。同时，巩固和提升陆地生态系统碳汇能力，是减缓大气二氧化碳浓度升高最为经济可行和环境友好的途径。相对工业领域的脱碳减排，生态固碳措施往往技术门槛较低，经济投入不多。然而，必须明确的是，实现国家"双碳"目标，不能认为生态系统天生就是碳汇，如果经营管理失当，也有可能成为碳源，加剧气候变化。同时，由于生态系统自身元素循环，特别是碳氮循环具有耦合性，管理活动在影响碳汇功能的同时也可能影响氮等元素的循环以及非二氧化碳温室气体收支，并在边界内外产生的温室气体泄漏，也会在一定程度上削弱对生态系统增汇固碳措施的净固碳能力。

在 2060 年我国能够实现的生态系统碳汇越大，则在碳中和条件下可以允许的社会经济活动中排放的 $CO_2$ 量就可以等量上升。因而，寻求巩固和持续提升我国生态系统碳汇能力实现路径对于实现碳中和非常重要。既需要正确认识我国陆地生态系统的碳汇功能在实现碳中和中的重要作用，也需要加强顶层设计和科学布局，加强生态系统管理，形成以重大生态保护修复工程为特色的中国行动方案，助力碳中和目标如期实现。

## 第 4 讲

# GEP 核算：开启绿色发展新视角

郑　华①，欧阳志云，侯　鹰，肖　燚，王丽娟，高晓龙，李　聪

在传统的经济发展模式中，GDP 一直是衡量一个国家或地区经济状况的重要指标。然而，GDP 并不能全面反映生态系统对人类的贡献。生态系统生产总值（GEP）的提出，为我们提供了一种全新的视角，用以衡量自然生态系统对人类的经济价值。**本讲将介绍 GEP 的概念、核算方法及其在绿色发展中的应用，探讨如何通过 GEP 核算推动经济社会发展全面绿色转型。**

我国过去几十年社会经济的快速发展给生态环境保护带来了巨大挑战，急需创新发展和福祉的评价方式，并将生态系统服务纳入到决策之中。在中国共产党第十九次全国代表大会上，习近平总书记提出"绿水青山就是金山银山"的科学论断。为推进这一生态文明理念，欧阳志云等提出了生态系统生产总值（GEP）的概念，以核算自然对人类的贡献，为国家和地方更好地开展生态环境治理、创新环境和经济政策提供支撑。

---

①　郑华：博士，中国科学院生态环境研究中心研究员，国家杰出青年基金获得者。主要从事生态系统服务形成机制、评估方法与政策应用研究。

## 一、GEP 的概念和特征

近年来，人们越来越意识到现有的评价发展和福祉的方式存在巨大的缺陷。对此，学者们提出要在决策中考虑生态系统服务，以更好地体现自然对人类福祉的贡献。在过去的 30 年里，科学家们已在流域、国家、全球等不同尺度广泛评估了不同生态系统类型和生态系统服务的经济价值。2012 年，联合国通过了环境经济核算体系全球框架（SEEA），进一步促进了自然资本和生态系统服务价值核算在全球范围的开展。

在特定的区域和时段内，被人类利用的生态系统服务的总货币价值构成了生态系统生产总值（GEP）。图 4.1 展示了生态系统资产、生态系统服务供给和生态系统服务利用之间的关系。在此框架下，生态系统服务被划分为物质提供服务（如食物和水源）、调节服务（如碳固存、洪水调节、土壤保持、防风固沙等）以及文化服务（如自然界对人类休闲旅游、心理健康等方面的贡献）。

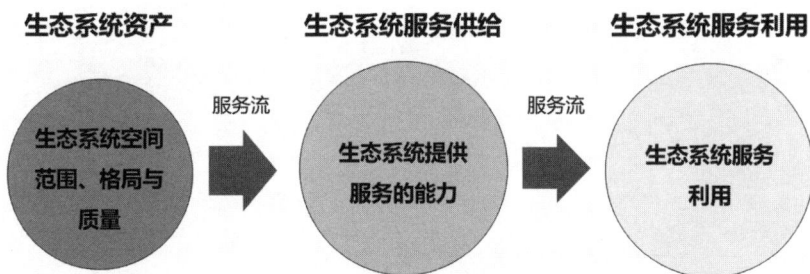

图 4.1　生态系统资产、生态系统服务供给和生态系统服务利用之间的关系

GEP 是将生态系统对人类贡献转化为可量化的经济价值的一种

手段，它对于准确评估生态系统服务的实际使用和估算其价值至关重要。GEP 通过运用市场价格及模拟市场价格来核算不同生态系统服务的价值，并将其汇总，形成了一个用于衡量生态系统对人类贡献的指标，这一过程与 GDP 的核算方法相似。GEP 是对 GDP 的有益补充，突出了 GDP 计算中被忽视的自然的贡献。需注意的是 GEP 与 GDP 之间存在重叠部分（见图 4.2），因为 GEP 中所涵盖的某些生态系统服务同样也是 GDP 核算中所包含的商品与服务（如农产品、木材、生态旅游等）。因此，简单地将 GEP 与 GDP 相加并不具有实际意义。

GDP

GEP

例如：
· 采矿业
· 制造业
· 建筑业
· 运输和仓储业
· 信息与通信业
· 批发和零售业
· 金融、保险和房地产服务业
· 公共事业管理
· 其他服务业

例如：
· 农业
· 林业
· 渔业
· 休闲与旅游业

例如：
· 水源涵养
· 洪水调蓄
· 土壤保持
· 防风固沙
· 净化空气
· 水源净化
· 气候调节
· 授粉
· 碳汇

图 4.2　GDP 与 GEP 之间的关系：互补和重叠

总之，GEP 对生态系统服务和自然资本核算与实践创新性贡献主要体现在两个方面：一是 GEP 作为一种全新的综合测量手段，对于被利用的生态系统服务价值进行评估，覆盖了自然对经济的主要贡献。二是 GEP 的原则和定义与决策制定有明确的联系，在我国已显示出巨大的政策应用潜力，并正应用于其他国家。可以说，GEP 提供了一种用以改进现有的经济发展评价体系的有效手段，使人们更加意识到在当前决策过程中所忽视的自然生态系统的重要价值。

## 二、GEP 的核算方法

理解和评估 GEP 涉及以下四个关键步骤：（1）对生态系统资产存量进行核算；（2）核算生态系统服务供给；（3）结合生态系统服务的供需状况，确定服务的实际利用量和价值（这决定了每项服务的经济价值）；（4）将各项服务的价值进行加总，最终得到 GEP（图 4.3）。接下来将对如何评估生态系统服务的价值和核算 GEP 进行详细阐述。

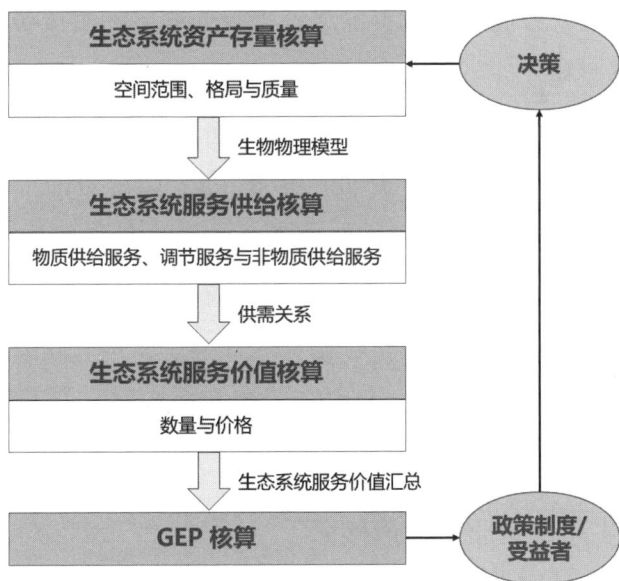

图 4.3　决策背景下的 GEP 核算过程

## （一）生态系统资产存量核算

生态系统服务的可持续流动取决于生态系统资产存量（包括空间范围、格局和质量）。生态系统资产包括自然生态系统资产（如森林、灌丛、草地、河流和湖泊）和改造的生态系统资产（如农田和水库）。与"自然资本"（natural capital）不同的是，生态系统资产不包括煤炭、石油、天然气和其他在一定的时间范围内无法再生的非生物资源。生态系统资产评估包括对生态系统空间范围（如不同生态系统类型覆盖的区域）和质量（如生物量、水质、植被覆盖率）的分析，以及对这些因素的整合。实地调查和遥感观测是分析生态系统资产状况和趋势最常用的两种方法。

## （二）生态系统服务供给评估

生态系统服务供给侧重于生态系统服务的生物生产功能。一系列生物物理模型和软件可用于评估生态系统服务供给，如生态系统服务和权衡综合评估模型（InVEST）、土壤和水评估工具（SWAT）。通过将这些模型与生态系统资产数据［步骤（1）中确定的］和其他生物物理信息（如土壤、坡度、气候数据）结合，可量化生态系统服务的供给。生态系统服务供给评估中有两个重要的方面，一是需要获取准确且空间精细化的评估模型的参数，二是需要在统一的时空尺度内开展生态系统调查。

## （三）生态系统服务价值核算

将生态系统服务供给［步骤（2）中评估的］与生态系统服务需求相结合，可以确定实际被使用的生态系统服务数量和生态系统服务的价格。生态系统服务需求指的是人类愿意为其付费的生态系统服务的数量。将生态系统服务数量同价格相乘得到生态系统服务价值。

为了保持生态系统服务核算的一致性（以便在下一步中使用相同的单位加总不同类型生态系统服务的价值），生态系统服务的价格使用交换价格。在数据可获得的情况下，使用市场价格数据（如农产品和水资源的价格）。在无法获得生态系统服务市场价格的情况下，可使用相关市场的价格数据（如生态系统向人类提供的优美环境的价值可使用房地产价格的差价来衡量）。此外，还可使用陈述偏好方法来估算非市场价值，比如使用陈述性调查问卷调查公众愿意为湿地提供的生态系统服务支付的金额。

### （四）汇总成 GEP

GEP 核算的最后一步是将不同生态系统服务的价值加总。对于物质提供服务和文化服务，由于人类劳动和人为投入对服务的产生有贡献（比如农产品的生产需要投入肥料、机械和人力等，风景旅游区需要投入开发和运营维护成本），在加总前需要将其价值乘以自然生态系统对服务产生的贡献的比例系数。对于调节服务，由于服务的产生都来自自然生态系统的贡献，在加总前不需要乘以比例系数。另外，在计算 GEP 时要注意避免重复计算。例如，如果将传粉服务的价值和作物生产服务的价值都计算在了 GEP 中，就会重复计算传粉动物对作物生产服务的贡献。

## 三、GEP 在绿色发展中的应用

目前，GEP 核算已得到广泛应用。据不完全统计，截至本文撰写之时，中国已开展了 196 个不同规模的 GEP 核算项目，包括 16 个省、29 个市和 151 个县。为完善不同层级行政区域和不同地理、气候和文化背景区域的 GEP 核算，中国共发布了 16 项 GEP 核算技术规范和指南，其中，国家发改委与国家统计局联合发布了《生态产品总值核算规范》，以规范全国各地的 GEP 核算。在 15 个地方核算规范中，有 7 个省级规范、7 个市级规范和 1 个县级规范。上述 GEP 核算技术规范的差异主要体现在指标体系、核算参数和定价方法上。特定地区的 GEP 核算按照针对用于该地区的技术规范开展，能够使该地区 GEP 的核算结果在时间上具有可比性。

GEP 的概念、核算原则和核算步骤将生态系统资产和生态系统服务价值纳入决策提供了优势。这些优势体现在 GEP 核算过程强调与政策相关的五个方面，这五个方面为支撑可持续发展提供了途径（见图 4.4 ）。

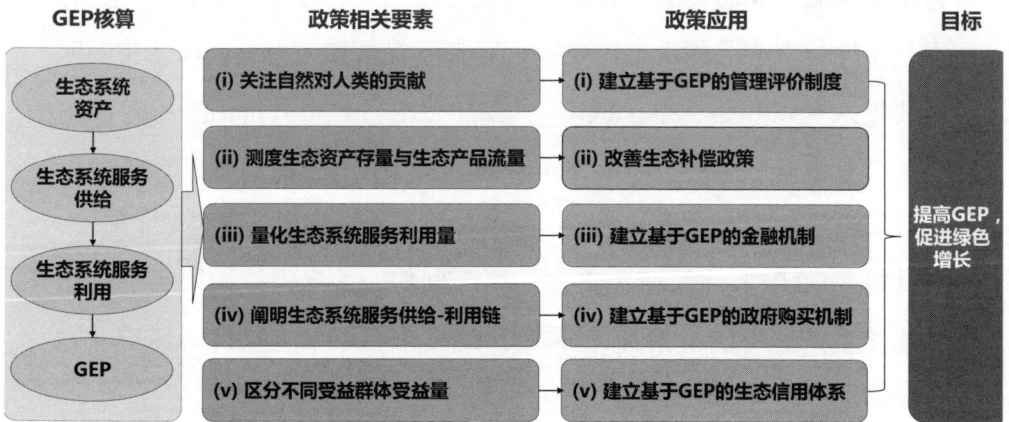

| GEP核算 | 政策相关要素 | 政策应用 | 目标 |
|---|---|---|---|
| 生态系统资产 | (i) 关注自然对人类的贡献 | (i) 建立基于GEP的管理评价制度 | 提高GEP，促进绿色增长 |
| 生态系统服务供给 | (ii) 测度生态资产存量与生态产品流量 | (ii) 改善生态补偿政策 | |
| 生态系统服务利用 | (iii) 量化生态系统服务利用量 | (iii) 建立基于GEP的金融机制 | |
| GEP | (iv) 阐明生态系统服务供给-利用链 | (iv) 建立基于GEP的政府购买机制 | |
| | (v) 区分不同受益群体受益量 | (v) 建立基于GEP的生态信用体系 | |

图 4.4　GEP 核算、与政策相关的要素以及政策应用

第一，关注自然对人类的贡献。GEP 关注自然对人类的贡献，从而提供了一个指标，可将决定人类福祉的生态因素纳入经济发展评

价。该指标可用于支持政策评估以及政府或企业绩效评价，以引导其提高自然对人类的贡献。

第二，测量作为存量的生态系统资产和作为流量的生态系统服务。在 GEP 核算中，生态系统资产存量和生态系统服务流量同时进行评估。因此，可以获得生态系统服务供给者的相关信息以及向受益者提供的生态系统服务的数量。这些信息对于包括受益者的确定、生态补偿资金分配和生态补偿效益评估在内的生态补偿政策的制定至关重要。

第三，量化生态系统服务利用量。GEP 以货币形式衡量生态系统服务利用量，从而能够建立 GEP 核算同成本—效益分析以及潜在市场交易之间的渠道。此外，也能有效支撑生态系统资产交易和以 GEP 为基础的绿色金融机制的构建。

第四，通过价值实现理解生态系统服务提供的链条。生态系统资产产生生态系统服务供给，然后由社会全部或部分利用，从而转化为生态系统服务使用量。这种可追溯的生态系统服务提供链条可为政策制定提供三项关键信息：（1）生态系统服务在哪里产生；（2）供给了多少生态系统服务；（3）供给的生态系统服务被使用了多少，生态系统服务的实际受益者分别是谁。例如，可以通过这些信息确定保护区居民、政府和企业所扮演的角色，从而为政府购买、保护区分区和生态补偿等的政策制定提供信息。

第五，明晰不同受益群体。每种生态系统服务在不同空间尺度上都有一类或多类受益者。GEP 核算可在地方、区域和全球范围内将生态系统服务的受益者和利益相关者明确联系起来，识别并划分不同受益群体。例如，在特定的空间尺度上，可将水资源供给服务流的受益者划分为城市居民、企业和农村居民，也可以在地方、流域和区域尺度上区分利益相关者。在不同空间尺度上区分受益者和利益相关者可为生态保护和建立基于自然资本的绿色金融和绿色信贷机制提供决策支撑。

我国基于现有的 GEP 核算应用经验与教训、早期生态补偿的成功案例，提出了一系列创新政策。下面详细介绍 GEP 核算结果的五项政策应用（见图 4.5），每项政策应用都将从应用途径、应用效果、主要经验三个方面阐述。

## （一）建立基于 GEP 的考核评价机制

作为对 GDP 的有益补充，GEP 强调了在 GDP 计算中被忽视的自然贡献。GEP 核算可以纳入管理者的绩效评价体系，以激励生态系统保护和恢复，并促进绿色、包容性发展。

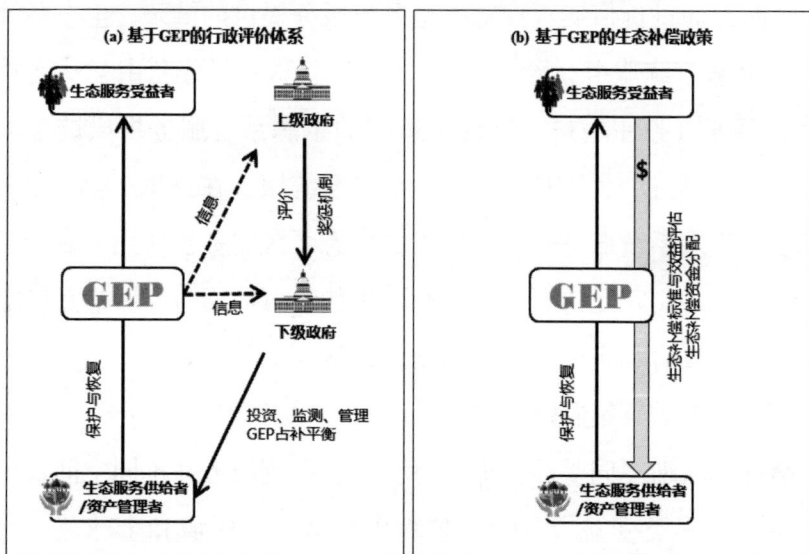

图 4.5　GEP 和生态系统资产核算的政策应用类型

应用途径：上级政府和下级政府以及生态系统服务供给者（通常是土地管理者）都参与基于 GEP 的考核评价体系。上级政府（如市

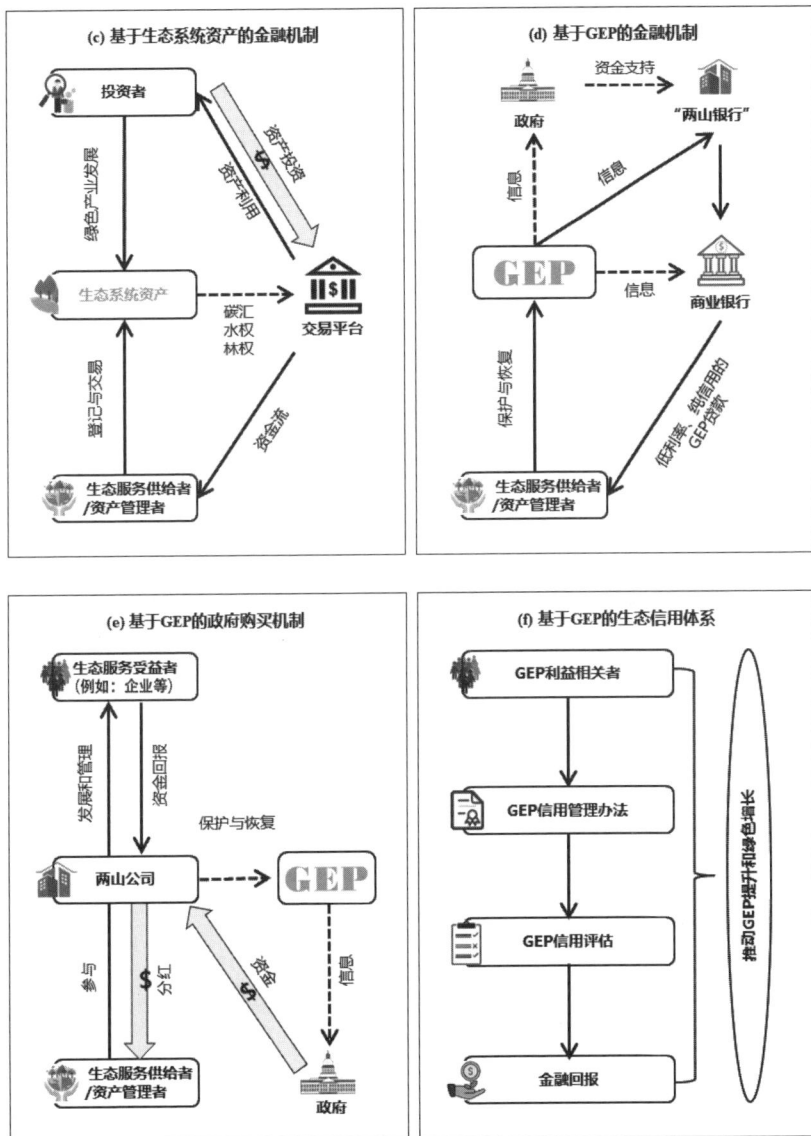

图 4.5 续 GEP 和生态系统资产核算的政策应用类型

级政府）使用 GEP 来考核评价直接管理生态系统服务供给者的下级
政府（如县级政府）的绩效【图 4.5（a）】。许多行政区域（如丽水
市、深圳市、普洱市和鄂州市）明确了下一级政府及其组成部门在提

高 GEP 方面的责任。GEP 和 GDP 双增长已成为一些县级考核评价体系中具有约束力的绩效指标。GEP 还被用于政府干部离任审计指标。在考核评价过程中，可每五年设定一次 GEP 目标，并向公众发布实现 GEP 目标的进展。

应用效果：深圳市将 GEP 纳入政府考核评价体系，推进了生态系统保护和恢复激励机制制度化。GEP 与 GDP 双增长的任务已经促进深圳市在这两项指标上有所改善。将 GEP 纳入政府考核评价指标后，上级政府（如市级政府）可将 GEP 及其增长率作为依据，实施奖惩措施，激励自然资本投资。此外，某些地区还建立了基于 GEP 的占补平衡机制，以激励下一级政府、私营企业和非政府组织参与生态保护。例如，如果项目开发造成的 GEP 减少无法就地弥补，开发商可以向"两山公司"（一种新型公司，其商业模式是对生态系统资产进行整合和开发）支付生态系统恢复费用，在其他地方开展生态恢复以弥补项目开发带来的 GEP 损失。

主要经验：将 GEP 作为政府考核评价指标，可以有效地激励政府开展资源保护、绿色生产活动和可持续项目投资，同时还可以更广泛地激励生态系统保护和恢复工作。采用 GEP 作为政府考核评价指标还促进了生态环境监测体系的改进，支撑 GEP 核算，进而更准确地反映 GEP 提升的进展和存在的短板。

## （二）完善生态补偿政策

GEP 可帮助解决生态补偿（即生态系统服务公共付费政策）实施过程中的三个难题：补偿标准确定、补偿效益评估以及补偿资金的合理分配。

应用途径：生态补偿政策通常涉及生态系统服务供给者和受益

者。基于 GEP 核算中的生态系统服务流量核算，生态补偿带来的生态系统服务使用价值的变化为生态补偿标准确定和效益评估提供了重要信息【图 4.5（b）】。例如，北京密云水库流域的"稻改旱"生态补偿政策通过考虑水资源供给服务和水质净化服务从供给方到受益方的流动，有效地核算了其成本和效益。此外，不同行政单元生态系统资产产生的 GEP 值之间的比例关系，能用于优化生态补偿资金的分配。比如，鄂州市依据 GEP 相对高低和变化幅度确定了不同辖区的生态补偿资金的分配金额。

应用效果：GEP 核算将生态系统资产视为存量，将生态系统服务视为流量，根据生态系统服务的使用价值来量化生态补偿政策的效益，并根据不同行政单元生态系统资产产生的 GEP 的比例关系来科学分配生态补偿资金，从而极大地提高了生态补偿政策的可操作性。

主要经验：GEP 核算可定量、有效地将生态系统服务供给者和受益者联系起来，为确定生态补偿标准和效益以及分配生态补偿资金提供科学依据。此外，已有的案例表明，在分配生态补偿资金之前明确生态系统资产的所有权、使用权和经营权是非常关键的环节。

### （三）建立基于 GEP 的绿色金融机制

与 GEP 相关的金融机制包括基于生态系统资产的金融机制【图 4.6（c）】和基于 GEP 的金融机制【图 4.5（d）】。

应用途径：通常，生态系统资产所有者、投资者、政府和银行都会参与到基于生态系统资产的金融机制中【图 4.5（c）】。对生态系统资产进行登记和认证，明确所有权、使用权和经营权后，生态系统资产就可以通过地方商业银行建设的生态资产运营管理平台进行交易。分散在不同农户中的生态系统资产可以转化为集中的优质生态系统资产包，从而吸引投资者对相关绿色产业进行投资。将 GEP 作为生态旅游和生态农业等相关产业的投资依据是另一个重要的应用途径【图 4.5（d）】。例如，一些地区已建立了被称为"两山合作社"的平台，这些平台可用于生态系统资产（如林木产权）和生态权益（如碳排放和污染物排放许可证，分别对应于固碳服务和水质净化服务）的整合、提升、管理和市场化交易，促进生态效益转化为经济效益。"两山合作社"依据 GEP 核算的结果发放"GEP 贷款"，具有较低的贷款利率和较短的商业银行审批时间。这些"GEP 贷款"以未来的 GEP 预期收入（例如，从发展生态旅游、生态农业、可再生能源、碳汇等中获得的收入）作为抵押获得贷款，用于开展绿色发展项目。

应用效果：2020—2021 年，丽水市成立了 12 家"两山合作社"。仅在 2020 年，这些合作社就发放了超过 190 亿元人民币的"GEP 贷款"。根据 GEP 增长目标，相应的"GEP 贷款"被用于支持生态产业（如生态旅游、有机农业）和推进绿色发展。迄今为止，从贷款数额来看，这是全球最有效的基于自然资本的绿色金融项目之一。

主要经验：生态系统资产运营管理平台和"两山合作社"的"GEP 贷款"，促进了分散的生态系统资产向集中的优质生态系统资产包转变，将潜在的和未来的生态效益转变为直接的经济效益。这些转变不仅有助于地方经济的绿色发展，还有助于加强当地生态系统的保护和恢复。

### （四）建立基于 GEP 的政府购买机制

基于 GEP 的政府购买是指行政辖区内各级人民政府及其组成部门使用各类财政性资金，向各类法人、农村集体经济组织等其他组织或自然人采购生态系统服务的行为【图 4.5（e）】。该政策用于撬动社会资本投入生态产业，加强生态保护，推动绿色发展。

应用途径：生态系统服务供给者、受益者和政府通常都参与到基于 GEP 的购买系统中【图 4.5（e）】。该机制的一般操作如下：第一步，以乡镇为单位，组建乡镇出资、村集体入股的"两山公司"，负责乡镇范围内生态系统资产保护和管理，各村集体以基准年 GEP 入股分红。第二步，县级政府整合生态补偿、生态建设项目资金设立"生态系统服务政府采购专项基金"，根据年度 GEP 核算结果，对每个乡（镇）GEP 中调节服务价值的年度增量或价值量，按照一定标准向"两山公司"进行定向采购。第三步，"两山公司"将采购资金投入环境保护和基础设施建设，进一步增强生态产业发展后劲和绿色招商引资吸引力。

应用效果：许多地区（如云和县、景宁畲族自治县和丽水市）都规定了按年度 GEP 增量（0.1%~2%）确定政府购买资金额度。这种公私合作方式可促进农村就业和收入，同时加强了生态系统的保护和恢复。

主要经验：这种模式可概括为"政府引导、企业主体、村民参与、金融支持、信用保障"。已有的案例中表明该模式可以有效激励生态系统保护和恢复，同时增加农村社区的收入和就业。

### （五）建立基于 GEP 的生态信用体系

基于 GEP 的生态信用体系是指某一辖区内的个人或组织为维持和提高 GEP 而需要遵守的规章制度（以及承担相应的社会义务）。个人或组织也可以在信用表现和评价方面获得相应的信用奖惩。

应用途径：许多利益相关者，从个人、村集体，到企业、政府，都参与到基于 GEP 的生态信用体系中【图 4.5（f）】。基于 GEP 的生态信用体系，可建立不同利益相关者参与当地自然资本管理和利用活动的奖励或惩罚机制。

应用效果：浙江省丽水市建立了基于 GEP 的生态信用体系，其中规定了 49 条 GEP 信用行为的正负面清单，以及个人、企业和行政村 GEP 信用评估管理办法。此外，还规定了 30 项奖惩措施（如申请低利率贷款）和 35 项激励措施（如通过植树造林或绿色旅游提高信用分），明确了哪些活动是鼓励的，哪些活动是不鼓励的。

主要经验：基于 GEP 的生态信用体系激励了当地利益相关方积极参与提升 GEP 的活动，有助于促进全社会形成有益于自然的行为和规范。

## 四、持续推进 GEP 核算标准化与政策应用

尽管我国和其他一些国家已广泛开展 GEP 核算试点和应用探索，但 GEP 核算及其政策应用仍处于早期发展阶段。GEP 核算还需要若干年才可能达到成熟阶段，而即使到了成熟阶段，也可能仍然无法全面反映自然界对人类的贡献。SEEA 和相关项目已经在核算生态系统方面开展了大量工作，为发展 GEP 核算工作提供了有益借鉴，但 GEP 核算仍面临诸多挑战。比如，需推进 GEP 核算方法和工具的标准化、使用更高精度的数据，在核算指标中通过因果分析纳入更多类型的生态系统服务。政策应用方面，需要探索更加多样化的应用途径。比如，就文化服务而言，即使无法进行精确的量化，也可以与 GEP 一起适当推进政策应用。

### （一）GEP 核算方法的标准化

鉴于 GEP 核算的需求不断增加，迫切需要实现方法标准化，以确保核算结果的可比性。GEP 核算方法的标准化可借鉴联合国正在开展的为环境经济账户体系制定国际标准的工作。此外，评估构成

GEP 的全部生态系统服务需要使用多种生物物理模型。目前，大多数现有模型并未充分考虑受益者的情况，这将影响生态系统服务流和生态系统服务使用的量化。尽管受益者位置和偏好是特定政策背景下 GEP 核算及应用的重要信息，但在现有研究中往往被忽视。此外，对于许多生态系统服务而言，生态模型的评价终点（如供水中的养分含量）与生态系统服务价值的评价终点（如对人类健康的影响）之间存在巨大差距。开发整合社会信息和基于社会—生态过程的生态流模型、发展评估生态系统服务变化对人类福祉最终影响的综合生态经济模型，有助于缩小这些差距。

### （二）生产空间精细化的高质量 GEP 核算参数

用于 GEP 核算的各种生态系统服务模型需要大量数据。高质量模型参数的获取是核算 GEP 的重要前提。空间精细化的高质量参数不仅能提高 GEP 核算的可信度，还能提供详细的决策相关信息。然而，高质量参数获取在技术和制度方面仍面临挑战。例如，如何在生态系统多样性背景下选择能够反映不同生态系统类型和状况的指标是当前具有挑战性的问题之一。此外，还存在不同机构和组织间不愿意共享数据或提供的数据不兼容的问题。为完善 GEP 核算并发挥其对政策的有效支撑作用，应重点研究参数选择和获取的技术问题，如生态系统状况指标的定义及与生态系统服务供给能力的关系。围绕上述问题，目前相关工作已取得积极进展，如地球观测小组发起的面向生态系统核算的对地观测倡议（Earth Observation for Ecosystem Accounting）。未来需要重点关注影响生态系统服务供给能力评估结果的关键生物物理参数的准确和对生态系统服务进行定价的经济学方法。此外，需进一步优化生态系统观测网络，从而不断提高相关参数的可获得性。

### （三）推进 GEP 在不同政策背景下的应用

评估自然对人类的贡献并将评估工作制度化有助于将生态系统服务纳入政策制定和实践中。未来 GEP 有三项应用至关重要：（1）拓展 GEP 的政策应用途径，将自然生态系统的价值纳入各类规划的制定中；（2）让更多人深入了解 GEP，推动其成为制度和社会创新的"催化剂"；（3）开展更具创新性和引领性的 GEP 应用示范，通过包容性发展途径实现自然保护与经济发展的双赢。目前，GEP 已在越来越多领域的决策者、私营部门利益相关者和非政府组织的政策制定中得到应用。未来应采取更多的措施，强化 GEP 跨不同领域和学科的应用。

## 五、结语

GEP 核算生态系统对人类福祉的贡献，并将这些贡献转化为货币价值，它提供了一个衡量特定区域和特定时段内生态系统服务使用的总价值的方法。完整的 GEP 核算阐明了自然资本管理所产生的从生态系统服务供给到利用的链条，包括生态系统资产存量核算、生态系统服务供给核算、生态系统服务利用核算，以及可以加总为 GEP 的生态系统服务定价。此外，GEP 核算为决策者提供了可追溯的且易于理解的信息。在此基础上，近年来我国开展了一系列政策创新，包括 GEP 考核评价机制、生态补偿政策、绿色金融机制、政府购买机制和生态信用体系。下一步，应加强 GEP 核算方法的标准化，生产空间精细化的高质量参数数据产品，并推进 GEP 在不同政策背景中的应用，以更好地支持全球的绿色和包容性发展。

第5讲

# 山水林田湖草沙生命共同体：
# 一体化保护修复和系统治理的生态交响曲

严　岩①，赵　宇，仲崇峻，周　旭，王辰星，荣月静

　　自然生态系统是一个有机整体，各要素之间相互依存、相互影响。然而，在传统的生态保护和修复工作中，往往存在重叠设置、边界不清、权责不明等问题。山水林田湖草沙一体化保护和系统治理的理念，强调从生态系统的整体性和系统性出发，进行综合保护和修复。**本讲将阐述这一理念的提出背景、理论依据和科学内涵，探讨如何通过一体化保护和系统治理，实现生态系统的整体优化和可持续发展。**

　　自然生态系统为人类提供各种各样的产品和服务，是人类生存与发展的基础。随着人类世的到来和人类活动的日益加剧，其活动范围和强度在多个维度上均超出了自然生态系统的可持续承载能力，导致了海岸带丧失、森林植被破坏、河流湖泊污染、湿地萎缩、荒漠化加剧、生物多样性降低等生态环境问题频发。这些问题不仅严重影响了自然生态系统的健康和稳定性，也对人类社会的可持续发展构成了严

---

　　① 严岩：博士，中国科学院生态环境研究中心研究员。主要从事复合生态系统过程与服务评估、区域生态保护与修复理论与方法、环境经济与管理领域等方面的研究。

峻挑战。20世纪以来，面对全球生态系统退化的问题和风险，世界各个国家采取了形式多样、规模不一的生态修复措施，努力缓解生态系统的退化过程，维持自然生态系统功能。然而如何权衡保护与发展、改善人与自然关系，始终是全球面临的巨大挑战。在习近平生态文明思想和"山水林田湖生命共同体"理念的指引下，我国从"十三五"开始，启动了"山水林田湖草沙一体化保护和修复工程"（以下简称山水工程），标志着我国的生态保护和修复从"单一要素治理"发展到"整体系统治理"的新阶段。2022年，中国"山水工程"入选联合国首批"世界十大生态恢复旗舰项目"，彰显了山水林田湖草沙一体化保护和系统治理的创新理念在生态保护和修复方面取得的巨大成效。"中国山水工程"不仅是我国生态文明战略的生动实践和进展，更是中国智慧和中国方案为全球人与自然和谐共生做出的重要贡献。

## 一、背景与意义

### （一）全球生态环境治理的历程与要求

在20世纪初期，欧美等发达国家便开始对自然资源和生态系统进行可持续管理和利用。60—70年代的经济高速增长加剧了环境问题和生态危机，生态环境的保护和修复受到全球范围的广泛关注。70年代末，生态修复成为一个独立的研究领域，相关理论、技术与实践探索得到加速发展。90年代以来，随着工业化和城市化的快速发展，全球范围内环境问题和生态退化现象日益加剧，全球对生态保护和修复关注不断上升，启动了一系列国际计划和行动。1992年，联合国环境与发展会议通过了《21世纪议程》，世界各国签署了重要国际环保协议"里约三公约"，即《联合国气候变化框架公约》《生物多样性公约》和《防治荒漠化公约》，标志着生态环境保护在全世界范围内达成框架性一致。2000 年，联合国推出了千年生态系统评估项目，全面评估了全球生态系统变化。2015 年，联合国颁布了《2030 年可持续发展议程》，特别提出"保护、恢复及可持续利用陆地生态系统"的必要性，生态恢复成为全球实现可持续发展目标的重要方向之一。2021 年，联合国发起了名为"联合国生态系统恢复十年"的全球性计划，目的是全面修复出现退化和遭受破坏的生态系统，以此来应对气候变化、保障水资源和粮食安全，并维护全球生物多样性。面向可持续发展的共同目标，世界各国和各类国际组织都进行了积极的探索，并相继提出了综合生态系统管理（Integrated Eco-system Management，IEM）、再野化（Rewilding）、可持续土地资源管理（Sustainable Land Management，SLM）、基于自然的解决方案（Nature-based Solution，NbS）、基于自然的宏生态系统途径（Nature-based Macro-ecosystem Approach，NbMEA）等一系列理论和方法。

我国改革开放以来，随着经济快速发展，资源、环境与人口、发展之间的冲突日益突出。到本世纪初，我国生态系统退化问题已经十分突出，生态环境风险持续上升。到 2009 年，因各种原因造成的土地损毁面积高达 867 万公顷，局部地区由于过度开垦和放牧、植被破坏、水资源过度利用等原因，导致土地沙化、水土流失、生物多样性丧失等问题日益严重，对国家的生态安全、粮食安全和可持续发展带来了严峻挑战。山水林田湖草沙一体化保护和系统治理的提出，把生态修复理念和行动从单要素生态保护和修复推进到一体化保护和系统治理的新阶段，既是全球生态环境治理发展趋势的引领，也是我国遏制生态系统退化的现实需求。

### （二）我国生态保护与修复的新阶段

自 20 世纪 50 年代始，我国针对森林、湖泊等重要生态系统实施了初步的生态修复尝试。进入 90 年代，我国进一步扩大了生态保护和修复的范围和力度，实施了"三北"防护林工程、天然林资源保护工程、退耕还林还草工程以及京津风沙源治理工程等一系列重大生态保护和修复工程，这些工程资金投入巨大，在植被恢复、水土保持、沙漠化防治和生物多样性保护等方面取得了显著效果，一定程度上遏制了生态退化的趋势。美国航空航天局依据卫星遥感数据测算，2000—2017 年，全球范围内中国的植被增加趋势最为明显，至少贡献了全球植被总增加量的四分之一。然而，这个阶段的生态保护和修复工程主要关注单一生态要素，森林恢复中往往侧重植树绿化，而对植物配置与水循环、土壤健康、地上地下生物多样性的联系考虑不足；河流生态保护中重点关注河流本身和水环境质量，对河流与陆地生态关联过程关注相对欠缺。除了保护和修复对象单一，在组织管理方面还存在部门条块分割、业务分散的体制缺陷，生态修复的整体性和系统性不足，工程实践缺乏更高层次和更高维度的系统解决方案。

党的十八大以来，我国在发展理念、模式、目标等宏观层面发生了深刻的变化。党的十八大报告明确提出将生态文明建设放在战略优先位置，努力建设美丽中国。党的十九大报告阐述了现代化建设中追求人与自然协调共存的新理念，不仅注重物质富足，更要注重优质生态产品供给，以满足人民日益增长的优美生态环境的需要。全面系统的生态系统治理和管理方式提升为新时代中国特色社会主义基本方略。党的二十大报告对生态建设的进一步深化，提出要构建人与自然和谐共生的现代化典范，是中国特色现代化道路的核心要义，重申了必须持续推进山水林田湖草沙的一体化保护和系统治理，确保自然生态的长期健康与可持续性。与过去以经济建设为中心、经济发展与生态保护兼顾、找寻经济增长和生态环境保护平衡点的资源配置理念不同，新发展理念核心在于保护与发展并重，强调经济增长与生态保护相互促进的良性循环，需要从条块分割、单一要素保护的还原论式生态保护与修复的模式中逐渐脱离出来，探索要素耦合、目标耦合、措施交互的生态保护与系统治理新模式。

2013年，习近平总书记首次提出"山水林田湖生命共同体"生态理念，强调了森林、草地、河流、湿地、农田等自然要素之间不可分割的联系及其对人类生存的重要性。"实施山水林田湖草生态保护和修复工程"这一重大举措在党的十八届五中全会纳入了国民经济和社会发展"十三五"规划。在"十四五"规划与2035年远景目标中，进一步强调了通过整体治理提升生态系统的自我恢复力和稳定性，以实现生态质量的全面提升。在"山水林田湖草沙生命共同体"理念的指引下，将山水林田湖草沙一体化保护和系统治理上升为国家行动，不仅在改善生态系统质量和稳定性、保障国家和区域生态安全方面显现出积极的成效，同时，其理念和实践经验也为全球的生态治理提供了有益经验和借鉴，成为推动构建人类命运共同体、共谋全球生态文明建设之路的重要进展。

十八大以来，面向全球可持续发展的共同目标，立足我国生态保护治理进展和需求，我国在生态修复理念和实践方面进行了有益的探索与创新，提出了"山水林田湖草沙生命共同体"的理念，并将其上升为国家战略、国家行动。我国山水林田湖草沙一体化保护和系统治理的实践经验在为其他国家的生态治理提供了有益借鉴的同时，所凝练的"山水林田湖草沙一体化保护和系统治理"思路也成为推动构建人类命运共同体、共谋全球生态文明建设之路的重要举措之一。

## 二、理论依据与科学内涵

山水林田湖草沙一体化保护和系统治理源于"山水林田湖生命共同体"理念，是这一论断和理念的生动实践。自习近平总书记提出"山水林田湖生命共同体"以来，这一理念的内涵和外延不断丰富和发展，对山水林田湖等生态要素相互关系和影响机制的认识不断深入，外延上也进一步拓展，纳入了草原、沙漠、冰川等更多的生态要素，发展到"山水林田湖草沙冰生命共同体"。"生命共同体"理念及其衍生出的"一体化保护和系统治理"的生态保护和修复思路，源于系统论思维，基于现代生态学科学理论，根植于中国传统文化，不仅揭示自然要素间固有的关联关系，也强调要在复杂的生态修复与治理中寻求平衡与协同。

1.源于系统论思维的整体性与关联性

系统论的整体性与关联性思维，要求将生态问题的解决放在生态系统互联互依的框架内统筹考虑，深入理解各生态要素之间的动态相互作用以及它们与外界环境的交互。生态系统的管理不是对孤立生态要素组分的管理，"种树只管种树、治水只管治水、护田单纯护田"，而是强调将"山水林田湖草沙冰"视为一个互联的整体，统筹考虑多生态要素的整体性、层次性、开放性、稳定性以及自组织性。

2.基于现代生态学的科学理论

现代生态学的理论认为，生态系统中每个组成部分都是一个动态的子系统，在维系整个生态系统的健康与平衡中发挥作用。例如，森

| "三北"防护林体系建设工程 | 沿海防护林体系建设工程 | 天然林资源保护工程 | 退耕还林还草工程 |
|---|---|---|---|
| 在西北、华北、东北地区根据不同治理需求，以恢复植被为核心目标，构建一个集牧场防护林、水土保持林、农田防护林以及经济速生林于一体的综合森林经营和商品林基地建设，巩固和发展北方绿色生态屏障。 | 在沿海地区，构建以人工森林植被为主体的多林种、多树种、多功能、多效益的"防护林综合体"，这一"综合体"涵盖防风固沙林、水土保持林、水源涵养林、农田防护林和其他防护林等多种防护林类型，旨在防御沿海地区台风、海啸等自然灾害，为沿海地区提供坚实生态屏障。 | 在长江上游、黄河上中游地区，全面停止天然林采伐，并开展宜林荒山荒地的造林绿化；在东北、内蒙古等重点国有林区，大幅调减木材产量，并采取有计划的分流、安置林区职工等措施；多措并举，协同加强天然林资源的保护力度。 | 重点针对西部地区水土流失、沙化、盐碱化、石漠化严重，以及粮食产量低而不稳的耕地，有计划、有步骤地停止耕种，因地制宜造林种草，以恢复植被、控制水土流失；同时，对农民进行相应补偿，促进农民增收、农业增效和农村发展，实现生态与经济双赢。 |
| 1978 年 | 1988 年 | 1998 年 | 2002 年 |

## 单要素生态保护和修复

| 1988 年 | 1989 年 | 2000 年 | 2002 年 |
|---|---|---|---|
| 在平原地区，通过采取诸如荒滩荒山荒地造林、低效林改造、农田间作、农田防护林林网建设、乡镇园林化、村屯绿化等一系列措施，提高平原地区的绿地面积和覆盖率，增强农田的防护效能，增加城市绿色空间，改善居民的生活质量。 | 在长江中上游和淮河、太湖流域开展防护林和生态公益林建设工程，通过人工造林、低效林改造、封山育林、水害防治等多种措施，减少长江中上游地区水土流失，发挥森林对农业和水利的生态保障作用，改善长江流域的生态环境，促进区域经济可持续发展。 | 在京津及其周边地区，以林草植被建设为主，综合采取造林营林、退耕还林、草地治理、水利配套设施建设和小流域综合治理等措施，减轻风沙危害，改善和优化京津及其周边地区生态环境质量。 | 在草原区，采取围栏建设、补播改良以及禁牧、休牧、划区轮牧等措施，恢复草原植被，提高草原生产力，改善区域生态环境质量；同时，根据不同草原类型和建设内容，对牧民实施不同标准补偿，确保牧民在"还草"过程中利益不受损，并自觉参与到草原保护中来，促进草原生态与畜牧业协调发展。 |
| 平原绿化工程 | 长江流域防护林工程 | 京津风沙源治理工程 | 退耕还草工程 |

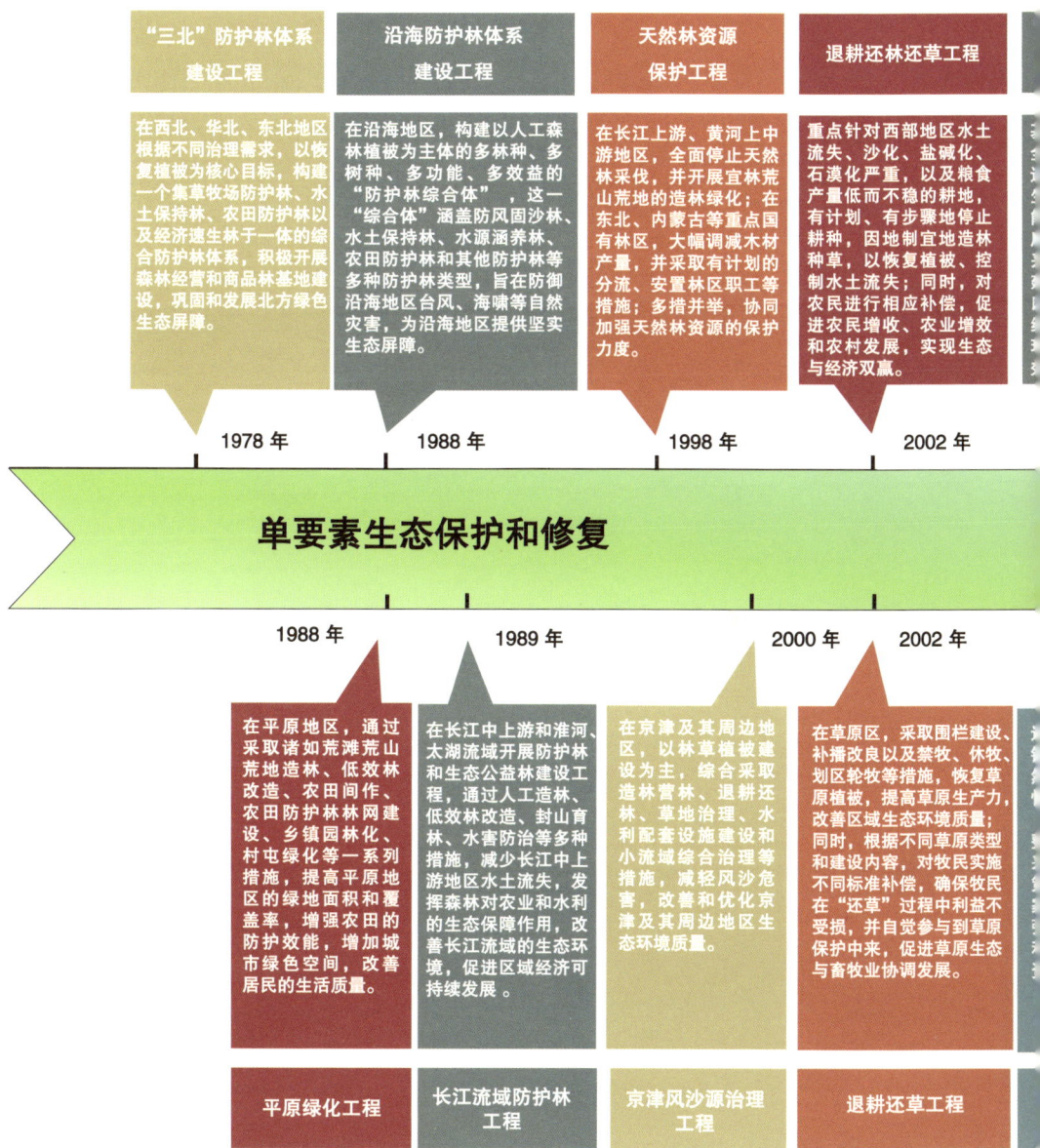

图 5.1　1978 年以来中国

| 划定全国生态保护红线 | 山水林田湖草沙一体化保护和修复工程<br>(山水林田湖生态保护修复工程) | 历史遗留废弃工矿土地整治 |
|---|---|---|
| 于保障和维护国家生态安全的底线和生命线的目标，定具有特殊性、重要性的态功能空间，划定生态功保障基线、环境质量安全线、自然资源利用上限，取强制性严格保护的措施，立起严格的生态保护制度，保障自然生态系统功能持稳定发挥，促进人口资源境相均衡、经济社会生态益相统一。 | 在国家重点生态功能区、重大战略重点支撑区、生态问题突出区，坚持保护优先、自然恢复为主的方针。对生态安全具有重要保障作用、生态受益范围较广的重点生态地区进行系统性、整体性的生态修复工作。通过完善生态安全屏障体系，整体提升生态系统多样性、稳定性、持续性，保障国家生态安全。 | 在对生态安全具有重要保障作用、生态受益范围较广的重点生态区，开展历史遗留、责任人灭失废弃工业用地以及矿山废弃地综合整治。通过实施区域土地整治示范项目，盘活存量建设用地，提升土地节约集约利用水平，修复人居环境。 |

2014 年　　　　2016 年　　　　2019 年

## 一体化保护和系统治理

2015 年　　2016 年　　　　2020 年　2021 年

| 择自然生态系统中最为关、自然景观独具特色、自遗产最为珍贵、生物多样最为丰富的区域，建立"国家公园试点区"；通过合试点区内的自然保护地，取统一管理与整体保护的略，逐步构建完善的"国家公园体制"。该体制旨在化自然生态系统的完整性原真性保护，以确保自然源的科学保护和合理利用。 | 在影响海洋生态安全格局的核心区域，以及海洋生态系统受损严重、生态问题突出的关键地带，开展港湾整治、海岸带保护修复工程，提高区域生态功能和防灾减灾能力，维护海洋生态系统健康稳定。 | 在浙江省、福建省、广东省、海南省、广西壮族自治区，全面保护现有红树林资源，推进红树林自然保护地建设；逐步完成自然保护地内养殖塘等开发性、生产性建设活动的清退工作，恢复红树林自然保护地生态功能；实施红树林生态修复工程，在适宜恢复的区域营造红树林，对退化区域进行抚育和提质改造，扩大红树林面积。通过实施该行动，提升红树林生态系统质量和功能，维护红树林生态系统健康稳定。 | 在重点海域、海岛、海岸带等区域，对重要生态系统进行保护和修复，最大限度地修复受损和退化的海洋生态系统，提高其防灾减灾能力；开展直排海污染治理以及海岛海域污水垃圾等污染物治理，提升海洋生态系统质量。 |
|---|---|---|---|
| 国家公园试点工程 | "蓝色海湾"整治行动<br>海岸带保护修复工程 | 红树林保护和修复<br>专项行动计划 | 海洋生态修复项目 |

开展的主要生态工程

林不仅是多种生物的栖息地，在维持生物多样性方面具有非常重要的作用，同时还具有调节气候、固碳释氧、保持水土、净化空气、科普教育、休闲娱乐等多种多样的生态功能和服务；湿地不仅有净化水体、调蓄洪水的功能，也为水生生物和鸟类等提供栖息和繁衍的场所。将"山水林田湖草沙"等生态组分从生命共同体的角度看作一个生态系统整体，"人的命脉在田，田的命脉在水、水的命脉在山，山的命脉在土，土的命脉在树"，各个要素通过各种生态过程相互影响、相互依存。山水林田湖草沙一体化保护和系统治理实质在于进行生态保护修复实践时充分考虑生态要素之间相互作用和效应，畅通物质循环和能量流动，维持生态系统的结构和过程稳定，保证生态系统的平衡、稳定和持续性。

### 3. 根植于中国传统的生态文化

山水工程的生命共同体理念还根植于中国传统的生态文化。中华五千年的悠久历史文化，孕育了独特而精深的生态智慧。"五行相生相克"的宇宙观，凸显了微妙的宇宙平衡，不仅塑造了中华民族的生态伦理观，也为山水林田湖草沙一体化保护和系统治理的思想奠定了文化基础。"人法地、地法天、天法道、道法自然"所倡导的是人类生活的自然哲学，要求恪守自然规律，强调与自然的和谐共处，尊重、顺应并保护自然环境。太极与两仪的动态循环哲学进一步为理解"生命共同体"提供了内在联结。山水林田湖草沙一体化保护和系统治理将自然法则融入生态保护和修复的实践中，将人类社会、自然环境与更广阔宇宙视角相统一，将自然生态与人类文明联系起来，构建人与自然和谐共生的境界。

## 三、基本原则与实践探索

### （一）基本原则

**1.统筹布局，系统治理**

系统性思维是一体化生态保护和修复理念和方法论的核心，必须注重自然生态系统的多样性、稳定性和持续性，统筹各类自然生态要素，构建"上游下游、山上山下、地上地下，陆地海洋"的综合治理体系。在实践中，从生态系统功能和服务退化的根本原因着手，审慎自然资源的开发与利用，综合规划生态保护修复与经济社会的可持续发展。在设计和部署生态修复工程时，必须多方面统筹协调，考虑生态系统各组成部分之间的相互作用与关联关系，以及与经济社会活动之间的复杂交互，确保生态保护修复措施能够在增强生态系统整体功能和稳定性的同时，与地区经济社会发展相协调。

**2.自然恢复，人工辅助**

在生态保护和修复实践中，应优先考虑自然恢复的策略，充分利用生态系统自有的恢复力。同时，面对严重退化的生态系统，适度的人工辅助措施是不可或缺的，以促使生态系统进入正向演替的轨道，加速重建生态平衡。需在统筹考虑生态修复的整体与局部、短期与长期的目标和效益的情况下，分析山水林田湖草沙各子系统与生态保护目标之间的关系和作用，权衡选择自然恢复和人工修复的方法，确保生态修复措施与整体目标相协调。同时应认识到，生态系统恢复是一个缓慢的过程，应避免急功近利，立足当前，规划长远，坚持自然恢复为主原则，持续不懈地推动生态保护和修复工作。

3. 科学治理，精准施策

科学性要求一体化保护和系统治理基于精确的数据、严谨的分析和可靠的方法。需要重点关注六个方面：一是需要科学确定生态保护修复的基线。针对生态保护修复区域，展开从宏观到微观层面的生态基线调查研究，充分了解区域内各类生态系统的状态及功能，科学制定生态修复的基准和目标。二是深入诊断生态问题与成因。通过与参照生态系统比对，详尽辨认保护与修复对象当前状况与目标状态之间的差异，剖析生态退化的具体原因，确保保护修复措施与退化成因之间的针对性，以及与修复目标之间的对应性。三是在谋划生态保护修复方案时，需要制定层次分明的目标体系。在区域或流域层面，立足主导生态功能确立总体目标；在生态修复单元尺度上，关注主导生态服务，并依此制定指导性的中长期生态恢复指标；在局地尺度，将生态胁迫因子的消除作为工作的开端，并以此确立阶段性的、具体的约束性目标。四是需要制定清晰的空间布局与时间安排。基于生态系统类型，科学划分保护修复单元，并针对关键生态问题合理规划子项目的空间布局与实施时间序列。五是精准选择修复模式与措施。依据生态系统受损的严重性和恢复力，为不同类型的保护修复单元选择最合适的技术模式，包括保护保育、自然恢复、辅助再生和生态重建等。六是，还需要科学开展动态监测和进行适应性管理。实行全过程动态监测与生态风险评估，依据监测数据优化调整修复策略，以确保修复措施的适应性和有效性。

4. 协同治理，合力多赢

生态修复的成功不仅要求单项行动有效果，而且要求有效整合，与生态系统网络相适应。在措施选择上，需要对生态系统复杂关系有深刻理解，在保护保育、自然恢复、辅助再生和生态重建等各种修复模式中找到科学合理的搭配模式，强化模式之间的协同效应。在组织管理上，要建立多部门、多层次、跨区域协调机制，实现各部门、各地区之间的信息共享和行动协同，打造统一且高效的保护修复网络。在投入机制上，不仅要发挥政府在规划、建设、管理、监督、保护和投入等方面的主导作用，也要制定激励社会资本投入的政策措施，健全生态补偿机制，鼓励社会组织、企业和个人等多元化主体参与生态治理。在效益评估上，在生态效益考评的基础上，不能忽视社会效益与经济效益。多目标并行的方式有助于生态保护和修复的效益最大化，保证生态保护修复行动的可持续，最终促进人与自然的和谐共处。

### （二）实践探索

党的十八大以来，我国生态保护与修复成效显著。从 2016 年开始，我国共开展了六批次 52 个山水工程。2020 年，国家发改委和自然资源部发布了《全国重要生态系统保护和修复重大工程总体规划（2021—2035 年）》，确定了国家生态保护和修复"三区四带"的总体布局。这些山水工程分布于我国生态安全格局的关键区域，具有重要的生态屏障作用，工程实施注重生态系统的完整性和自然地理单元的连续性，因地制宜地选择保护保育、自然恢复、辅助再生、生态重建的技术模式，实施系统治理、综合治理、源头治理，在大尺度上开展生态系统一体化保护和修复，促进自然生态系统质量的整体改善和生态产品供应能力的全面增强，保障国家和区域的生态安全和可持续发展。

截止到 2023 年 8 月，中央财政累计投入"山水工程"1000 亿元人民币以上，地方财政和社会投入 1500 亿元以上，完成治理面积超过 8000 万亩。受益于"山水工程"，青藏高原、黄河流域、长江流域等重点区域重要生态系统的多样性、稳定性、持续性明显提升。预计到 2025 年，"山水工程"将再完成修复面积 3000 万亩以上，保护修复总面积将超过 1 亿亩。此外，我国在历史遗留矿山生态修复、高标准农田建设、蓝色海湾整治、海岸带保护修复、红树林保护修复等专项行动中，也坚持了一体化保护和系统治理的理念。目前国内累计植树造林面积超过 10.85 亿亩，种植改良 6.6 亿亩，防沙治沙 3 亿亩，修复和新增湿地 1200 多万亩，治理改良耕地 18.65 亿亩，整治修复海岸线 2000 公里，修复滨海湿地 60 万亩。我国森林覆盖率提高到 24.02%，红树林面积增至 43.8 万亩。

表 5.1　中国"山水工程"名录（截止到 2023 年）

| 序号 | 名称 | 实施年份 |
|---|---|---|
| 1 | 河北京津冀水源涵养区山水林田湖草生态保护修复试点工程 | 2016—2019 |
| 2 | 江西赣南山水林田湖草生态保护修复试点工程 | 2016—2019 |
| 3 | 陕西黄土高原山水林田湖草生态保护修复试点工程 | 2016—2019 |
| 4 | 甘肃祁连山山水林田湖草生态保护修复试点工程 | 2016—2019 |
| 5 | 青海祁连山山水林田湖草生态保护修复试点工程 | 2016—2019 |
| 6 | 吉林长白山山水林田湖草生态保护修复试点工程 | 2017—2020 |
| 7 | 福建闽江流域山水林田湖草生态保护修复试点工程 | 2017—2020 |
| 8 | 山东泰山山水林田湖草生态保护修复试点工程 | 2017—2020 |
| 9 | 广西左右江流域山水林田湖草生态保护修复试点工程 | 2017—2020 |
| 10 | 四川华蓥山山水林田湖草生态保护修复试点工程 | 2017—2020 |
| 11 | 云南抚仙湖山水林田湖草生态保护修复试点工程 | 2017—2020 |
| 12 | 河北雄安新区山水林田湖草生态保护修复试点工程 | 2018—2021 |
| 13 | 山西汾河中上游山水林田湖草生态保护修复试点工程 | 2018—2021 |
| 14 | 内蒙古乌梁素海流域山水林田湖草生态保护修复试点工程 | 2018—2021 |
| 15 | 黑龙江小兴安岭——三江平原山水林田湖草生态保护修复试点工程 | 2018—2021 |
| 16 | 浙江钱塘江源头区域山水林田湖草生态保护修复试点工程 | 2018—2021 |
| 17 | 河南南太行地区山水林田湖草生态保护修复试点工程 | 2018—2021 |
| 18 | 湖北长江三峡地区山水林田湖草生态保护修复试点工程 | 2018—2021 |

续表

| 序号 | 名称 | 实施年份 |
|---|---|---|
| 19 | 湖南湘江流域和洞庭湖山水林田湖草生态保护修复试点工程 | 2018—2021 |
| 20 | 广东粤北南岭山区山水林田湖草生态保护修复试点工程 | 2018—2021 |
| 21 | 重庆长江上游生态屏障山水林田湖草生态保护修复试点工程 | 2018—2021 |
| 22 | 贵州乌蒙山区山水林田湖草生态保护修复试点工程 | 2018—2021 |
| 23 | 西藏拉萨河流域山水林田湖草生态保护修复试点工程 | 2018—2021 |
| 24 | 宁夏贺兰山东麓山水林田湖草生态保护修复试点工程 | 2018—2021 |
| 25 | 新疆额尔齐斯河流域山水林田湖草生态保护修复试点工程 | 2018—2021 |
| 26 | 辽宁辽河流域山水林田湖草沙一体化保护和修复工程项目 | 2021—2023 |
| 27 | 贵州武陵山区山水林田湖草沙一体化保护和修复工程项目 | 2021—2023 |
| 28 | 广东岭南山区韩江中山游水林田湖草沙一体化保护和修复工程项目 | 2021—2023 |
| 29 | 内蒙古科尔沁草原山水林田湖草沙一体化保护和修复工程项目 | 2021—2023 |
| 30 | 福建九龙江流域山水林田湖草沙一体化保护和修复工程项目 | 2021—2023 |
| 31 | 浙江瓯江源头区域山水林田湖草沙一体化保护和修复工程项目 | 2021—2023 |
| 32 | 安徽巢湖流域山水林田湖草沙一体化保护和修复工程项目 | 2021—2023 |
| 33 | 山东沂蒙山区域山水林田湖草沙一体化保护和修复工程项目 | 2021—2023 |
| 34 | 新疆塔里木河重要源流区山水林田湖草沙一体化保护和修复工程项目 | 2021—2023 |
| 35 | 甘肃甘南黄河上游水源涵养区山水林田湖草沙一体化保护和修复工程项目 | 2021—2023 |
| 36 | 山南雅江流域山水林田湖草沙一体化保护和修复工程项目 | 2021—2023 |
| 37 | 河南秦岭东段洛河流域山水林田湖草沙一体化保护和修复工程项目 | 2022—2024 |
| 38 | 云南洱海流域山水林田湖草沙一体化保护和修复工程项目 | 2022—2024 |
| 39 | 湖北长江荆州段及洪湖山水林田湖草沙一体化保护和修复工程项目 | 2022—2024 |
| 40 | 广西桂林漓江流域山水林田湖草沙一体化保护和修复工程项目 | 2022—2024 |
| 41 | 四川黄河上游若尔盖草原湿地山水林田湖草沙一体化保护和修复工程项目 | 2022—2024 |
| 42 | 重庆三峡库区腹心地带山水林田湖草沙一体化保护和修复工程项目 | 2022—2024 |
| 43 | 江苏南水北调东线湖网地区山水林田湖草沙一体化保护和修复工程项目 | 2022—2024 |
| 44 | 陕西秦岭北麓主体山水林田湖草沙一体化保护和修复工程项目 | 2022—2024 |
| 45 | 湖南长江经济带重点生态区洞庭湖区域山水林田湖草沙一体化保护和修复工程项目 | 2022—2024 |
| 46 | 首都西部生态屏障区山水林田湖草沙一体化保护和修复工程项目 | 2023—2025 |
| 47 | 海南南部典型热带区域山水林田湖草沙一体化保护和修复工程项目 | 2023—2025 |

| 序号 | 名称 | 实施年份 |
|---|---|---|
| 48 | 青海青藏高原生态屏障区东部湟水流域山水林田湖草沙一体化保护和修复工程项目 | 2023—2025 |
| 49 | 山西黄河重点生态区吕梁山西麓山水林田湖草沙一体化保护和修复工程项目 | 2023—2025 |
| 50 | 宁夏黄河流域六盘水生态功能区山水林田湖草沙一体化保护和修复工程项目 | 2023—2025 |
| 51 | 吉林鸭绿江重要源流区山水林田湖草沙一体化保护和修复工程项目 | 2023—2025 |
| 52 | 河北白洋淀上游流域山水林田湖草沙一体化保护和修复工程项目 | 2023—2025 |

## 四、经验总结与未来思考

目前，我国以"山水工程"为代表的生态保护和修复行动，已经在遏制生态退化、消弭生态安全隐患、改善生态系统质量、提高生态系统稳定性方面显现出积极成效，对于保护和恢复重要生态系统、维持生物多样性、增强生态系统碳汇等功能方面发挥了强有力的作用。在推进山水工程的同时，各地区也在发展布局优化、治理机制创新、筹资渠道拓展、生态价值转化等方面进行了广泛的探索与实践，取得了积极的进展，积累了丰富的经验。同时在实践中，也发现了技术体系、理论政策、体制方面的不足。

### （一）主要经验

1. 加强规划统筹引领，科学布局保护修复工程

我国"国土空间规划体系""生态保护红线体系"确立了我国国土空间利用和生态安全保障的总体构架。目前，已经开展的"山水工程"，围绕《全国重要生态系统保护和修复重大工程总体规划（2021—2035 年）》，重点部署在青藏高原生态屏障区、黄河重点生态区（含

黄土高原生态屏障）、长江重点生态区（含川滇生态屏障）、东北森林带、北方防沙带、南方丘陵山地带、海岸带等重要生态功能区，精准面向国家生态安全保障的关键节点和薄弱环节，科学的布局保证了工程整体目标的实现和综合效益的提升。

2. 鼓励多元主体参与，推进多部门跨域协同

在一体化保护和系统治理的实践方面，管理者、行业专家、规划设计团队、居民和社会组织等各利益相关方共同参与，运用生态学、地理学、环境科学、水文学、气象学、生物学、林业和园艺学、工程学等多学科知识，结合地方经验和传统智慧，全程参与从项目规划到实施的各个环节，实现有效协作。例如，浙江丽水堰坝生态化改造非常重视保护和修复的科学性与可行性，自然资源、水利、生态环境等部门在堰坝生态化改造中相互协作，邀请水利、水文、生态环境等多学科行业专家开展堰坝"拆、改、保"的综合评估，综合考虑水利行洪、给水灌溉、鱼类洄游、居民游憩等多个目标，"一堰一策"制定堰坝生态化改造和适应性管理的模式，并对修复改造后河流纵向连通性与堰坝上下游鱼类物种的数量与种类进行统计分析，确保堰坝生态化改造的生态、经济、社会多目标效益。福建将乐县常上湖生态保护与修复示范项目，以体制和机制创新为核心策略，采用公司化的管理方式和市场化的运营模式，旨在实现生态保护与生态产业化的有机结合。该项目致力于构建一种可持续的生态产业化路径，通过探索和实践"政府资助、社会资本投入与项目自筹相结合"的资源共享与建设新模式，不仅有效保护了生态环境，同时也为林农带来了实际的经济利益，从而实现了生态保护与经济发展的双赢局面。甘肃祁连山生态保护与修复工程，在对退化森林和草地进行封闭恢复的过程中，不仅限制了居民的传统放牧和采伐活动，同时为他们提供了如护林员、旅

游向导等新的就业机会。此外，通过引导村民种植蘑菇、地耳等非木材林产品，进一步拓宽了他们的收入来源，实现了生态保护与社区经济发展的和谐统一。

3. 创新拓展筹资机制，培育延伸产业链条

在对山水林田湖草沙等生态工程加大中央和地方财政支持力度的同时，相关部门出台了《关于鼓励和支持社会资本参与生态保护修复的意见》，鼓励多元化的生态治理投融资机制与模式的探索和实践，吸引社会资本参与生态保护和修复。例如，宁夏贺兰山东麓山水工程实施中积极发展葡萄酒和旅游等生态延伸产业，通过生态修复＋葡萄酒产业的延续，不仅显化了生态修复的成效，还创造了就业机会和提升了居民收入，实现了"第一代人采矿挖沙、第二代人生态保护、第三代人开创葡萄酒产业"的生态转型发展。湖北长江三峡地区香溪河流域以文化旅游和健康养生产业为核心，成功培育了 10 个小水果种植示范基地和 3 个产业融合发展带，推动当地居民开展乡村旅游和民宿业务，借助生态修复带动了生态产业的发展和多样化。

4. 融会传统智慧和国际理念，优化创新修复技术与模式

山水工程在整体规划、系统布局、组织实施、成效评价等环节注重生态传统智慧的传承和发扬，同时引进融合基于自然的解决方案、再野化、近自然、适应性管理等国际理念，创新和优化生态保护修复技术和理念，用现代的技术和方法使传统的生态生产生活模式焕发新的活力。例如，浙江瓯江源头"山水工程"中的农田生态修复与可持续利用项目，通过技术和机制创新，使"稻鱼共生""菱鸭共生""茶羊共生"等中国传统生态农业模式得到了创新升级和推广应用，不仅丰富了生物多样性，削减了农业面源污染，还提高了农作物的质量，为农户带来了更高的经济收益。贺兰山东麓山水工程项目，以国际前

沿的基于自然的解决方案和再野化理念为理论指导，通过采用依形就势的地形重塑技术和近自然化的植被复绿手段，对受损矿山进行了系统的生态恢复。同时，项目还实施了封山育林、退牧还林、种质资源的收集与保护等一系列封育措施，以消除过度放牧等人类活动对生态环境的威胁，提升荒野的自然程度，并致力于重建一个完整且健康的生态系统食物链。该项目在打造连贯的生态廊道、扩大生物栖息地方面取得显著成效，消失了半个世纪的雪豹在贺兰山地区再现踪迹。

5. 推动生态产品价值实现，促进生态和经济共赢

山水工程在保护修复绿水青山的基础上，推进生态产业化、产业生态化，努力打通"绿水青山"和"金山银山"的"双向"转换通道，助推以资源投入驱动的传统发展模式向绿色集约的高质量发展模式的转型。例如，浙江瓯江源头"山水工程"通过打造国内首个农业区域公共品牌"丽水山耕"，推出了景宁惠明茶、庆元香菇、遂昌菊米、处州白莲等农产精品，有效提升了生态农产品的经济价值，实现了生态保护与农民增收的共赢。广东南雄市红砂岭地区所实施的综合治理项目，依托红砂岭地区磷钾元素及锌、硒等微量元素的天然富集优势，遵循"山顶植树造林，山腰栽培果树，山脚布局农田"的层次化生态修复策略，创新性地整合了中草药立体种植技术及其他先进的土壤改良技术，构建了一套兼具生态保护与产业发展的修复模式。在政府的引领下，结合社会资本的投入和当地群众的积极参与，项目成功探索出"生态 + 产业"的可持续发展路径，有效促进了农民增收，实现了生态效益与经济效益的双重提升。

## （二）未来展望

持续推进国土空间山水林田湖草沙一体化保护和系统治理，需要

围绕保障国家生态安全格局和推进生态文明建设战略的总目标，不断探索相关理论、技术和模式，完善组织、实施和管理机制，以及相应的健全法律、制度、政策、标准体系。

1. 健全组织管理机制与法律政策体系，夯实系统治理的制度基石

一体化保护和系统治理的理念，要求摒弃"治山就山、治水就水"的条块分割管理思维和框架，构建统筹"多层次、多方位、跨部门"的系统化的组织管理机制和法律政策体系。首先，要以国土空间规划为统领，整合山水林田湖草等生态要素的保护修复策略、目标、任务、关键工程和政策措施，为区域各层级和部门提供生态保护修复的统一的工作指导和清晰的工作边界，确保各项保护修复工作目标统一、协调有序；其次，构建常态化的综合协调机制，通过建立定期协商的联席会议机制，统筹协调法律、政策、技术和社会参与等多方面的资源和力量，形成协同工作的管理网络，实现生态治理的共治共享，促使政府、企业、非政府组织、社区和个人等不同的利益主体，协同高效地为生态系统的保护和修复贡献力量；最后，从促进整体生态系统保护和推动区域生态文明建设目标出发，建立统一的政府绩效评估和考核制度，强化生态政绩观，提升责任感和使命感，保证系统治理取得实效。

2. 加强生态要素之间的作用机制研究，深化系统治理的理论指导

生态环境治理是一项复杂的系统工程，不仅需要考虑自然生态系统的多样性、整体性、自然地理单元的连续性，还要考虑与经济社会发展协调性。随着我国生态保护和修复工作进入新阶段，基于单一生态要素和单一生态过程的科学认识和技术方法，已经无法支撑系统化

生态环境治理的需求。未来的研究需要更加深入地探究"山水林田湖草沙冰"各生态要素间的相互作用过程、生态系统服务之间的供需匹配和权衡机制、"社会—经济—自然"复合生态系统框架下各组分的内在联系。在此基础上，通过科学研究与实践相结合，探寻生态环境治理的有效路径，不断创新和完善系统治理的理论体系，从而为一体化生态保护修复实践提供更加坚实的科学理论指导。

3. 完善生态诊断和保护修复技术体系，强化系统治理的技术支撑

系统化的生态保护和修复实践需要适用、可行、有效的技术体系的支撑。随着几十年来生态保护和修复实践的开展，虽然已经在植被恢复、沙化治理等方面发展和积累了比较丰富的技术，但是系统化的生态保护修复技术体系和实践模式还比较缺乏。建立和完善融入基于自然的解决方案等现代理念的、生态保护修复系统化的解决方案及其技术体系，是系统治理深入开展的迫切需要，重点需要在区域生态问题和关键区域识别技术、多尺度多目标耦合的生态修复策略和技术、涵盖生态系统结构—过程—功能—服务的综合监测和评估技术、生态产品价值提升和转化技术等方面加强技术研发和实践验证，为一体化保护和系统治理实践提供有力的技术支撑。

4. 推进多元主体全过程协同参与，实现生态治理的共赢可持续

"创新、协调、绿色、开放、共享"是绿色发展理念的核心，新的生态治理模式需要多元主体全过程协同参与，构建政府主导、企业主体、社会组织和公众共同参与的生态治理体系，有机配合，合作共赢，提高社会总体生态治理能力和生态治理行为的可持续性。这需要政府在生态保护修复中发挥主导作用的同时，强化引导作用，完善生

态环境治理投入机制和政策手段，调动企业、社会组织和公众等多元利益相关主体参与生态治理，强化企业在生态治理中的作用，提升公众和环保组织的参与度，形成政府主导的多元主体协同治理新格局。

5. 增强不同时间空间尺度的统筹协同，确保系统治理的总体目标

生态保护和修复是一个长期且复杂的过程，为了实现系统治理的总体目标，需要重视不同时间和空间尺度的统筹协同。在时间尺度上，必须统筹兼顾生态保护修复的短期需求与长期目标，协调好短期的生态修复扰动、紧迫生态问题解决与长期的生态系统稳定性与持续性目标之间的关系，最终促进人与自然的和谐。在空间尺度上，既要关注场地、修复单元、区域等不同空间尺度的生态修复目标与措施的协同，也要厘清不同层级空间尺度间的生态关联和影响，关注生态系统服务间协同权衡关系及其尺度效应，避免不同空间尺度相互冲突，以确保区域修复总体目标的实现。

6. 细化动态监测评估和适应性管理，保障系统治理的持续效果

生态系统是一个动态演化的系统，生态保护修复措施会引起生态系统复杂而深远变化。为确保生态保护修复措施达到期望的目标并可持续性，需要在生态系统动态监测评估并采取适应性管理措施，不断调整和优化生态保护修复的措施。首先需要综合运用地面观测、遥感、物联网以及大数据等手段，构建生态系统动态监测网络，对生态系统的变化和保护修复措施的效果进行系统科学的监控。在此基础上，建立灵活的适应性管理机制和技术体系，动态调整和优化生态保护与修复措施，确保生态保护修复有利于促进生态系统正向演替和效果的持续性。

## 五、结语

　　在习近平生态文明思想和"山水林田湖生命共同体"理念的指引下，我国开展的山水林田湖草沙一体化保护和系统治理的探索，不仅凝聚了中华民族的千年生态智慧，也是对生态文明建设的现代诠释和生动实践，推动生态保护和修复从传统的单一要素治理向系统治理的发展升级。一体化保护与系统治理致力于促进人与自然和谐共生，以改善生态系统多样性、稳定性和持续性为目标，不仅在提升生态系统服务能力、巩固国家"三屏四带"生态安全格局、夯实可持续发展的生态保障方面取得了显著的效果，也为全球生态环境治理提供了解决方案和宝贵经验。展望未来，我国将继续推进山水林田湖草沙一体化保护和系统治理的深入探索和实践，为人与自然和谐发展和共建地球生命共同体贡献更多中国智慧和中国方案。

## 第6讲

# 生物多样性：守护地球的生命之网

徐卫华①，江 南

生物多样性是人类赖以生存和发展的基础，它不仅关系到生态平衡的维持，还直接影响到我们的食物安全、药物来源和生态服务。我国是世界上生物多样性最丰富的国家之一，同时也是生物多样性受威胁最严重的国家之一。面对生物多样性丧失的严峻形势，我国采取了一系列措施加强保护。**本讲将介绍中国生物多样性的价值、现状与威胁，探讨主要的保护途径及成效。**

联合国 2019 年发布的《生物多样性和生态系统服务全球评估报告》显示，全球生物多样性下降趋势未得到根本改变，随着气候危机加剧，人类赖以生存的生态系统服务供给能力将持续受到威胁。要扭转生物多样性丧失的趋势，需要全球共同采取有力行动。中国是世界上生物多样性最丰富的国家之一，同时也是生物多样性受威胁最严重的国家之一。为应对生物多样性丧失的严峻挑战，我国不断完善生物多样性保护政策和法律法规体系，积极开展就地保护与迁地保护，着

① 徐卫华：博士，中国科学院生态环境研究中心研究员，全国创新争先奖获得者。主要从事生物多样性保护、生态系统评价与规划、自然保护地空间布局与成效评估等方面的研究。

力提高生物安全管理能力，实施一系列生态保护与修复工程，在推动生物多样性主流化方面作出了不懈努力。

## 一、生物多样性的价值

地球生命经过几十亿年的演化，从基因、细胞、组织、器官到物种、群落、生态系统，每一个层次或水平都具有丰富的变化。生物多样性即生物及其环境形成的生态复合体以及与此相关的各种生态过程的总和，通常包括生态系统多样性、物种多样性和基因多样性三个层次。生态系统多样性是指生物圈内生境、生物群落和生态过程的多样化以及生态系统内生境差异、生态过程变化的多样性；物种多样性是生物多样性的核心，目前全球已知的生物种类数量估计在 170万～200 万，还存在大量尚未发现和描述的物种，这些形形色色的生物种类构成了物种的多样性；基因多样性是指一个物种基因的变化，包括种群之内和种群之间遗传结构的变异，也被称为遗传多样性。

图 6.1　国家二级保护野生动物鹅喉羚

生物多样性有着极高的价值，与人类福祉密切相关。人类的生产、生活依赖于生物多样性，主要体现在以下两个方面。

一是直接价值。从野生动植物及其驯化品种中，人类得到了所需的全部食品、许多药物和工业原料。作为人类基本食物的农作物、家禽和家畜是由野生物种培育驯化而来，部分野生动植物也是人类重要的食物来源，如野果、野菜、蜂蜜等；人类利用自然界的生物提取各种工业原料，如木材、纤维、橡胶、树脂、造纸原料；许多现代药物是从植物、动物和微生物中提取的，如阿司匹林、紫杉醇、银杏黄酮、青霉素等，据估计，世界上约有 60% 的药物来源于自然界的生物。

二是间接价值。生物多样性的间接价值主要与生态系统的功能有关，表现在固定太阳能、调节水文过程、防止水土流失、调节气候、吸收和分解污染物、贮存营养元素并促进养分循环和维持进化过程等方面。比如森林和草地截留降水，减缓水流的速度，增加土壤的渗透性，从而保护了下游的水源；绿色植物通过光合作用，呼出氧气、吸入二氧化碳、维持了大气成分的相对稳定；土壤中的分解者——真菌、微生物和小型动物分解死去的植物和动物，是生物圈物质循环中不可缺少的一环。

此外，生物多样性在娱乐和旅游业中也非常重要，并影响和作用于社会文化。森林、湿地、高山草原、沙漠湖泊等静态景观，大熊猫、东北虎、绿孔雀、金丝猴等生物景观都有着重要的美学价值，可以创造旅游经济收益。澳大利亚的大堡礁、亚马孙热带雨林、马达加斯加的岛屿生态系统，就是凭借丰富而独特的生物多样性吸引了大批游客。在中国古代，关于生物多样性与和谐生态的诗词层出不穷，比如孟浩然的《春晓》、杜甫的《绝句》、李郢的《孔雀》，中国人从小浸润在春听鸟声、夏听蝉鸣、秋听虫啼的情趣中，这些诗句不仅展现了人们对自然的敬畏和感慨，也传达着对生物多样性的珍视和尊重。

图 6.2　国家一级保护野生动物大熊猫

随着时间的推移，生物多样性的最大价值可能在于为人类提供适应当地和全球变化的机会，生物多样性的未知潜力为人类的生存与发展显示了不可估量的美好前景。

## 二、我国生物多样性状况与面临的威胁

### （一）我国生物多样性状况

中国地域辽阔，地貌类型复杂，横跨多个气候带，孕育了丰富而又独特的生物多样性，是世界上生物多样性最丰富的 12 个国家之一。在陆域生态系统方面，中国拥有森林 240 类、灌丛 112 类、草地 122 类、

湿地 145 类、荒漠 49 类和高山冻原 15 类，共计 683 种类型；近海海域包括渤海、黄海、东海、南海和黑潮流域，分布有滨海湿地、红树林、珊瑚礁、河口、海湾、潟湖、岛屿、上升流、海草床等典型海洋生态系统。

在物种多样性方面，已知物种及种下单元数 148674 个。其中，动物界有 69658 个物种及种下单元、植物界有 47100 个物种及种下单元、真菌界有 25695 个物种及种下单元。中国高等植物种数居世界第三位，仅次于巴西和哥伦比亚，是北半球植物种类最丰富的国家。其中，苔藓植物占世界总种数的 17%，蕨类植物占世界总种数的 16%，裸子植物占世界总种数的 24%，被子植物约占世界总种数的 10%。我国有脊椎动物近 8000 种，哺乳动物种数为世界第一，也是世界上鸟类最丰富的国家之一；已记录到海洋生物 28000 多种，约占全球海洋已记录物种数的 11%。

我国生物遗传资源丰富，是水稻、大豆等重要农作物的起源地，也是野生和栽培果树的主要起源中心。我国有栽培作物 1339 种，其野生近缘种达 1930 个；经济树种在 100 种以上，果树种类居世界第一，我国原产的观赏植物种类达 7000 种；我国是世界上家养动物品种最丰富的国家之一，有家养动物品种 576 个。此外，我国拥有种类繁多的水生生物和丰富的水产种质资源，包括鱼类、甲壳类、软体类、两栖类、爬行类及藻类。我国共有海水鱼、淡水鱼类 4000 多种，虾蟹类 1700 多种，头足类 90 多种，贝类约 3700 种。

### （二）面临的主要威胁

我国丰富的生物多样性为人们提供了充足的生产生活必需品、健康安全的生态环境以及独特别致的自然景观，增加了人类在面对突发灾难和多变环境时生存的可能性。然而，自然生境的丧失与破坏、自然资源的过度利用、环境污染、外来物种入侵和全球气候变化等，对中国的生物多样性造成了严重威胁。

### 1. 自然生境的丧失与破坏

自然生境的丧失与破坏导致大块连续的栖息地被分割成多个片段，直接缩小生物种群的生存空间，一些动物需要轮流利用不同区域的食物资源，但是当生境被隔离后，这些动物只能留在原地，因为食物匮乏而降低繁殖率或死亡，生境破碎化还会阻碍个体或种群间的交流，导致遗传分化和遗传多样性的下降。我国的自然生境面临着严重的破碎化威胁，快速的城市化过程把许多遥远的乡镇连成一片，连续的大块自然生境被城市所隔离，大规模的公路和铁路工程逐渐延伸到生物多样性比较丰富的山区和无人区，阻断了野生动物的正常迁移和扩散过程，特别是在中国东北和西南等历史上有大面积森林覆盖的区域以及东部经济发达地区，自然生境的丧失和片段化现象尤为严重。

### 2. 自然资源的过度利用

由于野生动植物具有药用、食用、观赏等多方面的经济价值，往往成为不法者非法贸易的对象。虽然中国采取了一系列打击查处行动，但是非法贸易的现象仍然存在。境内盗猎、偷采、非法经营的野生动植物达上百种，严重威胁珍稀濒危动植物种群的安全。一些兰科植物经过近几十年的毁灭性采挖，野生资源遭到严重破坏，部分兰科植物种类已经濒临灭绝。渔业资源过度捕捞和非法捕捞问题同样十分突出，主要经济鱼类趋于低龄化、小型化，过去的常见种、优势种演变为稀有种或濒危种，优质鱼种在海洋渔业总产量的比例从 20 世纪 60~70 年代的 50% 下降到如今不足 30%，渤海渔业资源密度仅为 20

世纪 50 年代初的 1/10，传统捕捞季节几乎消失。

### 3. 环境污染

大量工业废水和生活污水的排放以及农药化肥的不合理使用，使重点流域水环境恶化，对水生生物多样性构成巨大威胁。《2020 年中国海洋生态环境状况公报》显示，在河口、海湾、滩涂湿地、珊瑚礁、红树林和海草床等典型海洋生态系统的 24 个生态监测区中，16 个呈亚健康状态，1 个呈不健康状态；我国管辖海域内海面漂浮垃圾、海滩垃圾和海底垃圾中塑料类的占比高达 80% 以上。海洋生物是海水环境和沉积环境污染的直接受害对象，海洋环境中的污染物对海洋生物质量的影响具有累积作用。目前，我国海洋生物质量状况并不乐观，表现为海洋生物结构失衡，珍稀濒危物种数量减少，主要经济生物体内残留过量有害物质等。

### 4. 外来物种入侵

入侵生物一般具有较强的繁殖和扩散能力，由于在入侵区域缺乏天敌，生长扩展迅速，从而影响本地物种的生存。近年来，我国已成为世界上遭受生物入侵危害最为严重的国家之一，生物入侵对我国生态环境和农业生产造成了极大危害，而且还在随着气候变化、国际贸易的发展不断加剧。我国大面积发生和危害严重的入侵生物多达 120 余种，在国际自然保护联盟公布的全球 100 种最具威胁的外来入侵生物中，我国就有 51 种，比如加拿大一枝黄花、空心莲子草、烟粉虱、福寿螺、松材线虫等就是公众熟知的入侵物种。近年来，网购热、异宠热、不规范放生等新情况的出现，使得外来物种入侵途径更加多样化、复杂化，监管和防控工作难度进一步加大。

### 5. 全球气候变化

气候变化尤其是升温和降水格局的变化，对生物的性状、种间关系、物候、分布格局与物种丰富度都会产生深刻影响，并增加外来物种入侵、本地物种灭绝的风险，进而影响生态系统的物种组成、功能和稳定性。我国已观测到青藏高原冰川融化、高山植被格局发生变化、林线上升；东北、华北以及长江下游的部分植物的春季物候期提前；秦岭以南、西南东部、长江中游等地区的植物春季物候期推迟等现象。气候变化与其他人为活动相互作用将会增加自然生态系统的压力，比如气候变化和污染物之间的相互作用可能会破坏物种的内稳态和生理反应；人类工程建设或自然存在的障碍阻隔了野生动物适应气候变化的迁移；毁林开荒和气候干旱之间的协同作用，提高了火灾发生概率，导致森林被草原或次生林所取代。这些复杂的相互作用增加了人类应对生物多样性危机的难度。

## 三、生物多样性保护的主要途径及成效

### （一）立法保护

生物多样性保护是全球性的行动，国际社会一直在努力推动生物多样性保护的法律和公约签订。1973 年通过的《濒危野生动植物种国际贸易公约》，旨在保护濒危野生动植物种，并规范其国际贸易；1982 年通过的《联合国海洋法公约》提出防止过度开发海洋资源，保护海洋生物多样性；1992 年达成的《联合国气候变化框架公约》，涉及保护生物多样性和减少温室气体排放等问题，同年联合国在里约热内卢的"地球峰会"上通过《生物多样性公约》，旨在保护地球上的生物多样性，并确保公平分享利用遗传资源产生的利益。中国较早加入了以上大部分国际公约和准则，并积极将国际法或公约的规定转化为国内法，在推动全球生物多样性保护、保障人类健康安全等方面

发挥了重要作用。

　　生物多样性保护的问题涉及多个领域，不仅包括人们日常所熟知的野生动植物的保护，同时也涵盖更加科学严谨的遗传资源的保护、生物安全保护等诸多方面。我国在《中华人民共和国宪法》中进行了"国家保障自然资源的合理利用，保护珍贵的动物和植物。禁止任何组织或者个人用任何手段侵占或者破坏自然资源"的规定；多年来陆续对《中华人民共和国环境保护法》《中华人民共和国野生动物保护法》《中华人民共和国海洋环境保护法》《中华人民共和国草原法》等多部法律进行了修订；并且在《中华人民共和国森林法》《中华人民共和国畜牧法》《中华人民共和国种子法》等多部法律中体现了对众多生物资源的保护。

　　除以上法律，我国还颁布了一系列的行政法规、部门规章以及地方性法规对生物资源和生物多样性进行保护。例如，在生物安全领域，《农业转基因生物安全管理条例》中就对我国农业的生物安全保护进行了规定。在防治外来物种入侵领域，我国出台了《陆生野生动物保护实施条例》《进境植物和植物产品风险分析管理规定》等规范性文件。在生物遗传资源保护方面有《中华人民共和国野生植物保护条例》等。在野生动植物就地保护方面，制定有《中华人民共和国自然保护区条例》，同时在各地方法规中对于就地保护的实施和管理也有详细的规定，如北京、云南、江西、河南、安徽、福建、贵州、河北、江苏等省（直辖市、自治区）相继出台省级自然保护区管理条例和湿地保护条例等，使保护和持续利用生物多样性的法律法规体系日臻完善。

### （二）就地保护

就地保护是指在生物分布的地区内，通过建立自然保护地和实施其他有效的区域保护措施，保护生物种群及其栖息地，防止生物种群数量的减少和栖息地的破坏。就地保护可以最大限度地保持生物种群的自然状态，有利于区域内生物种群的繁衍和进化，维持生态系统物质循环、能量流动，以及生态系统服务和功能，是维持生物多样性、恢复自然生态系统的基本策略之一。我国自 1956 年建立第一个自然保护区以来，截至目前已建立各级各类自然保护地近万处，约占陆域国土面积的 18%。近年来，我国积极推动建立以国家公园为主体、自然保护区为基础、各类自然公园为补充的自然保护地体系，为保护栖息地、改善生态环境质量和维护国家生态安全奠定了基础。

### 1. 国家公园

国家公园是以保护具有国家代表性的自然生态系统为主要目的、实现自然资源科学保护和合理利用的特定陆域或海域，是我国自然生态系统中最重要、自然景观最独特、自然遗产最精华、生物多样性最富集的部分，其保护范围大，生态过程完整，具有全球价值、国家象征，国民认同度高。2021 年 10 月，我国已经正式设立三江源、大熊猫、东北虎豹、海南热带雨林、武夷山 5 个国家公园，保护面积达 23 万平方公里。另外，《国家公园空间布局方案》确定的 49 个国家公园候选区（包括已经正式设立的 5 个）预计到 2035 年完成设立，届时国家典型、重要生态系统和重要珍贵物种的集中分布区域将得到有效保护。

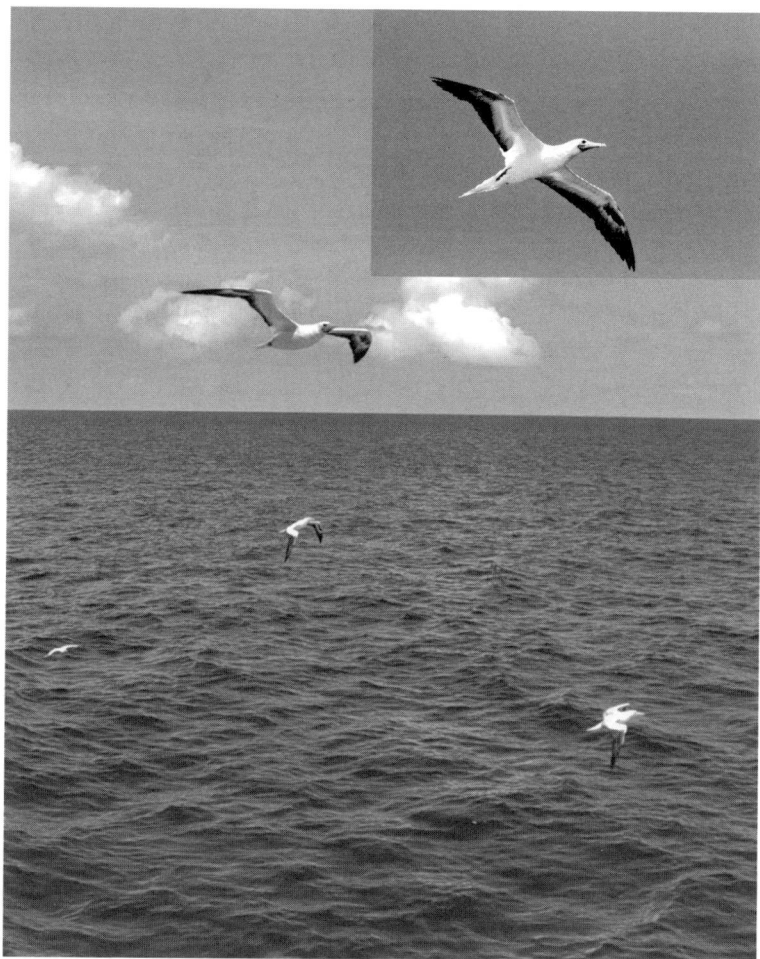

图 6.3 国家二级保护野生动物红脚鲣鸟

## 2. 自然保护区

自然保护区是对代表性的自然生态系统、珍稀濒危野生动植物物种的天然集中分布区、有特殊意义的自然遗迹等保护对象所在的陆地、陆地水体或者海域，依法划出一定面积予以特殊保护和管理的区域。自然保护区具有较大面积，旨在确保主要保护对象的安全，维持和恢复珍稀濒危野生动植物的种群数量及其赖以生存的栖息环境。目前我国自然保护区 2500 余处，约占陆域国土面积的 15%。

### 3. 自然公园

自然公园是自然保护地的一种类型，用来保护重要的自然生态系统、自然遗迹和自然景观，具有生态、观赏、文化和科学价值并可持续利用的区域，可确保森林、海洋、湿地、水域、冰川、草原、生物等珍贵自然资源，以及所承载的景观、地质地貌和文化多样性得到有效保护，包括森林公园、地质公园、海洋公园、湿地公园等各类自然公园。

### 4. 种质资源原位保护地

农业农村部为了保护各类农业种质资源，建立了种质资源原位保护区和水产种质资源保护区。农作物种质资源原位保护区是在重要农作物野生种及野生近缘植物原生地及其他农业野生资源富集区划出一定区域，禁止采集或采伐列入《国家重点保护野生植物名录》的野生种、野生近缘种、濒危稀有种，对农作物种质资源进行保护。水产种质资源保护区是为保护水产种质资源及其生存环境，在具有较高经济价值和遗传育种价值的水产种质资源的主要生长繁育区域，依法划定并予以特殊保护和管理的水域、滩涂及其毗邻的岛礁、陆域。

### 5. 社区保护地

社区保护地是由当地社区、居民或非政府组织（NGO）通过约定俗成、签署协议等形式，自发地对自然区域进行灵活保护的一种方式，"自然圣境""土著保护区""自然保护小区"以及 NGO 管理的保护地均属此类。相较于政府主导、统一管理的自然保护地，自下而上形成的地方性社区保护地可对自然生态系统进行灵活保护，作为生态保护的"毛细血管"，不仅可以调节、规范人们的行为，防止破坏生态环境，亦可深入人们的生产生活以及价值观念等各个方面，成为自然保护地体系的有力补充。

通过构建科学合理的自然保护地体系，我国 90% 的陆地生态系统类型和 71% 的国家重点保护野生动植物物种得到有效保护。野生动物栖息地空间不断拓展，种群数量不断增加。大熊猫野外种群数量 40 年间从 1114 只增加到 1864 只，朱鹮由发现之初的 7 只增长至目前野外种群和人工繁育种群总数超过 5000 只，亚洲象野外种群数量从 20 世纪 80 年代的 180 头增加到目前的 300 头左右，海南长臂猿野外种群数量从 40 年前的仅存两群不足 10 只增长到七群 42 只。

### （三）迁地保护

迁地保护是指将物种或其基因从一个分布区迁移到另一个分布区，以扩大其种群数量和分布范围，从而保护物种免受栖息地破坏、气候变化等威胁的一种保护措施，包括建立植物园、动物园等设施，将濒危物种引入这些设施进行繁殖和保护。对于因野外栖息地丧失而导致濒危或野外已灭绝的物种，迁地保护是更恰当的方式。我国正持续加大迁地保护力度，系统实施濒危物种拯救工程，建立了植物园、野生动物救护繁育基地以及种质资源库、基因库等较为完备的迁地保护体系。

#### 1. 植物迁地保护

植物迁地包括传统的植物园、种子库和生物基因库等引种收集与保存活植物、种子、外植体和基因组样本的场所。全国已建立植物园（树木园）200 余个，保存植物 2.3 万多种，保存的本土植物种数约占中国植物总种数的 60%，并从国外引种植物约 1200 种，丰富了中国的植物多样性；建立迁地保护点近 200 个，基本完成苏铁、棕榈种质资源收集保存和原产中国的重点兰科、木兰科植物收集保存；建成

22 个多树种遗传资源综合保存库、13 个单树种遗传资源专项保存库、226 个国家级林木良种基地，保存树种 2000 多种，覆盖全国大多数省份，涵盖目前利用的主要造林树种遗传资源的 60%。

2. 动物迁地保护

动物迁地主要是为了保护那些由于环境变化、人类活动、疾病或其他原因而受到威胁的动物物种。据不完全统计，全国已建动物园（动物展区）240 多个，饲养国内外各类动物 775 种；建立 250 处野生动物救护繁育基地，濒临灭绝的大熊猫、朱鹮、东北虎等近 10 种动物种群开始复苏，60 多种珍稀濒危野生动物人工繁殖成功；还有 300 多种珍稀濒危野生动物建立了稳定的人工繁育种群，并成功开展大熊猫、朱鹮、麋鹿、普氏野马和野骆驼、白颈长尾雉等 10 多种濒危野生动物的放归自然行动。人工繁育大熊猫数量呈快速优质增长，曾经野外消失的麋鹿在北京南海子、江苏大丰、湖北石首分别建立了三大保护种群，总数已突破 8000 只。

3. 农业种质资源库

我国实施了一批种质资源保护和育种创新项目，形成以国家作物种质长期库及其复份库为核心、10 座中期库与 43 个种质圃为支撑的国家作物种质资源保护体系，建立了 199 个国家级畜禽遗传资源保种场（区、库），为 90% 以上的国家级畜禽遗传资源保护名录品种建立了国家级保种单位，长期保存作物种质资源 52 万余份、畜禽遗传资源 96 万份。建设 99 个国家级林木种质资源保存库，以及新疆、山东 2 个国家级林草种质资源设施保存库国家分库，保存林木种质资源 4.7 万份。建设 31 个药用植物种质资源保存圃和 2 个种质资源库，保存种子种苗 1.2 万多份。

### （四）生物安全管理

针对外来物种入侵的问题，我国陆续发布 4 批《中国自然生态系统外来入侵物种名单》，制定《国家重点管理外来入侵物种名录》，共计公布 83 种外来入侵物种。启动外来入侵物种普查，开展外来入侵物种监测预警、防控灭除和监督管理。由中国科学院承担"国门生物安全"项目，完成入侵物种资源库建设、集成 DNA 条形码等新技术，搭建常见检疫对象与入侵物种快速鉴定体系，实现物种的快速鉴定。各部门依据相关法律法规，共同推动外来入侵物种防治工作，比如农业部成立外来生物入侵突发事件应急指挥部，开展外来入侵物种集中现场灭除和应急防控活动；海关总署对生物遗传资源进出口管理目录以及濒危物种保护知识等相关内容组织培训。

通过规范生物技术及其产品的安全管理，推动生物技术有序健康发展。我国先后颁布实施《农业转基因生物安全管理条例》《农业转基因生物安全评价管理办法》《生物技术研究开发安全管理办法》《进出境转基因产品检验检疫管理办法》等法律法规。开展转基因生物安全检测与评价，防范转基因生物环境释放可能对生物多样性保护及可持续利用产生的不利影响。发布转基因生物安全评价、检测及监管技术标准 200 余项，转基因生物安全管理体系逐渐完善。

通过开展重要生物遗传资源调查和保护成效评估，查明生物遗传资源本底，查清重要生物遗传资源分布、保护及利用现状。我国组织开展第四次全国中药资源普查，获得 1.3 万多种中药资源的种类和分布等信息，其中 3150 种为中国特有种；正在开展的第三次全国农作物种质资源普查与收集行动，已收集作物种质资源 9.2 万份，其中 90% 以上为新发现资源。近 10 年来，中国平均每年发现植物新种约

200 种，占全球植物年增新种数的十分之一。

### （五）生态环境修复

修复生态环境，提高生态系统的稳定性和抵抗力，为生物提供更好的生存环境，是保护生物多样性行之有效的方法。我国实施了系列生态保护修复工程，包括天然林保护修复、京津风沙源治理工程、石漠化综合治理、"三北"防护林工程等重点防护林体系建设、退耕还林还草、退牧还草以及河湖与湿地保护修复、红树林与滨海湿地保护修复等，启动多个山水林田湖草沙一体化保护和修复工程。通过生态修复，中国森林面积和森林蓄积连续 30 年保持"双增长"，成为全球森林资源增长最多的国家；2016—2020 年，累计整治修复海岸线 1200 公里，滨海湿地 2.3 万公顷；2000—2017 年全球新增的绿化面积中，约 25% 来自中国，贡献比例居世界首位。

良好的环境质量是保护生物多样性的基础条件，污染防治也是生物多样性保护的重要举措之一。我国政府非常重视对环境的监管，建立了全面的环境监管体系，包括大气、水、土壤、生态等方面；同时，加强对污染源的监管，对违法排污行为进行严厉打击。随着我国污染防治力度不断加大，生态环境质量明显改善，恢复了各类生态系统功能，有效缓解了生物多样性丧失压力。

### （六）教育与科普

以生物多样性和自然环境为基础，通过传播科学知识，帮助公众了解生物多样性的重要性和价值，培养人们欣赏、理解、认同和尊重自然的态度，促使人们采取实际行动来保护和维护生物多样性。我国政府大力推动生物多样性保护宣传教育，教育部组织建设《生物多样性及保护》《保护生物学》《生态与可持续发展》等 30 余门与生物多样性、生态保护相关的视频公开课与精品资源共享课程；将生物多样性保护相关教育内容融入初高中课程，修订义务教育小学科学课程标准，明确相关教学要求，增强学生的生物多样性保护意识；国家新闻出版广电总局通过《新闻直播间》《央广新闻》《新闻和报纸摘要》报道全国各地生物多样性重点工作、成果及国际社会相关工作动态，通过微信公众号、官方微博以及官方网站发布关于生物多样性保护相关信息。

同时，通过一系列措施促进生物多样性在各部门和各领域的主流化。比如在国际生物多样性日、世界野生动植物日、世界湿地日、六五环境日、水生野生动物保护科普宣传月等重要时间节点举办系列活动；邀请公众在生物多样性政策制定、信息公开与公益诉讼中积极参与、建言献策，营造生物多样性保护的良好氛围；发布《"美丽中国，我是行动者"提升公民生态文明意识行动计划（2021—2025 年）》《关于推动生态环境志愿服务发展的指导意见》，为各类社会主体和公众参与生物多样性保护工作提供指南和规范；成立长江江豚、海龟、中华白海豚等重点物种保护联盟，为各方力量搭建沟通协作平台；加入《生物多样性公约》秘书处发起的"企业与生物多样性全球伙伴关系"倡议，鼓励企业参与生物多样性领域工作，积极引导企业参与打击野生动植物非法贸易。

## 四、结语

保护生物多样性不仅是一个生态问题，还关乎人类生存、社会繁荣与经济发展。我国继承了"天人合一""道法自然""万物平等"等朴素的生物多样性保护观念，近年来持续加大生物多样性保护力度，采取一系列有力措施，取得显著成效，但是扭转生物多样性丧失趋势仍需要付出长期艰苦努力。在政府部门的引导下，构建全社会共同参与的生物多样性保护行动框架，推动将生物多样性保护落实到各行各业生产和公众生活的实践中，不仅需要各行业、各领域，也需要我们每个人的努力和参与。

# 国家公园建设：人与自然和谐共生的中国样本

徐卫华，唐　军，臧振华，欧阳志云

国家公园是一个国家自然生态系统中最重要、最独特、最精华的部分，它不仅承载着丰富的自然资源和生物多样性，也是人类与自然和谐共生的重要象征。我国的国家公园建设起步虽晚，但发展迅速，正朝着构建全世界最大的国家公园体系迈进。**本讲将回顾国家公园的建设历程，阐述其特征与保护管理，探讨如何通过国家公园建设，实现生态保护、绿色发展和民生改善的目标。**

建立国家公园体制是中央全面深化改革、推进生态文明建设的主要任务。国家公园是我国自然生态系统中最重要、自然景观最独特、自然遗产最精华、生物多样性最富集的部分。2021 年 10 月，我国已经正式建立 5 个国家公园，保护面积达 23 万平方公里，涵盖了我国陆域近 30% 的国家重点保护野生动植物种类。到 2035 年，我国将建立 49 处国家公园，总面积约 110 万平方公里，占陆域国土面积约 10%。国家公园全部建成后，将形成全世界最大的国家公园体系，实现生态保护、绿色发展和民生改善的目标，促进人与自然和谐共生。

## 一、国家公园的建设历程

### （一）建设背景

为了保护独特的自然景观与野生动植物，1872 年美国建立世界上第一个国家公园——黄石国家公园，之后世界各国陆续掀起建设热潮，国家公园的理念不断延展和深化。根据世界自然保护联盟保护地管理体系分类，国家公园是自然保护地类型之一，以保护大面积、完整的自然生态系统（自然区域）为主，并为公众提供接近自然、认识自然、欣赏自然的机会。全球目前已建立 6700 多个国家公园，对生态系统、珍稀濒危物种、自然遗产和景观等自然资源的保护发挥了重要作用。

我国国土辽阔，海域宽广，自然条件复杂多样，形成了复杂多样的生态系统类型和自然景观，孕育了丰富的植物、动物物种及丰富的遗传多样性，是全球"生物多样性最为丰富"的国家之一。

自 1956 年建立第一个自然保护区以来，我国一直积极推进自然保护地建设，截至 2020 年，已拥有自然保护区、风景名胜区、森林公园、湿地公园、地质公园、海洋公园、沙漠公园、海洋特别保护区等多种类型的自然保护地近万个，覆盖陆域国土面积的近 18%，占我国管辖海域总面积的 4.1%，对保护我国生物多样性与自然景观和遗迹起到了重要作用。然而，原有自然保护地普遍存在重叠设置、多头管理、边界不清、权责不明、保护与发展矛盾突出等问题，为有效解决这些问题，提升自然保护地的保护管理效果，给子孙后代留下珍贵的自然资源，2013 年党的十八届三中全会提出"建立国家公园体制"。

图 7.1　南岭国家公园创建区峡谷景观

## （二）建设进展

自 2013 年提出"建立国家公园体制"以来，经历 10 多年的发展，我国国家公园建设取得了重大进展。

国家公园体制试点阶段。按照贯彻实施党的十八届三中全会精神的部门分工，国家公园体制试点事项一开始由国家发展改革委牵头实施。2015 年 1 月，国家发展改革委等 13 部门联合印发《建立国家公园体制试点方案》，2017年9月，中共中央办公厅、国务院办公厅印发《建立国家公园体制总体方案》。2018年3月，党和国家机构改革，组建国家林业和草原局，加挂国家公园管理局牌子，负责管理国家公园等各类自然保护地，国家公园体制建设相关职能由国家发展改革委转隶到国家林业和草原局。2019年6月，中共中央办公厅、国务院办公厅印发《关于建立以国家公园为主体的自然保护地体系的指导意见》。与组织国家公园体制试点期间，我国陆续建立了10个国家公园体制试点区，包括三江源、大熊猫、祁连山、东北虎豹、海南热带雨林、神农架、钱江源、武夷山、南山、普达措等试点区，涉及青海、吉林、黑龙江、四川、陕西、甘肃、湖北、福建、浙江、湖南、云南、海南等省份，总面积约22万平方公里，占陆域国土面积的2.3%。国家公园试点在管理体制、运行机制、生态保护、社区融合发展等方面进行了有益探索，为国家公园正式设立和建设积累了有益经验、提供了重要支撑。

国家公园全面建设阶段。2021年10月，习近平主席在《生物多样性公约》第十五次缔约方大会上宣布正式设立三江源、大熊猫、东北虎豹、海南热带雨林、武夷山等第一批国家公园。2022年1月，习近平主席在世界经济论坛重要讲话中提出"中国正在建设全世界最大的国家公园体系"。随后，中央有关部门先后印发《国家公园等自然保护地建设及野生动植物保护重大工程建设规划（2021—2035年）》《国家公园管理暂行办法》《关于推进国家公园建设若干财政政策意见》等一系列政策文件。2023年1月，经国务院批准，国家林业和草原局等四部门联合印发《国家公园空间布局方案》。

图 7.2　武夷山国家公园丹霞地貌景观

## （三）未来布局

根据《国家公园空间布局方案》，到 2035 年我国将建设 49 处国家公园，包括陆域 44 处、海陆统筹 2 处、海域 3 处。全部建成后，我国国家公园总面积约 110 万平方公里，超过美国的 34 万平方公里、巴西的 25 万平方公里、加拿大的 21 万平方公里，将形成全世界最大的国家公园体系。

国家公园布局涵盖我国大多数省份，49 处国家公园候选区涉及我国大陆地区的 28 个省份。同时，空间布局充分衔接国家重大战略和重大生态工程，在青藏高原、黄河流域、长江流域等生态区位重要区域重点布局国家公园。其中，青藏高原布局 13 个国家公园候选区，包括三江源、羌塘、若尔盖、青海湖等，形成青藏高原国家公园群，面积约 77 万平方公里，占候选区总面积的 70%；黄河流域布局 9 个国家公园候选区，包括祁连山、秦岭、黄河口等，面积约 28 万平方公里；长江流域布局 11 个国家公园候选区，包括香格里拉、大熊猫保护区、神农架、南山、梵净山等，面积约 24 万平方公里。

国家公园全部建成后将涵盖大面积具有重要生态价值的区域。它们将涵盖近 70% 的国家重点保护野生动植物物种及其栖息地，包括陆域分布的高等植物 2.9 万多种，野生脊椎动物 5000 多种；涵盖经过我国境内的 3 条全球候鸟迁徙路线的关键节点，包括松嫩鹤乡、黄河口、辽河口、若尔盖、青海湖等地区；涵盖武陵源、黄龙、三江并流等 10 项世界自然遗产，黄山、武夷山 2 项世界文化与自然双遗产、11 处世界地质公园、19 处国际重要湿地、19 处世界人与生物圈保护区。

## 二、国家公园的特征

国家公园在我国自然保护地体系中处于主体地位，是生态价值和保护强度最高的类型。国家公园既是国家和区域生态安全屏障的重要组成部分，也是国家的象征、中华民族的宝贵财富。依据《国家公园设立规范》（GB/T39737-2020），我国的国家公园需要满足国家代表性、生态重要性、管理可行性等特征。

### （一）国家代表性

国家代表性是指具有中国代表意义的自然生态系统，或中国特有和重点保护野生动植物物种的集聚区，或具有全国乃至全球意义的自然景观和自然文化遗产的区域。国家代表性包括生态系统代表性、生物物种代表性、自然景观独特性等 3 个维度，其中，生态系统代表性是指国家公园拥有所处生态地理区的主体生态系统类型，具有典型性或稀缺性特征；生物物种代表性是指分布有典型野生动植物种群，特有、珍稀、濒危物种聚集程度高；自然景观独特性是指具有中国乃至世界罕见的自然景观和自然遗迹，能够彰显中华文明或者具有重要的科学研究价值等。

### （二）生态重要性

生态重要性主要是指国家公园具有重要的生态价值，大部分区域保持自然原始风貌，生态系统结构和功能完整，能够实现生态系统整体保护与修复。生态重要性主要包括生态系统原真性与完整性上。其中，生态系统原真性主要是指区域植物群落处于较高演替阶段，受人类活动的影响较小，处于自然状态及具有恢复至自然状态潜力的区域面积占比大。完整性主要是指生态系统健康、生态功能稳定，具有较大面积的代表性自然生态系统，具有较完整的动植物区系，能维持伞护种、旗舰种等种群生存繁衍，具有顶级食肉动物存在的完整食物链或迁徙洄游动物的重要通道、越冬（夏）地或繁殖地。

### （三）管理可行性

管理可行性是国家公园设立的落脚点，既要能够体现国家事权，由国家主导管理、立法、监督，又要充分考虑到中国人多地少的现实条件，协调好利益相关方的关系，实现全民公益性，具体包括自然资源资产产权、保护管理基础、全民共享潜力 3 个方面。其中，自然资源资产产权主要评估产权是否清晰、能否实现统一管理。保护管理基础主要衡量区域人类生产生活对生态系统的影响状态，原有自然保护地及其管理机构状况，当地社区居民参与国家公园建设的意愿等。全民共享潜力重点关注区域自然本底的科学研究、自然教育和生态体验价值，以及在有效保护的前提下，提供高质量的生态产品和自然教育、生态体验、休闲游憩等机会。

图 7.3　青海湖国家公园创建区高原湖泊与油菜花景观

## 三、国家公园的保护管理

### （一）范围确定

国家公园的范围确定，是国家公园建设、管理的基础和前提。国家公园边界的划定，首先要考虑保护对象的需求，将生态系统原真性与完整性高、珍稀濒危物种富集、自然遗迹与景观价值高的区域划入国家公园范围；另外，要考虑资源开发利用状况与人类活动的干扰，避免将人类活动干扰大、矛盾冲突大的区域纳入国家公园范围内。国家公园边界划定后，要进行勘界立标，形成对应的空间矢量数据，确保国家公园建设管理和执法监督有据可依。

### （二）分区管控

国家公园实施分区管控。将国家公园划分为既相对独立、又相互联系的管控分区，明确各管控区的建设方向并采取相应的管理措施，有利于自然资源的优化配置，为自然资源的保护与开发以及旅游容量控制等规划奠定基础，进而推动国家公园的可持续发展。

根据《国家公园总体规划技术规范》，国家公园管控区分为核心保护区和一般控制区，分区实行差别化管控。其中，核心保护区是国家公园范围内自然生态系统保存最完整、核心资源集中分布，或者生态脆弱需要休养生息的地域，核心保护区的面积一般占国家公园总面积的 50% 以上，严格禁止人类活动。一般控制区为国家公园核心保护区以外的区域，在确保自然生态系统健康、稳定、良性循环发展的前提下，一般控制区允许适量开展非资源损伤或破坏的科教游憩、传统利用、服务保障等人类活动，对于已遭到不同程度破坏而需要自然恢复和生态修复的区域，应尊重自然规律，采取近自然的、适当的人工措施进行生态修复。

### （三）监测巡护

开展国家公园监测巡护，是国家公园保护管理的重要手段。其中，监测侧重于对国家公园生态系统、野生动植物物种等保护对象和自然环境因子，以及人类活动的干扰状况进行长期、连续、系统地监测，以了解其变化趋势。巡护是指巡护员定期或不定期地沿着一定的路线，按要求对主要保护对象、自然环境和干扰活动进行观察和记录，及时将所发现的情况上报，并对需要救护的对象进行救护、对保护设施进行维护、对非法行为进行制止的过程。

由于国家公园通常面积大、保护管理对象复杂多样，除了固定实地调查、监测外，还可充分利用遥感、互联网、云计算、大数据、AI算法等现代信息技术，通过对国家公园内森林、草原、湿地、荒漠、海洋、野生动植物等资源监测数据的感知、汇聚、整合、开发，实现国家公园的实时监测、动态感知、快速响应、精准处置等，提高国家公园的管理效率。例如，东北虎豹国家公园构建"天地空"一体化监测体系，现有红外相机28084台，卡口监控探头321个，生态因子采集站58处，700M通信基站95座，基本实现了对虎豹公园的全覆盖、监测数据实时传输、野生动物自动识别等功能，为旗舰物种和栖息地保护、人为活动监管、预警防范人虎冲突等提供了数据支撑。

### （四）生态修复

国家公园生态修复，是以退化或受损生态系统为目标，采用自然或人工手段进行恢复和重建，使其恢复到接近于它受干扰前的自然状态的过程，最终目的是修复生态系统的自我维持能力，恢复并维持生态系统的健康、完整性与稳定性，可持续地提供生态系统服务。

国家公园的生态修复坚持以自然恢复为主，但如果生态系统受损严重且自然修复所需时间太长，可辅以必要的近自然的工程措施，包括退耕（牧）还林（草、湿）、抚育改造、补植改造、人工促进更新、人工鱼礁（巢）建设、藻场（草床）建设等人工干预措施，逐步优化自然生态系统结构和功能，提升野生动植物栖息地质量与连通性。例如，在东北虎豹国家公园，由于道路、村屯、围栏阻隔，东北虎、东北豹的猎物如马鹿、梅花鹿等种群扩散不通畅，通过撤除养殖围栏等方式疏通廊道，提高草食动物栖息地的连通性。

### （五）矛盾调处

国家公园的矛盾调处，是国家公园保护的重要任务和挑战。在国家公园的创建设立过程中，通常会面临生态保护与经济发展、原住居民权益、旅游开发等方面矛盾和冲突，主要包括以下几类：永久基本农田、村庄、人工商品林、草场、矿业权，以及水电站、道路等基础设施等。

根据《国家公园设立规范》及《国家公园设立指南》的要求，国家公园需全面梳理核实区域内各类矛盾冲突情况，按照稳妥有序解决历史遗留问题、不带入新问题的原则，提出分类处置方案，调处土地或林木林地草场权属争议，妥善化解各类矛盾风险隐患，制订具体补偿方案或办法。例如，在海南热带雨林国家公园，根据《海南热带雨林国家公园生态搬迁方案》实施生态搬迁，搬迁完成后核心保护区无常住人口，一般控制区村寨和人口加强管控，明确居民生产生活边界，引导社区建立与国家公园保护目标相一致的生产生活方式。国家公园一般控制区内有矿业权 1 宗，为采矿权，面积为 5.85 公顷，该矿业将由琼中县负责按照"退还采矿权出让收益（价款）共 52 万元"的方式完成补偿退出。

## 四、国家公园的绿色发展

### （一）园地融合

园地融合是指国家公园与地方政府、关联社区在保护与发展方面相互协调、衔接、融合的状况，是实现国家公园绿色发展的重要基础。国家公园应加强生态保护与国防、交通、水利、农业、文旅、村庄等土地用途协调，结合乡村振兴战略，支持园区内村屯基础设施和公共服务设施建设，加强村场环境综合整治，实现垃圾无害化处理和生态厕所全覆盖，推动生态宜居、绿色发展、人与自然和谐共生的美丽村屯建设。国家公园可以与当地政府协作在国家公园周边合理规划建设入口社区，作为国家公园公众服务的保障基地，完善公共服务设施，吸纳公园内人口向园外集聚；合理设置生态管护岗位，加强社区居民技能培训，改善社区居民就业择业能力。

首批国家公园园地之间建立了协调工作机制，积极推动社区共建共管，传播国家公园理念，探索生态产品价值实现路径。如大熊猫国家公园管理机构与地方政府之间能够实现信息共享、决策协商和资源整合等方面的紧密合作，地方政府充分支持国家公园建设，吸引社区居民担任生态管护岗位，培育自然教育导赏员，促进居民增收；武夷山国家公园创新构建环武夷山国家公园保护发展带，在不造成生态破坏的前提下发展茶旅产业，推动国家公园园内外共同保护与可持续发展。

### （二）生态补偿

生态补偿是指生态保护受益方以资金、项目、技术等方式，给予生态保护提供方以补偿。生态保护补偿的主要原则是"谁开发谁保护，谁破坏谁恢复，谁受益谁补偿"。生态保护补偿付费问题，是利益相关者之间的责任问题，本质内涵是生态服务功能受益者向生态服务功能提供者付费的行为。根据生态补偿的内容及原则，因付费主体差异，生态补偿分为纵向政府补偿和横向市场化补偿两种方式。在纵向补偿方面，全面实施天然林保护、退耕还林、森林生态效益补偿等国家公园重点生态工程，财政投资稳步增加；各国家公园普遍扩大生态补偿范围、提高补偿标准，凸显了国家公园的重要生态价值。例如，南山国家公园候选区实施公益林扩面工程，将符合条件的商品林纳入公益林和天保林管理范畴，通过租赁实施经营权流转，提高集体公益林和集体天保林补偿标准，分别由每亩每年 15.5 元和 13.5 元提高到 30 元，截至 2020 年 8 月，已兑付流转补偿提标 3058 户 22.84 万亩。海南热带雨林国家公园、祁连山国家公园候选区等开展了跨流域的横向生态补偿试点，激励地方政府保护国家公园生态环境。

设置生态管护岗位是国家公园实施生态保护补偿的重要方式。国家发展和改革委员会等 6 部委在 2018 年联合印发《生态扶贫工作方案》，提出通过生态管护岗位得到稳定的工资收入，支持在贫困县设立生态管护员工作岗位，以森林、草原、湿地、沙化土地管护为重点，让能胜任岗位要求且有经济困难的人口参加生态管护工作，实现家门口就业。

### （三）生态旅游

生态旅游是指以可持续发展为理念，以保护生态环境为前提，以统筹人与自然和谐发展为准则，并依托良好的自然生态环境和独特的人文生态系统，采取生态友好方式，开展的生态体验、生态教育、生态认知并获得身心愉悦的旅游方式。国家公园作为"最美国土"，对社会大众具有极高的吸引力。国家公园的生态旅游是国家公园实现绿色发展、体现全民公益性的重要方式。

图7.4　大熊猫国家公园卧龙片区·森林与河流景观

国家公园的生态旅游，要以保护国家公园生物多样性与自然景观和遗产为前提，实现国家公园的旅游可持续。应准确评估国家公园的环境容纳量，严格控制旅游的方式与强度，预防旅游活动对生态环境的负面影响。要以提供国家公园的自然之美、自然之魂、自然之趣的体验为核心，有序构建和完善国家公园生态旅游体系，提高服务设施水平和品质，加强产品和项目创新和多样，强化自然教育与游憩体验等规划设计，建立志愿者服务系统，凝聚企业、非政府组织、社会公众等经营性、非营利性机构力量，实现国家公园的旅游与文化的互动共赢。目前第一批国家公园的总体规划已经印发实施，三江源、海南热带雨林等国家公园已基本完成生态旅游专项规划编制，为指导部署国家公园生态旅游工作奠定了基础。

### （四）品牌建设与产品认证

国家公园拥有良好的自然生态环境，能够提供优质的生态产品。实施特许经营是国家公园实现品牌价值的主要方式。《建立国家公园体制总体方案》和《关于建立以国家公园为主体的自然保护地体系的指导意见》提出要制定特许经营管理办法，建立健全特许经营制度，鼓励原住居民参与特许经营活动，探索自然资源所有者参与特许经营收益分配机制。

国家公园体制试点和正式设立以来，在品牌建设与产品认证方面开展了一系列探索。如大熊猫国家公园四川片区与世界自然基金会（WWF）合作，由 WWF 发布"大熊猫友好型认证标准"，产自平武县的中草药南五味子成为全球首个通过该标准认证的产品，已销往美国等多个国家；武夷山国家公园出台《农药化肥使用管理规定》，严厉打击毁林种茶等破坏行为，鼓励和引导茶企、茶农按标准建设生态茶园，指导开展地理标志申报和绿色认证，通过市场营销，武夷岩茶和正山小种等已形成良好的品牌效应，产生了可观的经济价值；三江源国家公园实施了昂赛大峡谷漂流生态体验和环境教育、昂赛雪豹自然观察等生态旅游特许经营项目探索，在昂赛筛选 21 个牧民示范户，接待国内外高端体验团，为村集体和牧民接待家庭增收。

为塑造好国家公园的品牌形象，未来应整体、协同推进中国国家公园及每个国家公园的品牌体系设计，建立国家公园生态产品统一标识及相应的产品标准、生产准则和经营体系，构建高品质、多样化生态产品体系，参考原生态产品、绿色产品、有机产品、地理标志认定管理办法等相关要求，规范国家公园产品认证，吸引对优质生态产品敏感的企业和消费者，促进国家公园生态产品价值实现，获得溢价收益。

## 五、结语

党的二十大报告提出，"中国式现代化是人与自然和谐共生的现代化"，同时明确提出"推进以国家公园为主体的自然保护地体系建设"。国家公园是以尊重"大自然权利"与增进"人类享受"为主旨的、积极的生态空间建构，在保护生态系统完整性、促进资源合理利用等方面具有积极意义。我国国家公园的管理者、建设者、参与者应正确认识国家公园建设的内涵，牢记"国之大者"，持续推进国家公园高水平保护与高质量发展。

# 优化城市生态格局：生态融入城市

周伟奇 [①]，钱雨果 [②]，虞文娟 [③]

　　城市是人类文明的结晶，但随着城市化的加速推进，城市生态环境问题也日益凸显。如何在有限的城市空间内，优化生态空间格局，提升生态功能和生态系统服务，成为改善城市人居环境的关键。**本讲将探讨城市生态空间格局优化的原则、途径与典型案例，分析如何通过科学合理的规划，缓解城市生态环境问题，提升居民生活质量。**

　　城市化是人类文明的产物，快速、大规模的城镇化进程，促进了经济社会发展和人民生活水平提高，但也带来了一系列的生态环境问题。城市运行需要消耗大量自然资源，向自然环境排放大量废弃物，对生态环境影响巨大。据统计，占全球土地面积不到 3% 的城市，消耗了全球 60% 的水资源和 76% 的木材，排放了全球 78% 的碳。而且，城市对生态环境的影响远远超出了城市的边界，绝大多数生态环境问

　　① 周伟奇：博士，中国科学院生态环境研究中心研究员，国家杰出青年基金获得者。主要从事城市生态格局—过程—效应，以及空间优化研究。

　　② 钱雨果：博士，中国科学院生态环境研究中心副研究员。主要从事城市景观格局量化与优化研究。

　　③ 虞文娟：博士，中国科学院生态环境研究中心副研究员。主要从事城市景观格局演变的生态环境效应研究。

题,如环境污染、全球气候变化、生物多样性丧失等都直接或间接与城市相关。针对日益严峻的城市生态环境问题,习近平总书记强调:"建设人与自然和谐共生的现代化,必须把保护城市生态环境摆在更加突出的位置,科学合理规划城市的生产空间、生活空间、生态空间,处理好城市生产生活和生态环境保护的关系,既提高经济发展质量,又提高人民生活品质"。城市生态环境问题的产生,与城市生态空间格局的演变密切相关。因此,开展城市生态空间格局的优化,提升生态系统功能和服务是解决城市所面临的生态环境问题、实现人与自然和谐共生的关键方法和根本途径。

## 一、城市生态空间格局优化是改善城市人居环境的关键途径

城市生态空间格局是指在城市区域内,各种生态空间如城市公园、小区绿地、河流湿地等的结构组成、空间分布以及连接与组织方式。城市生态空间格局决定了城市的生态功能和生态系统服务,合理的城市生态空间格局有助于维持生物多样性,提升生态系统服务,减少城市的生态风险,提升城市韧性,提高城市居民的生活质量,促进社会经济的稳定和可持续发展。

### (一)减缓城市热岛效应

城市热岛效应是指城市气温高于周围农村地区的现象,是众多城市面临的普遍问题。城市化过程中生态空间被建筑、道路等不透水地表所取代,增强了城市对太阳辐射的吸收和储存;汽车、空调的使用,增加了人为热排放。与此同时,高密度的建筑使得热扩散速度下降,因此形成了城市热岛。通过优化不同空间尺度上的城市生态空间

格局，可以减缓城市热岛效应。

在建筑尺度，城市建筑和林冠形成的街道峡谷格局会影响峡谷内部的辐射平衡、通风条件和热容量，从而影响街道峡谷内部的热岛强度。通过降低街道峡谷的高宽比、提升建筑材料反射率可减缓城市热岛效应；在街区尺度，建筑密度、建筑高度、绿地覆盖率等会影响街区内部的能量收支，以及和周边地区的能量交换。通过降低建筑密度和高度、增加绿地覆盖率可减缓城市热岛效应；在城市尺度，城市建成区面积以及建成区周边的景观类型会影响城市整体和周边地区的大气环流和水汽输送。通过控制城市整体的规模，保护城市周边地区的水域可减缓城市热岛效应。

## （二）应对城市内涝

与城市热岛类似，在过去城市飞速发展的进程中，城市地表的格局变化如大量硬化地表的建设，阻碍了雨水下渗，增加了地面径流量。此外，生态空间的割裂影响了雨水向城市周围的湖泊、湿地等汇水空间的传输，主要依靠城市地下管网排水，导致在极端降雨情况下无法将雨水排走，引起城市局地的大量积水，加大了城市内涝的风险。

在城市内部和区域两个空间尺度优化生态空间格局，可以降低城市内涝风险。在城市内部尺度，可以通过绿色屋顶建设、垂直绿化、透水铺装、雨水花园、雨水调蓄池等方式来实现对雨水的吸纳、缓释、储存、净化、利用。在区域尺度，可以通过修复和保护城市外围生态空间，开展水系连通建设，打通城市水系与周边生态空间来提高城区疏解内涝能力。

### （三）提升空气质量

城市中的植被，如树木和草地，具有较强的滞尘能力和净化能力。它们可以通过物理截留、化学吸附和生物降解等方式，有效去除颗粒物、二氧化硫、氮氧化物等空气污染物。相反，住宅区的集中供暖、道路交通运输和工厂生产等活动会排放大量的大气污染物。此外，高大密集的建筑物会增加城市的地表粗糙度，导致风速减缓和风向改变，形成湍流和涡旋。相比开阔平坦的公园和绿地，高密度城区的空气污染物更加难以扩散。

在格局优化方面，可以通过设置合理的绿地比例，控制污染源的规模和数量，降低地表粗糙度（降低建筑密度，增加开放空间等），构建城—郊通风廊道等格局优化方式来减少空气污染。此外，还可以通过在主要道路和居民点之间建立植被屏障的方式来隔断污染源，减少空气污染的人群暴露风险。

### （四）保护生物多样性

长期以来，生物栖息地不断被城市所侵占，导致生物多样性快速下降。此外，城市化也影响了城市周边的水质、土壤、空气等环境要素，切断了动物转移、迁徙、基因交流的生态廊道，进一步威胁区域的生物多样性。城市内部，城市植被还存在非乡土化、种类同质化、结构单一化等现象，降低了城市生态系统的物种丰富度和自然度，导致生物多样性下降。研究表明，城市生物多样性（近自然环境带来的微生物多样性）与城市人群密切相关。幼儿在自然环境下活动一段时间后，皮肤微生物多样性明显增加，免疫力也明显提升。

为了维护和恢复生物多样性，首先，我们需要加强生态保护，设定生态保护红线，城市开发控制线等，严格限制对重要生态区域的开发利用。其次，要开展生态廊道的修复与建设，打通城市与周边生态源地间的隔阂，形成高连接度、高可达性的生态网络。最后，还需要加强城市生物多样性的管理，比如控制入侵物种，减少高花粉致敏物种和高生物源挥发性有机物（BVOC）排放物种，提高乡土种的多样性等。

## 二、城市生态空间格局优化原则、途径与典型案例

城市生态空间格局优化的主要目标和原则是通过调整林地、湿地、草地等生态空间的格局来提升格局的完整性与稳定性，优化生态系统过程，提升生态系统功能和服务，降低生态风险，进而增强城市的韧性和可持续性。总体而言，城市生态空间格局优化以生态系统格局为基础，以过程和功能为导向，以服务为目标，以风险为约束。

### （一）城市生态空间格局优化原则

1. 生态优先，绿色可持续发展

总体上，应坚持尊重自然、顺应自然、保护自然的原则，践行"绿水青山就是金山银山"，促进人与自然和谐共生。实践上，应以生态文明建设为引领，实现经济发展与生态环境保护的有机统一，推动绿色低碳循环发展，增强城市生态系统的多样性、稳定性和可持续性。

2. 高效和谐，整体统筹协调

统筹全域全要素系统优化，不断满足人民群众日益增长的对优美生态环境的需求。综合考虑自然生态系统各要素与人工生态系统之间的协同性，注重城内城外、上游下游的系统性和关联性，全方位、全

地域、全要素、全过程统筹推进城市生态空间格局优化工作。

3.问题导向，科学优化提升

根据城市自然地理格局和生态系统状况，找出突出生态问题，预判主要生态风险，确定优化目标。针对需要优化提升的重点区域，明确要解决的主要生态环境问题，因地制宜开展生态优化提升工作，提高生态空间格局优化的科学性和有效性。

4.创新机制，多方共商共议

创新生态空间格局优化的组织、实施、考核、激励等机制和管理模式。建立政府主导、企业主体、社会组织和公众参与的生态格局优化体系，探索多渠道、多元化的投融资模式，形成实施保障的长效机制。

### （二）城市生态空间格局优化途径

城市生态空间格局优化主要通过结构组成、空间分布以及连接与组织方式三条途径。结构组成是指生态空间的种类和内部的构成和结构，比如林地、草地、湿地等的覆盖比例，以及它们的物种多样性、群落结构等。空间分布是指生态空间的斑块特征，比如大小、形状、位置以及它们的空间分布关系，比如相邻、相隔等。连接与组织方式是指生态空间之间，以及生态空间与外部自然生态系统之间的关联，比如连通性、连接度等。

1.结构组成优化

结构组成优化的目的是增加生态空间和群落结构的多样性，限制有害物种扩散。通过建设不同类型和功能的生态空间，如湿地公园、雨水花园、墙面绿化、自然岸线等，可以增加生态空间组成的多样性，提供更多类型的生态系统服务功能。通过增强群落结构的多样性，如构建群落的乔灌草垂直结构，优化物种的配置，可增加生态空间的层次和复杂度，提高生态系统的多样性和稳定性。通过限制有害物种的种类和数量，如控制外来物种的入侵，减少高花粉致敏物种和高 BVOCs 排放物种的种植，增加乡土物种的占比，可降低生态风险和环境污染。

2. 空间分布优化

空间分布优化的目的是提升生态空间的均衡性，提高生态空间的服务能力。通过屋顶绿化，见缝插绿，转角见绿等方式，对生态空间匮乏的老旧小区、棚户区等进行生态空间格局优化，借助增加城市小微绿地来提升生态空间的均衡性，促进生态产品的社会公平性。

相同面积的绿地，通过合理配置其斑块大小、形状、空间分布，可提供更多的优质生态产品，通过优化配置其与人类活动空间的相对位置，可使生态产品更好的服务城市居民。比如通过分散的方式配置小块的、形状复杂的绿地斑块，可以提供比大块的连片绿地更多的林冠阴影；若林冠阴影与人行道在空间上重合，则可以给居民提供更多的遮荫服务；若绿地在居民区的上风向，则可以更好地给下风向的居民区降温。

3. 连接与组织方式优化

连接与组织方式优化的目的是通过设置城市发展的生态缓冲区，增加生态空间的连接度与连通性。设置城市发展的生态缓冲区是一种在城市和自然之间设置一定的空间距离，以减少城市活动对自然环境的影响，同时提高城市居民的生活质量的规划措施。

生态缓冲区可以分为两种类型：外部生态缓冲区和内部生态缓冲区。外部生态缓冲区主要是通过城市增长边界、生态红线、生态控制线的划定来限制城市的无序蔓延，保护区域的自然生态本底。内部生

图 8.1 北京市"十四五"时期绿隔地区建设发展规划

态缓冲区主要是通过城市绿色隔离带、城市绿色走廊或岛屿的建设来
改善城市微气候，减少暴露风险，提高居民健康和幸福感。

提升生态空间的连通性对于提升生态系统的完整性和稳定性，增强生物的扩散、迁移和交换等具有重要作用。提升连通性主要方式是构建连接城市和其周边的自然生态系统的生态廊道（主要包括森林廊道和河流廊道）。生态廊道的构建方式可以分为直接提取和间接提取两种。直接提取是根据区域规划或实地观测等手段确定生态廊道的位置和范围。间接提取是采用"源地识别—阻力面构建—廊道提取"的框架，利用不同的模型和算法来模拟生态廊道的形成过程。

### （三）城市生态空间格局优化的经典案例

目前，国内外已经开展了大量的城市生态空间格局优化的案例。在大尺度上，有些格局优化是以可持续发展为目标，构建各具特色的生态城市模式，比如森林城市、低碳城市、花园城市、韧性城市等；有些优化是以生态保护为出发点，划定生态保护红线，规范国土空间的开发与保护。在小尺度上，有些优化针对城市内涝等问题，开展海绵城市建设；有些优化则针对城市热岛等问题，构建通风廊道。下文以北京二道绿隔建设、口袋公园建设以及纽约的高线公园改造为例，从不同的侧面剖析了生态空间格局优化对城市生态系统的作用与影响。

#### 1. 北京二道绿隔建设

北京二道绿隔是指环绕北京市中心城区的两道绿化隔离地区，是北京市重要的生态安全屏障和生态廊道。北京"绿隔"的概念是在20世纪50年代末提出的。当时认为应汲取世界大城市发展的经验教训，不能成片连续布局"大饼式"发展，应用绿化将"大饼"分割，一方面可以创造优美的城市环境，另一方面也为城市的发展预留空间。

在城市生态空间格局优化方面，二道绿隔通过"一绿百园绕京城，二绿项链环北京"来推进两道公园环及绿道系统建设，持续提高绿色开敞空间占比。在一绿地区，推动一批重点公园建设，聚焦"三山五园"地区整体保护，十八里店、南苑等区域城市公园群建设，实现绿带互通、绿道贯通、生境相连的系统性城市公园环；二绿地区完善郊野公园体系，依托郊野公园打造慢行交通体系，形成"绿地连片、绿道连通"的郊野公园群，重点推进沙河、温榆河、东郊、台湖四个大尺度公园建设。

此外，对于生态空间周围的社会——生态格局也开展了相应的优化。比如推动滨河地区的城乡建设用地减量与拆违，构建连续滨河生态廊道；坚持最严格的耕地保护制度，守住永久基本农田保护红线，防止永久基本农田"非农化"，禁止以设施农用地为名违规占用永久基本农田建设休闲旅游等设施等。

北京二道绿隔生态建设对北京市产生了深远的生态影响。具体表现在三个方面。（1）城市无序扩张被抑制，绿色空间规模不断扩大，生态空间的连接度和完整性持续提升。（2）生态服务能力显著增强，生物多样性进一步丰富。通过河道综合治理、湿地修复、森林建设等措施，提高了流域内的水资源涵养、防洪排涝、空气净化、气候调节等生态服务功能。同时，通过保护和恢复重要生态区域和生物栖息地，增加了流域内的植被覆盖率和物种多样性。（3）田园特色城镇形象突出，城乡融合发展水平提升。通过统筹规划、精准施策、过程管理等方式，推动一批功能新、业态新、风貌新的田园特色城镇建设。同时，通过完善基础设施、优化公共服务、强化社会治理等措施，提高了居民的幸福感和满意度。

## 2. 北京口袋公园建设

随着北京城市的快速发展，大量的绿地被建筑和道路所占据，导致北京城区的生态环境逐渐恶化，空气质量下降，热岛效应加剧。由于居民生活水平的提高，市民对优质生态产品的需求也逐渐增加，对城市绿地的需求也随之上升。北京口袋公园的建设则是针对城市生态空间匮乏，生态系统服务缺失而提出的生态空间格局优化方法，目的是为了提升市民的生活幸福感，打造和谐宜居、绿色发展的新首都。

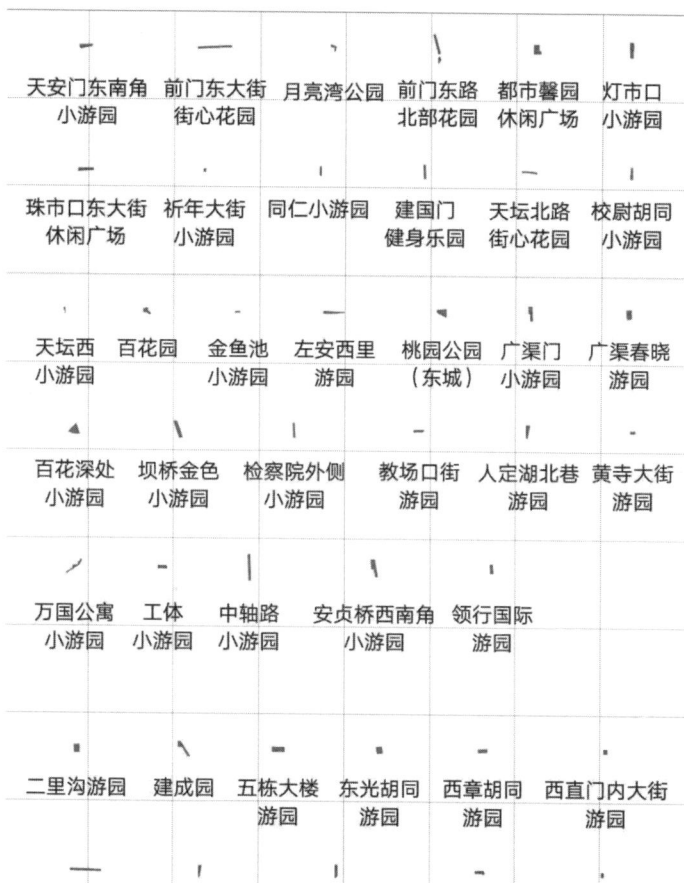

| 天安门东南角 小游园 | 前门东大街 街心花园 | 月亮湾公园 | 前门东路 北部花园 | 都市馨园 休闲广场 | 灯市口 小游园 |
|---|---|---|---|---|---|
| 珠市口东大街 休闲广场 | 祈年大街 小游园 | 同仁小游园 | 建国门 健身乐园 | 天坛北路 街心花园 | 校尉胡同 小游园 |
| 天坛西 小游园 | 百花园 | 金鱼池 小游园 | 左安西里 游园 | 桃园公园 （东城） | 广渠门 小游园 | 广渠春晓 游园 |
| 百花深处 小游园 | 坝桥金色 小游园 | 检察院外侧 小游园 | 教场口街 游园 | 人定湖北巷 游园 | 黄寺大街 游园 |
| 万国公寓 小游园 | 工体 小游园 | 中轴路 小游园 | 安贞桥西南角 小游园 | 领行国际 游园 | |
| 二里沟游园 | 建成园 | 五栋大楼 游园 | 东光胡同 游园 | 西章胡同 游园 | 西直门内大街 游园 |

图 8.2　北京口袋公园示例图（网格长度为 1 公里）

口袋公园是指规模很小的城市开放空间，面积大多在 1 万平方米以下，常呈斑块状散落或隐藏在城市结构中。它们是城市中的各种小型绿地、小公园、街心花园、社区小型运动场所等。北京口袋公园的建设方法是因地制宜，见缝插绿，高标准推进项目建设。北京市利用城市拆迁腾退地和边角地、废弃地、闲置地等碎片化空间，建设了460 处口袋公园和小微绿地。这些口袋公园和小微绿地在强化乡土树种、特色植物应用的同时，注重将历史、地域、生态文化融入公园绿地设计，打造具有复合功能的景观绿地。同时，项目注重将绿地与体育运动相结合，满足市民多样化需求。

北京口袋公园为居民创造了公共交往、休闲娱乐、健身活动的场所，实现了城市生活的"推窗见绿、出门进园、转角见美"。它们也修补了城市生态空间，改善了局部环境质量，增加了城市绿色覆盖率和生物多样性。它们还传承了历史风韵，凸显了区域特质和文化性，增强了城市魅力和品位。据统计，到今年为止，北京城区的公园绿地500 米服务半径覆盖范围可以到达 86.8%。

3. 纽约高线公园改造

高线公园的原址是建于 1930 年的 30 英尺高的高架铁路，1980年停运后，铁路曾一度面临被拆除的风险，但最终得以保存并被改造成独具特色的空中花园。它展示了城市废弃基础设施通过生态空间格局优化对生态系统服务，以及社会效益、经济效益的提升。

高线公园可以利用原有的结构和空间，种植各种适生的植物，形成了一个具有特色的悬空花园，将原来荒芜废弃的铁路变成了绿意盎然、风景如画的步行道，沿途种植了各种本地和外来的植物，设置了各种艺术装置和休息设施，为城市提供更多的绿色空间和生态服务，吸引了众多的游客和居民。高线公园还与周边的建筑和街道形成了有趣的视觉和空间对话，展现了城市的多样性和活力。

　　高线公园的建设同时提升了周边地区的经济发展和社区活力，吸引了大量的游客和投资者，提升了房价和税收。根据纽约城市规划部门的报告显示，自 2006 年起，有 29 个新项目在高线公园附近建成或正在建设。包括 2558 套住宅，1000 间酒店房间，423000 平方英尺（约4 万平方米）办公和画廊空间，涉及 20 亿美元的私有开发资金以及12000 份新的就业机会（其中 8000 份是建设相关）。同时，它也成为了城市废弃设施再利用的典范和灵感来源，引发了全球范围内的类似项目。

改造前　　　　　　　　　　　改造后

图 8.3　高线公园改造前后对比

## 三、存在问题与应对策略

尽管国内外开展了大量关于生态空间格局优化的理论研究和实践应用，但目前还存在三个突出的问题。（1）在结构组成方面，重视面积增加，忽略了质量提升。（2）在空间分布方面，忽略了空间均衡性与社会公平性。（3）在连接和组织方式方面，对区域的协同优化重视不足。

### （一）重面积、轻质量

目前，许多城市内部的生态空间格局优化还是以增加城市绿地为主，如国家的森林城市建设、北京市百万亩造林等。然而，城市空间寸土寸金，难以大面积提高绿地比例。此外，由于对于绿地的质量缺乏明确的优化指标，目前单调的、同质化的城市绿化在一定程度不但难以增加城市生物多样性，提供更多的优质生态产品，还有可能形成城市的绿色荒漠，导致乡土物种的濒危，增加居民的花粉致敏。

因此，城市内部的生态空间格局优化需要从面积增加逐步转移到质量和效益的提升，即提升单位面积上生态空间的质量提升、服务功能的提升、社会经济效益的提升，从提质增效的角度来开展城市生态空间的优化。总体来说，需要加强生态空间的设计和管理，在三维立体空间、景观组成和群落结构多样性、生物量密度、景观美学、人体健康等方面充分挖掘，在有限的空间内进一步提升生态空间的品质。

### （二）重总量、轻分布

目前城市生态格局的相关指标，主要强调区域的总量，比如城市

森林覆盖率、建成区绿地率、城区树冠覆盖率，以及通过人口加权后
的指标，如人均公共绿地面积、城市中心区人均公共绿地等。这类指
标尽管反映了城市生态空间的整体状态，却难以体现生态产品分配的
均衡性程度，不能够体现居民对于生态产品真实的获得感，将会出现
生态产品分配的公平性问题。

　　为了提升生态产品的公平性，需要更多关注城市生态空间格局的
均衡性优化。识别生态空间匮乏的重点区域，如老旧小区、棚户区、
拆迁腾退地、边角地、废弃地、闲置地等，结合人口的分布特征，如
人口密度、脆弱人口分布等。探测生态空间需求高但供给低的热点区
域，因地制宜的建设各种类型的生态空间如口袋公园、小微绿地、街
心花园等，打造构建渗透全城、空间均衡的生态空间。

### （三）重要素、轻关联

　　城市与周边的自然生态系统是相互作用的整体。然而，不同部门
负责各自的生态要素，各级行政单元管理各自的管辖区域，对生态系
统优化的整体性、系统性考虑不足，忽略了生态要素之间的联系，切
断了山上山下、岸上岸下、上游下游的关联性。

　　为了加强格局优化的整体性，需要打通城市与城市之间的管理壁
垒、统筹城市与周边的自然生态系统的发展与保护，发展区域一体化
的格局优化策略。建设贯通城市与城市、城市与乡村、城市与自然的
绿色生态走廊，打造共建共治的区域协调发展模式。充分发挥区域比
较优势，构建区域、城市、城乡之间各具特色、各就其位、协同联动、
有机互促的生态空间格局。

## 四、结语

城市是人类社会、经济、文化、技术创新的中心和发展的引擎，但同时也是生态环境问题最为突出的区域。城市生态空间格局优化是缓解城市发展负面效应，实现城市高质量和可持续发展的关键途径。格局的优化可以有效减缓城市热岛、应对城市内涝、提升空气质量、保护生物多样性，进而提高人民生活品质，打造人与自然更加和谐的城市生态系统。尽管生态空间格局优化取得了显著成效，但还是存在重面积、轻质量，重总量、轻分布，重要素、轻关联等不足。因此，未来城市生态空间格局优化需要从面积增加转移到质量和效益的提升。在城市绿色空间的构建过程中，注重"再野外（rewilding）"过程，强化基于自然的解决方案（nature's prescription），同时注重从区域生态空间总量的控制转向对均衡性、可达性、公平性的优化，从局地优化过渡到区域一体化的整体提升。

## 第9讲

# 环境污染治理：看不见的威胁何时休？

徐明 ①，刘思金 ②

　　环境污染是现代社会面临的重大挑战之一，它不仅影响着生态平衡，也直接威胁到人类的健康。从重金属污染到有机污染物，从颗粒物污染到抗生素与耐药菌污染，每一种污染都可能对人体健康造成不同程度的危害。**本讲将分析我国环境污染的总体特征与潜在健康风险，探讨典型环境污染物的健康危害，以及我们应如何科学地应对这些挑战。**

　　党的二十大报告提出推进"美丽中国"和"健康中国"建设，关系到我国社会主义现代化目标与人民群众福祉的实现。在解决温饱问题以后，社会公众对于环境质量的要求在不断提升，追求更为自然、健康的生活方式，关注个人的健康问题。环境污染是导致人群产生健康问题的罪魁祸首之一。为促进人与自然的和谐共生，全面地了解污

　　① 徐明：博士，中国科学院生态环境研究中心研究员，中国科学院青年创新促进会优秀会员，国家自然科学基金优秀青年基金获得者。主要从事污染物的环境与健康研究。

　　② 刘思金：博士，中国科学院生态环境研究中心研究员。中科院百人计划入选者，国家杰出青年基金获得者，国家万人计划入选者，国家青年科技领军人才入选者。主要从事环境污染物与人类健康效应研究。

染物对健康的危害是改善和保障人民群众生活质量的前提。然而，真实世界的环境污染问题异常复杂，如何科学地解释其对人类健康的危害仍是一个重大的难题和挑战。

## 一、我国环境污染总体特征与潜在健康风险

自 1962 年美国作家 Rachel Carson 所著的《寂静的春天（Silent Spring）》出版以来，环境污染对生态系统和人类健康的威胁成为全球关注的热点问题之一。尤其是 20 世纪以来，世界各国发生了一系列突发性的重大环境污染和公共卫生事件，如英国伦敦烟雾事件、美国洛杉矶光化学烟雾事件、日本水俣病事件、苏联切尔诺贝利核泄漏事件、美国墨西哥湾原油泄漏事件、日本福岛核泄漏事故等，无不造成巨大的生态环境危机和社会经济损失（见图 9.1）。相较而言，我国的环境污染问题体现出截然不同的特征。

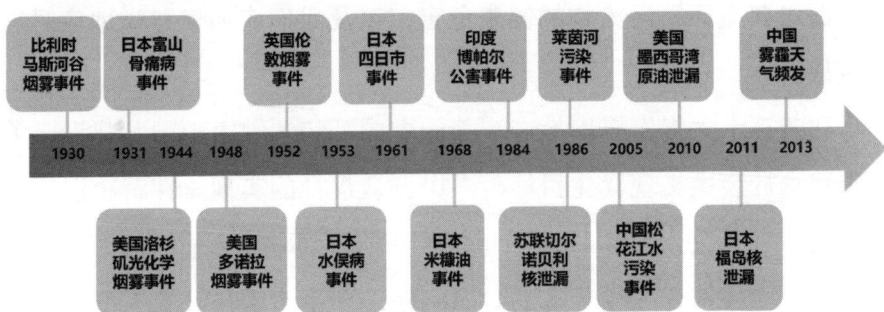

图 9.1　20 世纪以来世界重大环境污染和公共卫生事件

首先，自改革开放以来，我国在短短 40 多年的快速工业化与城镇化过程中，一些重大的环境污染事件集中爆发，持续引起全社会的高度关注。例如，2013 年 1 月，雾霾笼罩了我国 30 余个省市，造成

了全国性的空气污染现象。为治理雾霾，2017 年，两会政府工作报告首次提出"蓝天保卫战"。2018 年，国务院发布《打赢蓝天保卫战三年行动计划》。经过多年的空气污染治理，目前全国空气质量已大幅度改善，提升了人民群众的幸福感。尽管雾霾现象初步得到了有效控制，但是我国部分地区的沙尘天气和臭氧污染依然频发，需要持续大力治理。同样，在土壤环境领域。出现了诸如"镉大米"、常州外国语毒地事件等，在水环境领域发生了松花江重大水污染事件、太湖水污染事件等。这些重大污染事件的发生，推动了我国环境污染治理的升级及国家行动如"大气十条"（《大气污染防治行动计划》）、"水十条"（《水污染防治行动计划》）、"土壤十条"（《土壤污染防治行动计划》）等。打赢污染防治攻坚战也成为当前和今后一段时间的国家战略。

其次，我国幅员辽阔，人口和产业的地域分布极不均衡，各地的经济发展程度与污染治理水平差距依然很大，导致不同地区面临的污染问题复杂多样。诸如工业污染源的排放、食品和饮用水的污染、抗生素和农药的滥用等问题，在城乡地区、发达与欠发达地区之间均存在不同程度的风险。

再次，我国大部分地区面临着历史污染问题与现实污染问题的交织，传统污染与新污染的叠加，导致发达国家的污染治理经验无法照搬到我国，因此需要污染治理和防控并重，同步推进。

最后，当前变化的国际形势，包括全球气候变化、能源危机、地缘战争等，都可能给我国带来新的环境问题。尤其是周边国家和地区的生态环境危机，会影响我国境内的环境安全，如日本核污染水的持续排放和蒙古的草原沙漠化等，值得重视。

尽管我国已将生态环境的保护与治理提高至前所未有的高度，但认清环境污染问题与其人体健康危害的关系仍然任重道远。现有研究已表明，人类 70%~90% 的疾病风险与环境有关。与发达经济体相比，我国社会经济的快速发展造成了特有的环境污染特征，带来的潜在健康问题已开始凸显。例如，恶性肿瘤已成为严重威胁我国居民健康的第一大类疾病。国家肿瘤中心发布的《2022 全国癌症报告》显示，我国过去十余年的整体癌症发病率呈持续上升态势，每年恶性肿瘤所致的医疗花费超过 2200 亿元，长期医疗负担沉重。据估计，全球约 16% 的癌症死亡与环境风险因素有关。尤其是环境污染物暴露会增加乳腺癌、前列腺癌、结直肠癌、甲状腺癌等多种癌症的风险。此外，一些环境污染事件也会带来公共卫生方面的隐忧，增加社会负担，急需开展广泛的流行病学和毒理学研究。据报道，$PM_{2.5}$ 污染会导致我国每年逾百万人的死亡，其健康危害仅次于高血压、吸烟和高盐摄入。然而，想要厘清环境污染与人体健康间复杂的脉络，明确环境污染物与疾病间的因果关系，仍然充满困难与挑战，需要长期努力。

## 二、典型环境污染物的健康危害

### （一）重金属污染

重金属污染是我国面临的最为严重的现实环境问题之一。相较于其他类型污染，重金属污染具有长周期、不可逆、难控制、难治理等特点。局部地区重金属污染具有隐蔽性、滞后性、累积性，污染空间分布不均衡，难于防控。因此，重金属污染会对当地生态环境造成持续破坏，并通过扬尘、饮用水或食物等途径危害人民群众健康（见图9.2）。例如，在我国西北地区，存在着广泛的地下水砷污染，而长期饮用砷超标的井水会导致砷中毒。在我国沿海和贵州地区，长期、过量食用被汞污染的海鲜和水稻会给孕妇和儿童带来健康风险。此外，某些特殊职业（如采矿作业、工业生产）、不良生活习惯（如吸烟）以及使用不合格产品（如化妆品、虫草等）都是重金属暴露的潜在风险源。

长期、过量的重金属暴露会导致人体出现各种健康问题，甚至造成疾病和死亡。尤其是，一些重金属（如砷、镉、六价铬等）已被国际癌症研究机构（IARC）认定为一级致癌物质。在被世界卫生组织（WHO）列为引起重大公共卫生问题的十大化学品中，有四种是重金属，包括汞（Hg）、镉（Cd）、铅（Pb）和砷（As）。此外，人体高暴露风险的重金属还包括铜（Cu）、铬（Cr）、镍（Ni）等。

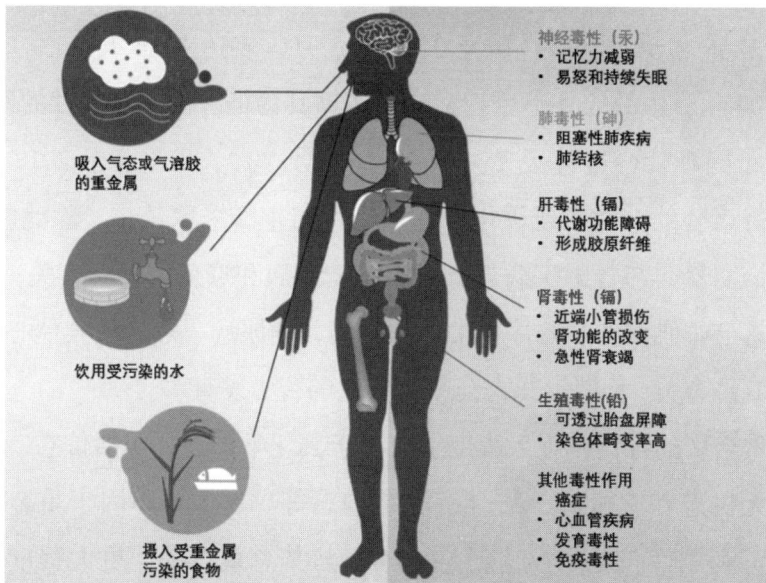

图 9.2　人体摄入重金属的主要途径及健康危害

重金属可以通过呼吸、摄入或皮肤接触的途径进入人体，并在器官和组织内累积。例如，汞具有经食物链生物放大的能力，可通过多种方式在人体内累积，进而危害人的健康。1956年，发生在日本的"水俣病事件"是最具代表性的重金属污染事件之一。水俣病（Minamata disease）首先在日本九州岛西南地区的水俣市发现，当时由于病因不明，故称之为水俣病。1932—1968年，置素（Chisso）工厂生产乙醛过程中，大量排放了副产品甲基汞。当地居民食用了来自海湾的鱼，导致水俣湾人口大规模中毒。水俣湾的海产品中检测出高水平的汞污染，有机汞对人体的毒性也首次被认知。水俣病实际为甲基汞中毒，患者手足协调失常，甚至步行困难、运动障碍、弱智、听力及言语障碍、肢端麻木、感觉障碍、视野缩小、神经错乱。先天性水俣病则是母体摄入受有机汞污染的食物，通过胎盘引起胎儿中枢神经系统障碍，导致幼儿天生弱智，生长缓慢，甚至死亡。在日本官方承认的2265名受害者中，截至2001年3月，多达1784人死亡，一直到2004年日本政府才下令智索公司清理其污染。由于该事件的发生，2013年国际社会签订了《关于汞的水俣公约》。我国已于2017年正式履行该公约，对汞或汞化合物的使用与生产采取禁止。除此之外，镉的长期暴露与肾脏疾病、高血压、糖尿病和癌症的发病有关；长期砷暴露与心肌损伤、心律失常、心肌病，糖尿病、癌症及其他心血管功能障碍有关；长期铅暴露会影响儿童的智力发育等。

重金属的毒性在很大程度上取决于其化学形态，包括价态、化合态、无机态和有机态、结合态和结构态等。这主要归因于重金属的生物可利用性与化学反应活性，不仅与其总量有关，更大程度上由其形态决定，因此不同化学形态重金属的毒性差异很大。例如，气态汞［Hg（0）］和甲基汞（MeHg）都具有亲脂性，可通过血脑屏障渗透入中枢神经系统，造成神经毒性。相反，无机汞［Hg（II）］主要作用于肾脏，可导致严重的肾脏毒性和近端小管损伤。对于砷而言，无机砷［As（III）和As（V）］的毒性要远高于有机砷（MMA和DMA）。此外，如三价铬［Cr（III）］是维持生物体内葡萄糖平衡以及脂肪和蛋白代谢的必需微量元素之一，而六价铬［Cr（VI）］却具有致癌作用。因此，当探讨重金属的毒性效应与健康风险时，除了总量，还必须要考虑其具体的化学形态。

当不同化学形态的重金属进入机体后，会遇到核酸、蛋白、脂质和多糖等多种生物分子，进而通过共价或非共价方式作用，引起分子结构或构象的变化，影响其生物功能与活性，进而作用于其下游信号通路。因此，重金属可通过多种毒性机制影响人体健康，并在器官、组织、细胞以及分子水平干扰正常的生理活动。例如，重金属可以与生物大分子（如蛋白酶和多肽分子）中的巯基（–SH）结合，抑制其生化反应活性，干扰细胞的氧化还原稳态，造成氧化应激损伤。此外，重金属暴露还可通过引起代谢紊乱、炎症反应、遗传损伤、细胞死亡等机理造成机体损伤，进而发展为疾病。

### （二）有机污染物

有机污染物广泛存在于我们周遭的环境中，具有品种多、浓度低、易挥发、毒性大等特点。通常，受到主要关注的两类有机污染物包括挥发性有机化合物（volatile organic compounds，VOCs）和持久性有机污染物（persistent organic pollutants，POPs）。

根据WHO的定义，VOCs是在常温下，沸点介于50~260℃的各种有机化合物。按化学结构的不同，可进一步分为8类：烷类、芳烃类、烯类、卤烃类、酯类、醛类、酮类及其他。除天然来源外，室外VOCs主要来自燃料燃烧和交通运输产生的工业废气、汽车尾气、光化学污染等。室内VOC主要来自燃料燃烧、吸烟、烹调、建筑材料、家具、清洁剂等。大多数 VOCs（如甲醛、苯、甲苯等）具有令人不适的特殊气味，并会产生毒性、刺激性、致畸性和致癌作用，能对人体健康造成很大的伤害。此外，VOCs 是导致城市灰霾和光化学烟雾的重要前体物。当汽车、工厂等污染源排入大气的 VOCs 和氮氧化物（NOx）等一次污染物在阳光（紫外光）作用下发生光化学反应生成二次污染物，并与一次污染物混合，就会形成光化学烟雾。例如，1952 年发生在美国洛杉矶的光化学烟雾事件，造成多达 400 人死亡。1955 年再次发生的洛杉矶光化学烟雾事件，2 天就导致 400 名 65 岁以上的老人去世。

与 VOCs 不同，POPs 是人类工业生产活动所产生的一类化学物质。因其对生态环境和人体健康构成严重威胁，而被认为是 21 世纪影响人类生存与健康的重要环境议题。POPs 主要包括多环芳烃（PAHs）、滴滴涕（DDT）、多氯联苯（PCBs）、多溴代二苯醚（PBDE）、二噁英（Dioxins）、全氟 / 多氟烷基化合物（PFAS）、全氟辛烷磺酸盐（PFOS）等。由于环境中的 POPs 难以被降解，且能够长距离迁移，以及具有生物累积效应和较强的毒性，对人体健康和环境均具有长期负面影响与危害。因此，为控制 POPs 人为排放导致的生态环境问题，2001 年全球各国签署了《关于持久性有机污染物的斯德哥尔摩公约》（以下简称《斯德哥尔摩公约》）。目前，《斯德哥尔摩公约》要求监测与削减的 POPs 种类已扩展至 39 种（见表 9.1）。过去 20 年间，我国在 POPs 的环境监测、科学研究、技术标准和管控治理方面已取得长足进展。然而，人体中 POPs 的存在水平、变化趋势及健康风险尚不明确。

表9.1 　《斯德哥尔摩公约》所列的持久性有机污染物

| 缔约方必须采取的措施 | 化学品名称 |
| --- | --- |
| 消除 | 艾氏剂、氯丹、十氯酮、十溴二苯醚、脱氯烷加、三氯杀螨醇、狄氏剂、异狄氏剂、七氯化茚、六溴环十二烷、六溴联苯醚和七溴联苯醚、六氯苯、六氯丁二烯、α-六氯环己烷、β-六氯环己烷、林丹、灭蚁灵、五氯苯、五氯苯酚及其盐和酯、多氯联苯、多氯化萘、全氟辛酸及其盐和化合物、短链氯化石蜡、硫丹及其相关异构、四溴二苯醚和五溴二苯醚、毒杀芬、全氟己烷磺酸及其盐类和与全氟己烷磺酸相关的化合物、多氯丙烷、UV-328 |
| 限制 | 滴滴涕、全氟辛烷磺酸及其盐和全氟辛烷磺酰氟 |
| 减少无意生产与释放 | 六氯苯、六氯丁二烯、五氯苯、多氯联苯、多氯二苯并-对-二噁英、多氯代二苯并呋喃、多氯萘 |

　　长期以来，POPs 的人体暴露与健康效应受到广泛地关注，全球科研工作者开展了大量研究探究其潜在的健康风险与危害。目前已知，大气、土壤、水体及沉积物等多类环境介质均会受 POPs 不同程度的污染。人体暴露 POPs 的主要途径包括：从空气吸入挥发性或颗粒性 POPs、从污染饮用水中摄入 POPs，食用被 POPs 污染的食品，以及皮肤暴露接触。POPs 在环境中滞留时间长，可通过大气、水或食物链传播，具有极强的生物蓄积性，进而可以对人体产生多种负面影响。例如，大部分 POPs 属于内分泌干扰物，可通过干扰机体激素的合成、分泌、运输、结合、反应和代谢等过程从而对机体的生殖、神经和免疫系统等产生影响。已有研究表明，POPs 与甲状腺激素稳态失衡及胰岛素抵抗之间存在显著关联，并可通过干扰物质和能量代谢过程、影响体脂分布等途径，增加甲状腺疾病、肥胖、糖尿病和代谢综合征等发生的风险。POPs 还可通过扰乱性激素水平，引起生殖系统发育受阻和生殖功能过早衰退。儿童早期发育阶段的 POPs 暴露与神经发育迟缓、自闭症障碍、注意力缺陷和多动障碍等神经系统发

育异常有关。此外，POPs 能通过激活芳香烃受体信号通路、增加氧化应激、激活细胞核转录因子并激活炎症反应、损害肾素——血管紧张素系统调节功能等途径影响心血管系统。

### （三）颗粒物污染

随着科学研究的不断深入，颗粒物暴露的健康风险日益受到全社会的重视。众所周知，雾霾天气形成的元凶即为空气颗粒物（PM），尤其是细颗粒物（$PM_{2.5}$）。自 1932 年比利时默兹河谷烟雾事件和 1952 年英国伦敦烟雾事件以来，空气颗粒物污染已给世界各国造成了相当大的社会经济损失。对空气颗粒物污染的健康效应研究也已持续了几十年之久。此外，近年来由塑料制品广泛使用带来的塑料污染，在环境中持续释放了大量的微/纳塑料颗粒，也引起了广泛关注，并已纳入了由生态环境部印发的《重点管控新污染物清单（2023 年版）》。区别于重金属与有机污染物，颗粒物具有截然不同的暴露特征与健康危害。然而，目前颗粒物污染的潜在风险尚未被充分阐明，需要形成更为科学、客观的认知。

空气颗粒物可以按其空气动力学直径进行分类：直径为 <10μm 的颗粒物，被称为 $PM_{10}$；直径 ≤ 2.5μm 的颗粒物，被称为 $PM_{2.5}$；直径 ≤ 0.1μm 的颗粒物，被称为 $PM_{0.1}$。依据颗粒物的来源，还可分为一次颗粒物和二次颗粒物。一次颗粒物直接由污染源释放（如燃烧不充分形成的碳颗粒），而二次颗粒物由大气中某些污染气体组分（如二氧化硫、氮氧化物、碳氢化合物等）或这些组分与大气中的正常组分（如氧气）之间通过光化学反应生成，例如二氧化硫转化生成的硫酸盐。由于粒径极小、比表面积大、表面活性高，空气颗粒物易携带有毒、有害物质（如重金属、有机污染物、病原微生物等）。并且，

颗粒物在大气中的停留时间长、输送距离远，因而对人群健康的影响时间长、跨度大。目前，仍然无法对颗粒物的不同组分进行精确地区分，因此想要厘清颗粒物特定组分的健康效应非常困难。通过流行病学研究可在人群水平上观测空气颗粒物暴露的健康危害。目前，已发表的人群队列研究表明，自 20 世纪 90 年代以来，颗粒物暴露（特别是 $PM_{2.5}$）引起了长期死亡率的上升。在诸多死亡原因中，呼吸系统疾病和心血管疾病占主导地位。细颗粒物暴露会增加急性和慢性呼吸道疾病（如呼吸道感染、慢性阻塞性肺病）、心脏病、中风和癌症的发病风险。据报道，$PM_{2.5}$ 日均暴露每增加 $10\mu g/m^3$，呼吸系统疾病患病率将上升 2.07%。2013 年，国际癌症研究机构（IARC）已将大气污染物中的可吸入颗粒物列为一类致癌物。

图 9.3　环境污染和健康风险的关系

另据估计，每分钟有 80~120 吨垃圾最终汇入海洋，其中很大一部分是塑料垃圾。因此，塑料已经成为威胁全球海洋生态环境安全和人类健康的重要污染物之一。2004 年，英国普利茅斯大学的汤普森等人在《科学》杂志上发表了关于海洋水体和沉积物中塑料碎片的论文，首次提出了"微塑料"（microplastics）的概念。有人形容微米和纳米级别的塑料颗粒相当于"海洋中的 $PM_{2.5}$"。近年来，科研人员还在空气和土壤介质中发现了微/纳塑料颗粒的存在。微/纳塑料指的是直径 < 5 mm 的塑料颗粒，主要化学成分为聚乙烯（polyethylene，PE）、聚丙烯（polypropylene，PP）、聚氯乙烯（polyvinyl chloride，PVC）、聚苯乙烯（polystyrene，PS）、聚氨基甲酸酯（polyurethane，PUR）、聚对苯二甲酸乙二醇酯（polyethylene terephthalate，PET）等。环境中的微/纳塑料颗粒可通过所有营养级的直接摄入进入食物链，或通过食物链传递在较大的生物体中累积，最终通过食物摄入进入人体。此外，空气或日用品中的微/纳塑料颗粒也可通过呼吸或饮用水等途径进入人体。与空气颗粒物类似，微/纳塑料颗粒所含的添加剂或吸附的污染物（如重金属和 POPs）可对人体产生危害。此外，微/纳塑料颗粒自身或转化后的产物也可能会对健康产生不良影响。尽管如此，塑料污染影响生态系统的过程非常复杂，目前还无法全面评估其对生态系统平衡和人体健康的影响，难以给出最终定论。

## （四）抗生素与耐药菌污染

自 1929 年青霉素被发现以来，抗生素已被广泛用于控制细菌造成的感染性疾病。抗生素是一类抗菌物质（如青霉素和头孢菌素），可用于通过杀死、抑制体内的细菌生长来治疗或预防感染。抗生素可由某些微生物（例如真菌）的代谢产物分离，或通过人工合成获得。天然抗生素包括 β - 内酰胺类、氨基糖苷类、四环素类和大环内酯类等药物。其中大部分天然分子经过化学修饰后，成为半合成抗生素或合成抗生素。自 20 世纪 40 年代以来，抗生素在人和动物的使用量呈指数式增长，导致数百万吨的抗生素释放到环境中。据估算，2015 年，全球每天消耗 423 亿剂的抗生素。

全球性的抗生素大规模使用与污染已成为一个重要的公众健康隐患。目前抗生素污染主要来源包括制药工业排放、养殖业及医疗行业抗生素的使用。由于抗生素污染导致细菌产生耐药基因并在种间传播，使得某些病原菌对大多数抗生素产生了耐药性，致使药物的疗效降低，甚至无效。根据《柳叶刀》发布的一组数据，2019 年由抗生素耐药性感染直接导致了 127 万人（每天约 3500 人）的死亡，间接导致 495 万人死亡，细菌耐药性相关的死亡已远高于艾滋病（86 万人死亡）或疟疾（64 万人死亡），尤其是对五岁以下儿童的感染危害性极大。研究预测，到 2050 年，每年约有 1000 万人死于抗生素耐药性。由于耐药性累积导致的多耐药性（MDR），甚至是完全耐药性的细菌，被统称为超级耐药菌。耐药菌的出现增加了感染性疾病治愈的难度，并迫使人类不得不寻找新的对抗微生物感染的方法。抗生素耐药菌携带的耐药基因作为一类新污染物，是抗生素耐药性的罪魁祸首，在与人类活动相关的环境中广泛富集。在过去的十年中，抗生素耐药基因已经在自然、工厂和临床等所有环境中被检测到，被认为是人类在本世纪面临的六大新环境问题和全球性挑战问题之首。

### （五）放射性污染

放射性物质在自然界中分布广泛，存在于岩石、土壤、水、大气和动植物中。放射性元素很不稳定，会不间断、自发地释放 α、β 或 γ 射线，直至衰变为另一种稳定同位素。自然环境中存在的微量放射性物质，一般情况下对人体健康不会产生显著影响。然而，在特殊环境下或发生意外核泄漏，便会发生放射性元素污染，对人群健康产生威胁。例如，在矿区，人为开采活动会从地下释放出铀、钍、镭、氡等放射性元素。此外，切尔诺贝利核泄漏和日本福岛核泄漏事故都造成了严重的放射性污染。2023 年 8 月 24 日，日本正式启动核污染水排海工作，这将向环境中释放大量放射性元素，如氚、锶、铯、碘、铀、钍等，其带来的生态环境破坏与人群健康危害难以预估。例如，碘 –131（131I）是一种放射性核素，半衰期为 8.02 天。放射性物质一旦经消化道、呼吸道或皮肤进入人体后，会对各种器官、组织和细胞产生长期低剂量内暴露，引起免疫、生殖等系统损伤，进而诱发恶性肿瘤、白血病等疾病。

## 三、面临挑战与对策建议

环境保护工作核心目标之一是通过持续改善生态环境，保障公众健康安全。为达到这一目标，需要用科学的方法探究环境污染如何影响人类健康，找出问题根源，从而做到有的放矢。因此，环境污染对健康影响的科学研究与政策制定，关系到我国生态文明建设和社会可持续发展，属于国家重大需求。自 2011 年开始，由环境保护部（现"生态环境部"）会同国家卫生计生委（现"国家卫生健康委"）组织开展了"全国重点地区环境与健康专项调查"，涉及全国 20 多个省份，以期了解我国重点地区的主要环境问题及对人群健康的影响，评估环境污染带来的健康风险，并提出环境与健康管理综合防治对策。尽管国家已投入大量资源开展环境污染对健康影响的科学研究和治理工作，但相较于发达国家，我国在该领域起步晚，布局少，对其负面影响认识不足。尤其是我国仍处于特定的社会发展阶段，缺失长期观测数据，受重视的程度不足，相关学科与制度建设有待完善，这些因素都制约了污染治理与健康保障系统的建立。需要重点布局和开展以下四个方面的工作。

一是健全环境污染与健康风险评价体系。针对不同类型污染的特征，需建立国家和地方层面的风险评价体系，全面掌握我国人群的实际暴露水平，明确潜在的健康问题与疾病类型，制定不同污染的风险等级与管控清单。

二是厘清区域污染致疾病高发的潜在因素。围绕国内典型区域高发的疾病，开展环境风险因素的调查与研究，厘清复合污染情况下污染物在疾病发生发展中的作用与机制，提高环境风险因子识别水平，解析特定人群的暴露组图谱，建立环境污染的健康风险预测模型。

三是建立重点污染物排放清单，开展源头防控。环境污染及其健康效应具有滞后性、隐蔽性、不可预测性等特征，一旦污染，修复治理和人群健康损失代价高昂，且可能对社会经济可持续发展造成影响，因而需要建立风险防范制度，从源头控制消减和控制污染物排放。

四是提升污染治理水平与健康保障能力。依据污染物的风险等级，制定可操作的管控标准，对高风险污染物实施更为严格的监测，改善环境质量，降低人群暴露风险，实现环境污染治理与人群健康保障的协同。

## 四、结语

党的二十大报告指出，"深入推进环境污染防治，持续深入打好蓝天、碧水、净土保卫战，基本消除重污染天气，基本消除城市黑臭水体，加强土壤污染源头防控，提升环境基础设施建设水平，推进城乡人居环境整治"。在未来很长一段时间，国内的环境污染问题仍然突出，其带来的健康风险需要高度重视。由于我国环境健康领域工作起步较晚，历史基础数据缺失，尚未形成完善的风险评价与制度保障体系，因此急需大力推进人才队伍建设并提升防控治理水平。未来，针对环境污染与健康问题制定合理的政策与规划，将关系到社会的可持续发展，成为推进国家治理体系和治理能力现代化的重要保障。

## 第10讲

# 新污染物治理：应对新挑战推动高质量发展

姜　璐，王亚韡[①]

在工业化快速发展的今天，新污染物的出现给环境治理带来了新的挑战。这些污染物种类繁多、分布广泛，且具有隐蔽性、持久性和危害不清等特点。**本讲将介绍新污染物的特征及影响，分析治理的现状与挑战，探讨如何以高水平新污染物治理推动高质量发展。**

党的十八大以来，习近平总书记多次就新污染物治理作出了重要指示。2022年5月，国务院办公厅印发《新污染物治理行动方案》，对新污染物治理工作进行了全面系统的部署，并提出到2025年健全新污染物的管控计划。在2023年全国生态环境保护大会上习近平总书记再次强调把新污染物治理等作为国家基础研究和科技创新重点领域，狠抓关键核心技术攻关，实施生态环境科技创新重大行动，为加强新污染物治理提供了进一步科学指引。

---

① 王亚韡：博士，中国科学院生态环境研究中心研究员，国家杰出青年基金获得者。主要从事新污染物的分析方法学、环境行为与健康效应机制等方面的研究。

## 一、新污染物特征及影响

### （一）从化学品管理到新污染物管控

随着工业化、城市化的快速发展，各种新化学物质不断出现，根据美国化学文摘社（CAS）的报道，截至 2024 年 6 月，全球注册的化学物质数量已升至 2.75 亿种，且近年来每年以数百万甚至超千万种的速度持续增长。中国的化学品产量以每年 11% 的速度增长，其在全球化学品制造和销售中的份额从 15% 上升到 37%（2007—2017年）。《中国现有化学物质名录》（IECSC）列出了 45000 多种化学品，与北美和欧洲的化学品清单相比，发现有 6916 种物质是我国独有的。

与二氧化硫、氮氧化物、$PM_{2.5}$、臭氧等常规污染物不同的是，新污染物种类繁多、分布广泛、环境浓度低，通常更加难以追踪和监测，导致其环境风险隐蔽性更强、治理复杂性更高，现阶段缺乏相应法律法规政策予以管控或管控举措尚未完善。目前，我国的生态环境保护已逐步从常规污染物治理转向常规污染物与新污染物协同治理的阶段。

自 20 世纪 70 年代起，世界各国开始相继建立针对化学品的法律法规，并从化学品管理立法体系角度展开相关研究，探索完善的风险评估及风险管控机制，推动化学品管理体系不断发展。近年来，国际组织机构对新污染物采取管控行动，主要关注具有长距离迁移能力并可能破坏全球环境、引起健康危害的新污染物。早在 2001 年，中国作为缔约国之一，和国际社会共同推动了《关于持久性有机污染物（persistent organic pollutants，POPs）的斯德哥尔摩公约》（以下简称《公约》）的制定，共同进行风险识别、风险评估及化学品管控。

目前《公约》管控的 POPs 已达 34 种，中国已全面淘汰 23 种。联合国 2015 年通过的 17 项 2030 年可持续发展目标中也包括治理新污染物的相关内容，例如到 2030 年大幅减少有毒有害化学品造成及空气、水和土壤污染导致的死亡和患病人数等。2021 年《中共中央　国务院关于深入打好污染防治攻坚战的意见》明确提出到 2025 年新污染物治理能力明显增强的工作目标。表明新污染物治理已成为我国开展污染防治攻坚战的一个重要的新战场。

新污染物的出现不仅对自然生态系统和人类健康构成了潜在威胁，还给治理工作带来了新的挑战。特别是在我国这样工业化快速发展的国家，新污染物的挑战在于其多样性、演化性、复杂性以及与新技术和新产业的紧密联系。为了有效应对这些挑战，需要跟进最新科技和研究进展、建立全面的监管体系、开展国际合作、政策创新和公众教育等综合性措施，以维护环境质量和人民健康的长期可持续发展。

（二）新污染物类型

在中国，受关注的几类新污染物主要包括 POPs、内分泌干扰物、抗生素等。与 $PM_{2.5}$、二氧化硫等污染物相比，公众对新污染物的认知还不多。新污染物之所以"新"，并不代表是新合成的物质，而是我们缺少充分的认识而没有及时关注并进行化学品管控。不同国家及国际组织对其定义分类与管理需求相关，目前国际上尚未对新污染物分类达成共识。2023 年，我国生态环境部公布了首版《重点管控新污染物清单（2023 年版）》，清单上列出的 14 类新污染物，除抗生素外，其他对非专业人士来说都比较陌生。

### 1.POPs 类

POPs（持久性有机污染物）是一类具有长期残留性、生物累积性、半挥发性和高毒性的有机污染物。POPs 中有一类典型污染物为二噁英，主要来自焚烧、工业尾气的排放、落叶剂的使用、杀虫剂的制备、汽车尾气的排放等。在我国二噁英最大的来源是固体垃圾的焚烧。由于二噁英十分稳定，在土壤中的半衰期长达 12 年，其释放到环境中可随大气运动扩散至全球。二噁英对生物体的危害巨大，可经不同暴露途径进入人体导致潜在健康危害。越南战争中美军大量使用含有二噁英的落叶剂，导致战争结束后当代居民仍承受苦难，部分儿童先天畸形或存在生理缺陷。作为常用增塑剂和阻燃剂的短链氯化石蜡以及防水防污涂层、灭火剂中的全氟化合物也属于 POPs。我国地表水中普遍检测出全氟化合物。相关研究结果表明部分全氟化合物可能与高胆固醇、甲状腺疾病、溃疡性结肠炎、癌症等疾病的发生发展有关联。

### 2. 内分泌干扰物

内分泌干扰物是一类可以干扰内分泌系统的化学物质。这些物质将会阻断天然激素和受体之间的通路，影响腺体产生激素，或模仿激素导致身体反应过度。二噁英也是一种内分泌干扰物，能够干扰人类或动物内分泌系统的正常工作，造成雌性不孕不育和雄性生殖系统异常等疾病。此外，之前网络所曝光过不合格的婴儿塑料奶瓶中所含的壬基酚也是一种环境中内分泌干扰物，壬基酚对人体的内分泌系统、免疫系统、生殖系统、神经系统都有一定的毒性，并且会促进癌细胞生长。

### 3. 抗生素

抗生素是日常生活中常用的针对细菌治疗的药物。制药生产过程中排放的含抗生素废水、人和动物使用的未完全生效的抗菌药物使得抗生素及其抗性基因广泛存在于自然环境中，导致生态系统中本应稳定的微生物群落结构发生改变，甚至干扰自然界群落的正常演替而削弱生物多样性；还会使细菌抗药性增强，催生出具有超强耐药性的超级细菌。

### （三）新污染物特征

新污染物涵盖了广泛的人工合成化学品，其中大部分都表现较强的环境持久性，难以在自然环境中降解。这些污染物能够通过大气和洋流的流动进行远距离迁移，甚至能够在食物链中逐级传递并累积在生物体内。另外，新污染物的生物毒性、浓度阈值、暴露参数等潜在危害尚未被完全揭示。由于其广泛存在于日常生活和生产中，即使在低浓度暴露下，长期接触也可能导致包括癌症在内的健康风险。然而，目前关于这些健康风险的内在机制仍不明确，仍有待进一步研究和探索。

新污染物治理更是面临多重挑战。一方面，由于新污染物在环境中的浓度低且分布广泛，同时在化学品的全生命周期中，它们可以通过不同途径不断向环境释放，这使得治理工作面临巨大挑战。另一方面，新污染物涉及的行业众多、产业链长，需要多部门跨界协同合作以形成有效的治理策略。然而，对于新污染物的迁移转化机制及其不利影响尚未形成清晰的认识，这同样增加了新污染物治理的难度。此外，部分新污染物还具备长距离迁移的潜力。它们能够借助空气、水或迁徙物种进行长距离迁移，沉积在远离其原始排放点的地区，这种特性不仅加剧了治理的复杂性，也引发了新污染物全球治理的挑战。因此，对于新污染物的认识、研究和管理已成为刻不容缓的全球性议题，必须加强国际合作，深入研究新污染物的特性和影响，制定并实施有效的治理策略，以确保人类健康和生态环境的可持续发展。

整体上，新污染物对环境、社会和经济发展都构成了严重威胁，与可持续发展目标中生态系统保护和资源管理、健康和福祉、减少不平等的目标紧密相连。作为社会经济发展必然产生的现实问题，新污染物不仅涉及环境问题，也是公共卫生、食品安全、自然资源和国家安全问题。新污染物治理不仅能为我国的化学品管控提供科学依据，也可为我国提升国际影响力和话语权提供数据支撑和技术保障，是实现可持续发展目标、促进经济、社会和环境和谐发展的关键环节。

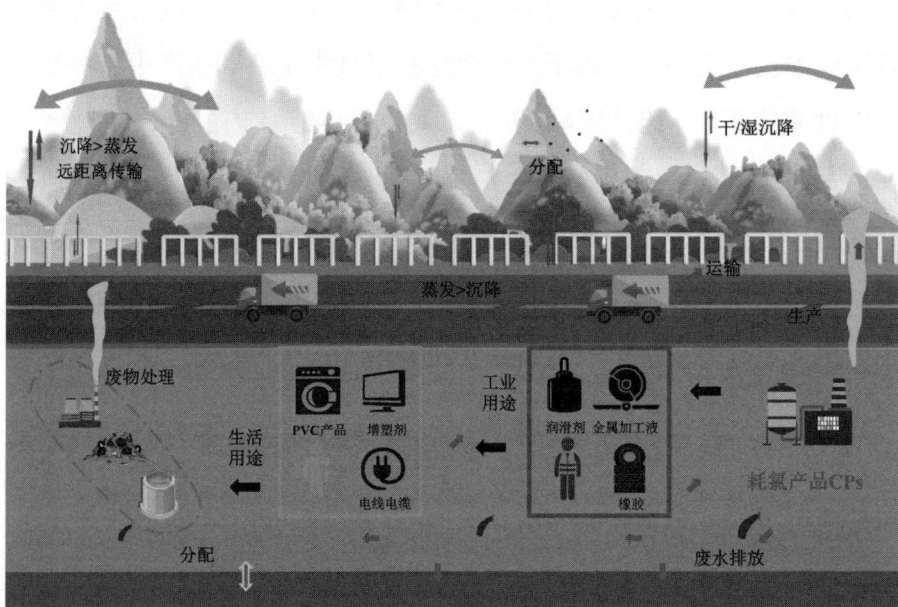

图 10.1　氯化石蜡的生命周期

## 二、新污染物治理的现状与挑战

目前，新污染物已经存在于我们生活的各个角落和环境中，可称之为"无处不在"，这些物质可能造成各种形式的污染，如空气中的有机污染物、食品中化学添加剂所造成的污染物等。作为处于经济快速扩张中的发展中国家，中国的环境复杂程度远超发达国家，新的消费习惯和电子产品的更新换代加剧了电子垃圾和塑料污染，国际贸易和全球化使得新污染物可以轻易地传播到不同地区，中国也具有独特的产业结构、利用模式和排放差异，而一些具有不可降解性或累积性的新污染物，可能在环境中长期存在，监管滞后和危害评估的不足也增加了新污染物存在的潜在威胁，对自然环境产生了多层面的、复杂的影响，其存在和传播对自然环境和人类社会都带来了巨大的挑战。

新污染物治理是一项长期、动态且复杂的系统工程，其涉及的研究方向广泛而多样，所面临的关键科学问题从识别监测贯穿到风险防控多个层面。首先，为实现对新污染物的快速准确检测，必须突破环境识别、溯源、高通量筛选及监测方法的技术瓶颈，这是治理工作的首要前提。其次，需要密切关注新污染物在区域环境过程中的迁移、转化和生物降解机制，以确保源头管控的有效性，深入理解环境行为规律，以科学指导污染控制。同时，深入研究新污染物的毒性分子机制，构建高通量评估技术平台，这对于评估新污染物的生态和健康风险至关重要，以更加精确地认识其潜在威胁。此外，提升对环境污染与人体健康关联的理解与预测能力，整合环境化学、流行病学和临床数据，以科学评估健康风险，为制定防控策略提供有力支持。最后，探索多介质中新污染物的协同控制技术和绿色替代技术，建立"精准识别"和"个性化防控"的风险管理体系，以推动高质量发展与绿色污染防控的平衡发展。

我国学术界在新污染物识别与检测方法方面已有 20 多年的积累，但当前仍面临诸多挑战。环境监测方法尚不完善，区域环境过程、污染物分子的毒性机制尚不清晰，对于环境暴露所造成的健康危害认识不足，重点管控新污染物的替代技术和去除治理技术也亟待加强。为有效应对这些挑战，需要构建系统性的风险防控和管理体系。首先需要提高新污染物监测评估能力，通过技术创新和方法优化，确保监测数据的准确性和时效性。同时加快解决替代技术及评估方法的技术难题。此外，需要构建多部门协同工作的机制，加强部门联动，实现信息共享，确保在新污染物治理过程中各部门能够形成合力，共同应对挑战。同时，推进新污染物治理领域法律法规的完善也是当前工作的重点。

## （一）监测体系尚未完善、污染底数不明

围绕《公约》履约需求和相关国际研究热点，中国科学院生态环境研究中心率先在国内建立二噁英、多氯联苯、多溴二苯醚等新污染物分析体系，形成国家监测标准和国际监测技术导则，建立并完善了发现新污染物的系统方法学体系，发现了一批对我国生态环境有显著风险的新污染物。将化学分析与毒性测定技术相结合，研制出国际上首台能够定量鉴定未知污染物结构与毒性的高通量多功能成组毒理学分析系统，显著提高污染物识别及毒性评价的可靠性及效率。

尽管我国在新污染物的化学分析方法上已取得了显著进展，但当前国家环境监测体系仍以常规污染物指标监测为主，对新污染物的监测尚处于起步阶段。虽然已经提出了对新污染物的监测目标与要求，

但相较于常规污染物，仍缺乏对监测指标、技术方法和评价细则等具体实施手段的有效部署。目前面临的主要挑战包括监测技术相对落后、分析方法不够成熟、污染底数不明、环境过程不清、难以有效捕捉新污染物可能带来的环境危害等问题。此外，不同地区生态环境监测水平与人员队伍力量存在较大差异，进一步加剧了新污染物监测能力的不均衡发展。为了应对这些挑战，需要加快发展高灵敏的分析和筛查技术，以确保新污染物监测的准确性和可靠性，为《新污染物治理行动方案》提供有力支撑。

### （二）生态与健康风险评估技术体系尚不健全

新污染物可以通过工业生产、农业活动、家庭废弃物、医药排放等途径进入环境，并在环境中累积和迁移，最终暴露于人体，对生态环境和人体健康构成威胁。因此，针对新污染物在环境中产生的复合效应，及其对人体健康的潜在影响开展深入的组学研究，已成为环境健康领域未来研究的重要方向。

近年来，这一领域取得了显著的研究进展。高通量分析技术的应用，极大地提升了检测人体内外暴露于新污染物的灵敏度和特异性，实现了多种污染物及其代谢物的同步检测。同时，更精确的外暴露评估模型，如空气质量模型、水质模型和土壤污染模型，结合地理信息系统（GIS）技术，有效整合了环境化学品结构数据、毒性数据、人群暴露数据、流行病学数据以及临床数据，构建了新污染物内外暴露及健康风险的综合数据平台。

未来需进一步结合新污染物的赋存特征，在环境外暴露研究的基础上，长期跟踪其内暴露水平变化。同时，完善基于人群内暴露测量的人群健康风险评估技术方法体系，明确污染物—受体—毒性—健康响应之间的关系，以提升对环境污染与人体健康关联性的理解与预测能力。

### （三）常规控制预防措施低效，治理技术基础薄弱

目前在新污染物控制和治理方面，已具备一定的技术基础，如通过蚯蚓肠道这一厌氧过滤器可以消解土壤生态系统中的抗生素抗性基因；一些新催化剂参与的高级氧化过程可以高效降解新污染物；利用紫外光或可见光的光催化技术可把挥发性或半挥发性新污染物转化为无害的气体，应用于室内空气净化和工业废气处理等。

然而总体上，我国在新污染物治理方面的技术和经验积累相对较少，有必要进一步强化技术研发，并推动其示范应用与推广。鉴于新污染物多为人工合成的化学品，从源头上加强管控显得尤为重要。这不仅要求对已产生的化学品实施严格的动态管理，更需要激励生产工艺的优化，从而在源头上减少新污染物及其关联毒害化学品的使用或产生。针对典型新污染物首要排放源缺乏有效管控的实际问题，需要深入调查其产生和排放特征，并据此提出完整的关键控制技术方案。此外，还应重点关注多介质中新污染物的协同控制技术、绿色替代技术的研发进展，以及环境友好型产品的开发，以期实现高水平管理、推动高质量发展的同时，确保绿色污染防控技术的有效实施。

### （四）缺乏适应我国国情的治理理论体系

为加强新污染物治理，切实保障生态环境安全和人民健康，我国主要依托于《行动方案》开展工作，其中对于"到 2025 年新污染物治理能力明显增强"的目标作出一系列部署，目前，我国 31 个省、自治区、直辖市及新疆生产建设兵团已完成工作方案印发，20 余个

地级市陆续发布了市级工作实施方案。新污染物治理工作从国家到省级再到市级正在逐级有序推进和落实。

我国现有化学品立法的构建以保障生产安全为核心。目前，我国化学品管理主要采取登记许可、限制淘汰、污染物排放控制等管制性措施，以及绿色制造、清洁生产、绿色消费等非管制性措施。就新污染物的治理而言，目前我国已有针对部分新污染物进行规制的法律法规与政策性文件。其中POPs、农药、内分泌干扰物、个人洗护用品等已有初步规制，而对微塑料、纳米材料的规制尚处于探索阶段。根据国家实施计划，中国已基本实现了淘汰杀虫剂类POPs的履约目标，并大幅降低重点行业的二噁英排放。通过相关法律法规，如《农药管理条例》《危险化学品安全管理条例》《产业结构调整指导目录》和《中华人民共和国固体废物污染环境防治法》等，对农用有毒有害化学品、工业化学品及废弃物中的POPs进行了管控。然而，对于无意产生的POPs，如二噁英，仍需进一步完善相关评估和环境风险防控体系。在环境内分泌干扰物方面，中国发布了一系列规划，对环境激素等化学物质进行调查、监控、限制和淘汰，逐步形成了中国的内分泌干扰物管理框架。在药品与个人护理用品方面，我国在兽类医药、农用医药方面有部分规定，而对人用医药及化妆品使用所造成的环境持久性药品污染仍缺乏有效规制措施。

整体而言，现有的相关立法缺乏基于我国国情的针对性布局谋篇，只能对于国际社会早已熟知且管制多年的污染物进行"后知后觉"的政策性管控，法律的滞后性显著。

## 三、新污染物治理的全方位需求

高水平新污染物治理需要技术创新和政策法规的双重支持。只有通过技术层面的创新和政策层面的引导，才能有效地减少新污染物的产生和传播，实现环境保护和人类健康的双重目标。我国已有 20 年关于新污染物的研究历史，关键的挑战在于将现有的技术研究有效地转化为政策、法规和治理标准。

### （一）夯实基础，建立新污染物筛查与风险评估体系

新污染物对人类生产生活的影响是随着化学品种类数量激增并加剧的，是社会经济发展过程中的必然产物，所以也没有必要谈新污染物色变。但由于主观认识上的不足，目前新污染物的概念多强调"新近发现"而非"新近产生"，因缺乏有效的管控制度，它们对环境和人体健康产生了一定风险。为完成治理新污染物的目标，常需要寻找替代品，但又陷入"替代品循环污染"怪圈。为最大限度减少可能的环境影响，需要对替代品的生产、使用和处置进行更全面的生命周期评估。但对于有些新污染物，难以有其他替代品在短时间内达到同样的效果，因此也会获得一定时限的行业豁免。如全氟化合物具有极低的表面张力和高耐燃性，可以在火灾中形成稳定的泡沫层，迅速扑灭火源，在消防泡沫中对于防止火灾蔓延、保护生命和财产至关重要。虽然有环境和健康考虑，但消防泡沫领域目前难以找到具有相似性能的替代品，因此需要权衡安全性和紧急情况下的火灾扑灭需求。

目前，现有的科技成果尚不能支撑形成我国新污染物"风险精准识别"和"综合风险评估"体系，需要进一步研发新技术，解决新污

染物的识别、效应和控制等问题，推动绿色低碳健康发展。

我国新污染物风险防范和治理工作尚处于起步阶段，面对新污染物治理的国家重大需求，针对《新污染物治理行动方案》提出的"筛查、评估、管控"的总体思路，我国在"筛—评—控—禁—减—治"等各环节积极开展研究，构建多层级高风险污染物筛查技术及高风险污染物清单（见图 10.2），变被动应付为主动防范，以加强新污染物治理的科技支撑。

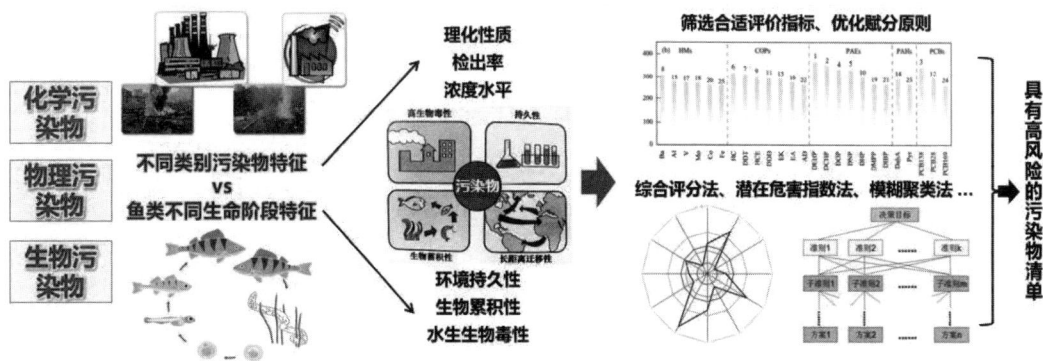

图 10.2　多层级高风险污染物筛查技术及高风险污染物清单

## （二）源头发力，开展新污染物治理试点工程

新污染物处理技术及污染场地修复技术存在去除难度大、成本高、技术手段缺乏等"卡脖子"问题，需要从试点出发，"由点到面"逐步推广，最大限度地降低该类污染物对环境和人类健康的影响，并构建符合中国国情和地区特征的管理技术框架。急需根据行业污染排放特征，确定各区域的重点研究对象及其在多介质环境中的污染水平、赋存形态和转化机制。在完成高风险新污染物环境过程和排放特征解析的基础上开发精准防治技术，开展源头控制—过程削减—末端强化三个梯级技术革新并进行应用示范。另外，提出协同控制方案，

构建针对新污染物健康风险切实可行的预警与防控策略。其中，源头控制能够带来更长期的环境与经济效益，更符合可持续发展原则，实现"安全"和"减排"的双重目标。

### （三）整体统筹，加强新污染物全生命周期管控

新污染物主要源自化学物质的生产和使用，其产业链条长，覆盖行业众多，综合考虑以上因素，全生命周期管控是强化新污染物治理的有效路径。

首先，加强源头管理是全生命周期管控的基础保证。通过全面贯彻新化学物质环境管理登记和有毒化学品进出口环境管理等制度，针对性地对重点管控清单中的化学物质实施禁止、限制、减量或淘汰等措施，加速绿色替代，从源头上降低新污染物的产生。

其次，推动过程减排是全生命周期管控的重要手段。通过加速推进绿色产业体系建设、认证绿色企业和产品、实施绿色税收和金融制度，引导企业进行绿色转型，最大限度地减少新污染物的排放。这一过程中，政府可以发挥引导和监管作用，促使企业更加注重环境友好型生产。

最后，深化末端治理是全生命周期管控的重要环节。建立新污染物环境污染排查制度，全面了解污染物的分布和排放情况，为有针对性的治理提供科学依据。加强不同环境介质的协同治理，以综合抑制新污染物的传播和扩散，最大限度降低其对环境的破坏。严格规范危险废弃物的收集处理，确保安全收集、运输和处理，防止对环境造成危害。

### （四）顶层设计，构建新污染物治理的制度保障

随着国际社会对化学品环境健康风险的持续关注与技术的不断发

展，越来越多对环境健康存在风险的化学物质被发现或予以关注，由于其庞大且持续增长的数量及污染源与危害的不确定性，管理者难以在合理成本范围内实现对新污染物大范围精准监测与风险评估，难以确定新污染物的责任主体，因而凸显出现有化学品管理制度难以有效防控新污染物环境健康风险这一现实问题。因此，新污染物治理并不是单维度的对某一类型污染物运用政策或法律加以治理，而是一个以有效防控化学物质环境健康风险为目标的系统治理工程，其实质是反映政策法规体系切实化解技术进步与社会发展所伴生的"新"环境问题的能力。

　　我国化学品管理立法面临从安全管理向风险管理，从单一环节管理向全生命周期管理的转型，需要兼顾生产安全与环境健康风险。我国虽已在新污染物防治上有初步的实践探索，但现有法律制度远远无法满足有效防控新污染物环境健康风险的现实需求。为了更好地管理新污染物，需要加强立法和监管，落实化学品风险管理，基于化学品重要性与危害性考虑，依据其"全生命周期释放"的特点对生产、加工、进出口、贮存、运输、销售、使用以及处置化学品的生命周期的每一环节都进行环境管理。另外，目前我国化学品风险管理属于政府主导型模式，需要进一步明确企业主体责任，约束企业行为；以优惠政策、消费者权利意识等配套措施作为正向激励，并进一步强调不同执法部门之间的整体性治理与合作，合力应对监管难题。

## 四、可持续技术和创新在新污染物治理中的作用

　　可持续技术的应用可以减少环境负担，例如通过更高效的能源利用、减少废弃物产生以及优化资源利用，从而有效降低新污染物的排

放。创新技术还可以提供更精确的监测和测量方法，以及更高效的处理和清除方法，有助于更及时和有效地应对新污染物的出现。此外，可持续技术还可推动清洁能源的发展，减少对传统高污染能源的依赖，从而降低新污染物的来源。总之，可持续技术和创新在新污染物治理中的作用是至关重要的，有助于减少环境污染，保护生态系统的健康，并改善人类的生活质量。

## （一）清洁生产与可持续发展

新污染物治理旨在减少环境污染，通过采用更清洁、更可持续的技术和方法，减少资源的浪费，这与可持续发展目标中的环境保护和资源可持续利用一致。通过保护自然资源和减少环境破坏，我们为未来世代提供了更稳定的生态系统，支持了可持续性。

新污染物治理与清洁生产的内在逻辑紧紧围绕着可持续发展和环境保护的原则展开。其核心目标是降低有害物质和污染物的排放，以减少对环境和人类健康的危害。加强清洁生产要求在生产过程中使用或排放有毒有害化学物质的企业进行审核并改造，以减少全生命周期中的不利影响。清洁生产技术的采用成为实现这一目标的关键手段，它通过最大限度地减少资源浪费和环境负担、提高生产效率、降低生产成本，并增强企业的竞争力。法律法规和政策支持在确保企业遵守环保要求方面起到关键作用，同时政府也可以提供激励措施来鼓励企业采用清洁生产技术。技术创新不断推动这一领域的发展，有助于开发更有效的污染物控制技术和清洁生产工艺。最终，企业的积极参与和履行社会责任是实现环境保护、资源可持续利用和经济增长之间平衡的关键要素，有助于创造一个更清洁、更可持续的未来。新污染物治理需要技术创新和绿色技术的发展，这有助于促进可持续的经济增长。可持续发展目标中的经济增长也强调了创新和绿色产业的发展。这种创新和转型可以创造就业机会、提高产业竞争力、推动高质量发展。另外，新污染物治理需要跨国合作，国际合作促进了知识共享、技术转移和共同应对全球环境挑战，有助于可持续发展目标中的"全球合作伙伴关系"。

### （二）技术创新与绿色经济

新污染物治理不仅有助于改善环境质量和保护人类健康，还能够催生绿色产业，为经济增长提供新的动力。这种转型不仅符合可持续发展的理念，还为企业和社会带来了经济、环境和社会的多重好处。因此，政府、企业和社会应共同努力，促进绿色产业的发展，实现可持续经济增长。

新污染物治理需要开发和采用创新的环保技术和方法，如空气和水质监测技术、废物处理技术、清洁能源技术等，这促进了科技创新，激发了绿色产业的发展，为经济增长提供了新的机遇。新污染物治理推动了清洁能源产业的发展，如太阳能、风能、生物能源等，有助于可持续能源产业的壮大，为经济提供可持续的能源来源。新污染物治理需要建设环保设施，如废水处理厂、废物处理中心、污染物监测站等。这些设施的建设和运营创造了就业机会，同时也推动了相关产业的发展。新污染物治理鼓励资源回收和废物减量，推动了循环经济的发展。废物资源化利用和再生产业的兴起，有助于减少资源浪费，提高资源利用效率，同时也为企业创造了商机。随着绿色产业的兴起，绿色金融市场也逐渐壮大。投资者越来越关注环保和社会责任，绿色债券、可持续投资基金等绿色金融工具得以发展，为企业提供了资金支持。

## 五、结语

有效治理新污染物不仅可以改善生态环境，减少环境风险，还将推动产业升级和技术创新，为企业谋求更广阔的发展空间。这不仅有助于我国建立可持续经济模式，还将提高国际竞争力，吸引投资并创造更多就业机会。同时，新污染物治理也体现了中国在生态文明建设方面的承诺，有助于提高国际声誉，促进国际经济合作。因此，高水平的新污染物治理不仅是解决环境问题的关键，也是推动高质量发展的有力引擎。

随着环境问题的复杂化，我们可以预见，全球合作将成为应对新污染物治理的必然趋势，只有通过国际协作，才能有效地解决跨国污染和资源利用的问题。此外，技术创新将继续发挥关键作用，为更高效、更环保的治理提供支持。但是，治理成本的上升、绿色替代品的开发、产业结构的调整可能会面临挑战，需要政府和企业共同应对。同时，社会对治理行动的监督和参与也将持续增强，政府和企业需要更加透明和负责任，以满足公众的期望和关切。未来的可持续发展路径将需要各方的共同努力，以实现环境保护、高质量发展和人民生活水平的提高。这不仅是一项重要任务，也是我们共同的责任，以利于我们的宇宙和子孙后代的未来。

## 第11讲

# 雾霾之战：追寻蓝天的足迹

马庆鑫[①]，贺　泓[②]

雾霾，曾经是许多人记忆中挥之不去的阴霾。2013年的那场雾霾，让全国上下深刻认识到大气污染的严重性。经过近十年的努力，雾霾频发的问题基本得到解决，但大气污染防治的征程仍在继续。**本讲将回顾雾霾的成因与危害，探讨治理历程中的关键行动和策略，展望未来如何持续改善空气质量，追寻蓝天的足迹。**

2013年1月，席卷中国中东部、东北及西南的霾污染事件对约130万平方公里国土面积上约8亿人口的生活和健康造成严重影响。为应对严峻的大气污染形势，切实保障人民群众身体健康，国家相继出台了《大气污染防治行动计划》、《打赢蓝天保卫战三年行动计划》和《空气质量持续改善行动计划》。经过近十年努力，雾霾频发的问题基本得到解决，空气质量明显改善。然而，随着大气污染防治攻坚

① 马庆鑫：博士，中国科学院生态环境研究中心研究员，中国科学院青年创新促进会优秀会员，国家自然科学基金优秀青年基金获得者。主要从事大气霾化学方面的研究。

② 贺泓：博士，中国科学院生态环境研究中心研究员，中国工程院院士，国家杰出青年科学基金获得者。主要从事环境催化和非均相大气化学过程、大气复合污染形成机理、柴油车排放污染控制、室内空气净化和大气灰霾成因等方面的研究。

战的深入，进一步提升空气质量难度加大，如新近出台的《空气质量持续改善行动计划》提出到 2025 年，全国地级及以上城市 $PM_{2.5}$ 浓度下降 10%，长三角地区 $PM_{2.5}$ 浓度总体达标，北京市控制在 32 微克/立方米以内等。追寻蓝天的足迹，我们一直在路上。

## 一、雾霾的成因与危害

### （一）成因

霾也称灰霾，是"大量极细微的干尘粒等均匀地浮游在空中，使水平能见度小于 10 千米的空气普遍有混浊的现象"。与雾、云不同，霾的主要成分是大气中的悬浮颗粒物，空气中的灰尘、硫酸盐、硝酸盐、有机颗粒物等粒子与水汽（雾气）相互作用使大气混浊，视野模糊并导致能见度恶化。由于雾和霾时常相伴发生，因此被合称为雾霾。雾是凝结的水滴或冰晶，粒径较大（3~100 微米）；而霾粒子的主要粒径大约在 1~2 微米。我们常说的大气细颗粒物也就是 $PM_{2.5}$，指的是空气动力学当量直径小于等于 2.5 微米的颗粒物。通俗来说，霾就是高浓度 $PM_{2.5}$ 消光造成能见度下降的现象，雾霾不仅是一种气象现象，也是一种污染现象。由于 $PM_{2.5}$ 粒径微小，能够深入肺部，且成分复杂，能对人体健康造成很大伤害，因此得到了广泛关注。

雾霾的成因错综复杂，涉及人类活动和自然因素的复杂互动。简单来说，雾霾的形成有两个关键原因：静稳天气和污染排放。

秋冬季节，静稳天气和低空逆温等气象条件成为雾霾的助推器。静稳天气意味着风速缓慢，大气的对流和扩散能力弱，水汽容易凝结，污染物无法迅速扩散和稀释。特别是冬季到达地球的太阳能量减少，地面迅速冷却，容易产生低空逆温现象，导致大气层中的冷空气无法上升，在上空形成一层"不透气"的大气盖，进一步将有害物质控制在地面。有研究发现，具有低空逆温条件的地区，与没有这一条件的地区相比，空气中的颗粒物浓度通常高出两倍以上。静稳天气形成的原因复杂，影响因素多，主要有地理气候因素、气象因素和污染排放因素等。如北京地区位于太行山和燕山山脉脚下的华北平原北端，平原地区西、北和东北向环山，山脊连成平均海拔 1 千米左右的弧形屏障，地形呈簸箕状，大气流动受到阻挡，大气污染物不易向外输送，大气自净能力不强。受"簸箕"地形影响，华北地区尤其是北京，常年风速偏小，比其他地区更容易导致污染物累积而出现重污染天气。

　　静稳天气属于自然现象，是引发雾霾的外因，人力难以改变。在静稳天气下，高浓度 $PM_{2.5}$ 的累积是引发雾霾的内在原因，也是消减雾霾的主要抓手。大气中的 $PM_{2.5}$ 包括直接排放和通过物理化学过程产生的两个来源，前者称为一次来源，后者称为二次来源。$PM_{2.5}$ 的一次来源包括沙尘、扬尘、燃烧产生的烟雾、烟囱排放的颗粒等，而二次来源主要是人为活动排放的二氧化硫（$SO_2$）、氮氧化物（$NOx$）、氨（$NH_3$）和挥发性有机物（$VOCs$）等气体污染物转化产生的硫酸盐、硝酸盐、铵盐和有机气溶胶等二次颗粒物。

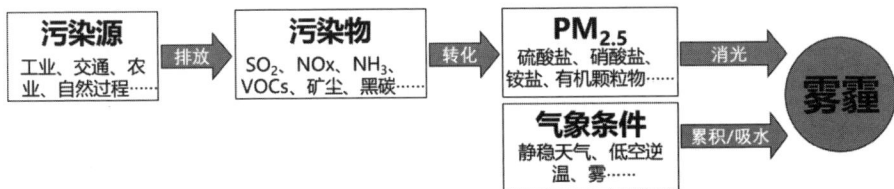

图 11.1　雾霾形成过程示意图

### （二）雾霾的危害

雾霾的危害主要是 $PM_{2.5}$ 对人体健康的危害，最直接的危害就是对呼吸系统的伤害。$PM_{2.5}$ 颗粒由于其微小的直径，可以直接穿透人的呼吸道进入肺泡，并有可能进入血管输送到全身各处。已有研究发现，外源性的颗粒物甚至可能穿过血脑屏障和胎盘屏障，在人脑中已经发现了来源于冶金过程排放的铁磁性颗粒，在新生儿的胎盘中检测到了黑碳颗粒的存在。

世界卫生组织指出空气污染可能造成的危害包括：高浓度空气污染的短期暴露会造成每日死亡率上升，呼吸和心血管方面疾病的急诊、门诊、住院和治疗人数增加，喘咳痰和呼吸道感染方面的急性诊状、心肺功能方面的生理学改变；长期暴露则可能造成呼吸和心血管方面疾病的死亡率增加，哮喘、慢性阻塞性肺疾病等慢性呼吸道疾病发生和流行，生理功能的慢性改变，肺癌，慢性心血管疾病，甚至可能影响胎儿发育表现在出生体重偏轻、宫内发育迟缓以及早产等问题。在各种类型的研究中，已经确定了与 $PM_{2.5}$ 浓度或特定成分有关的不良影响包括：慢性阻塞性肺病患者的死亡率和入院率、哮喘症状恶化和治疗使用率、心血管疾病患者的死亡率和入院率、糖尿病的死亡率和住院率、心肌梗死风险增加、肺部炎症、系统性炎症、血管内皮和血管功能障碍、动脉粥样硬化的发展、感染率增加、呼吸系统癌症。科学期刊《自然》杂志发表的研究结果表明，空气污染将增加肺癌风险，尤其生活在高污染地区的人，比在空气污染低地区的人更容易患肺癌。这一研究结果取代了大众认知中"肺癌的最大来源是吸烟"的看法。2022 年 2 月，国家癌症中心发布了最新一期的全国癌症统计数据，2020 年中国癌症死亡人数 300 万，肺癌死亡人数最多，高达 71 万人，占癌症死亡总数的 23.8%。

特别值得关注的是，儿童对雾霾的影响尤为敏感。他们身体正在成长，器官发育尚未成熟，因此更容易受到雾霾的伤害。据研究显示，生活在严重污染地区的儿童，其肺功能发育可能会受到限制，导致呼吸系统疾病的风险增加。在美国南加州大学进行的一项长期研究发现，在污染更严重的地区生活的儿童，其肺功能的增长速度较慢，并且到 18 岁时，他们的肺功能可能会低于正常值。这意味着他们在进入成年时，肺部的健康状况可能已经与长时间吸烟的成年人相似，减弱的肺功能可能会使他们在成年后更容易受到各种呼吸道疾病的影响。

## 二、PM$_{2.5}$ 的主要来源

### （一）硫酸盐和 $SO_2$

在以往多次雾霾事件的分析中，都发现 $SO_2$ 氧化生成的硫酸盐是雾霾形成过程中 PM$_{2.5}$ 增长最快的成分，也是霾污染颗粒物中含量最高的成分。$SO_2$ 是一种有刺激性的气体，我们在放鞭炮的时候经常可以闻到，因为鞭炮的火药中含有硫黄成分。造成空气污染的 $SO_2$ 主要是煤炭等化石燃料中的硫在燃烧时氧化产生的，随着烟气排放到空气中。工业的发展需要大量的能源利用，以化石能源燃煤、燃油为主的电厂和工业锅炉通常会排放大量 $SO_2$。

历史上，燃煤也是造成"伦敦烟雾"的主要原因。工业革命之后，英国大城市的燃煤量骤增。城市发电、火车动力、工厂、生产制造、居民取暖都依靠烧煤。煤炭燃烧排放的 $SO_2$ 和 NOx，会附着在烟尘上，凝聚在雾滴中。在没有风的时节，烟尘与雾混合变成黄黑色，经常在

城市上空笼罩多天不散。典型的例子是 1952 年 12 月份初，伦敦出现异常的低温和大雾，与大气污染物相互作用，形成了浓厚的酸性烟雾，造成了超过 4000 人的早死。除了"伦敦烟雾"以外，燃煤排放 $SO_2$ 造成的烟雾事件还包括 1930 年的比利时马斯河谷（Maas Valley）事件、1948 年的美国多若拉（Donora）烟雾事件、20 世纪 60 年代的日本四日市哮喘（Yokkaichi asthma）事件等。这些事件有一个共同特征，就是燃煤排放的高浓度 $SO_2$ 和粉尘中的金属在高湿度、静稳条件下产生酸雾，造成对人的伤害。

表 11.1　$SO_2$ 排放引发的烟雾事件

| 事件 | 原因 | 后果 |
| --- | --- | --- |
| 比利时马斯河谷事件 1930.12.1—5 | 冬季工业区上空出现浓雾，超高排放的二氧化硫和其他几种有害气体以及粉尘污染 | 一个星期内就有 60 多人死亡，是同期正常死亡人数的十多倍。其中以心脏病、肺病患者死亡率最高。数千人患病 |
| 美国多诺拉烟雾事件 1948.10.26—31 | 二氧化硫等有毒有害气体及金属微粒在气候反常的情况下聚集在山谷中积存不散 | 人们在短时间内大量吸入这些有害的气体，引起各种症状，全城 14000 人中有 6000 人眼痛、喉咙痛、头痛胸闷、呕吐、腹泻，20 多人死亡 |
| 伦敦烟雾事件 1952.12.5—9 | 伦敦上空受反气旋影响，大量工厂生产和居民燃煤取暖排出的废气难以扩散，积聚在城市上空 | 5 天内死亡人数多达 4000 人，事故后的两个月内又因事故得病而死亡 8000 多人 |
| 日本四日市哮喘事件 1955—1970 | 石油冶炼产生的废气使当地天空终年烟雾弥漫，烟雾厚达 500 米，其中飘浮着多种有毒有害气体和金属粉尘 | 到 1979 年 10 月底，当地确认患有大气污染性疾病的患者人数达 775491 人，典型的呼吸系统疾病有：支气管炎、哮喘、肺气肿、肺癌 |

$SO_2$ 也是造成酸雨的主要原因。酸雨是有一定酸度（pH<5.6）的雨水，主要是 $SO_2$ 和 $NO_2$ 氧化产生的硫酸和硝酸又缺乏中和条件造成的。由于 $SO_2$ 和 $NO_2$ 可以在大气中传输较长的时间和距离，因此

容易形成较大面积的区域性酸雨问题，曾经在西欧、北美、东南亚以及我国西南部地区都出现过较大面积的酸雨区。$SO_2$ 的人为来源包括含硫燃料（如煤和石油）的燃烧，含硫化氢油气井作业中硫化氢的燃烧排放，含硫矿石（特别是含硫较多的有色金属矿石）的冶炼，化工、炼油和硫酸厂等的生产过程；自然源过程包括火山喷发、野火燃烧以及海洋排放等。

### （二）硝酸盐和 $NO_x$

硝酸盐是霾污染 $PM_{2.5}$ 中含量仅次于硫酸盐的成分。大气中硝酸盐产生的过程比硫酸盐更为复杂，硝酸盐主要来源于 $NO_x$ 的氧化反应。$NO_x$ 是指一氧化氮（$NO$）和二氧化氮（$NO_x$）的总和，主要来源于燃烧过程中空气里的 $N_2$ 和 $O_2$ 的高温反应，主要产物为 $NO$，高浓度 $NO$ 可以和空气中的 $O_2$ 反应生成红棕色的 $NO_x$，在未经处理的烟囱口经常可以看到黄烟的出现，主要就是高浓度 $NO_x$ 排放造成的。

$NO_x$ 不仅是造成雾霾的主要原因，也是造成光化学烟雾的主要原因之一。在阳光照射下，$NO_x$ 可以分解产生 $NO$ 和 $O$ 原子，其中的 $O$ 原子可以很快与空气中的 $O_2$ 产生臭氧（$O_3$），进而产生一系列自由基、过氧化物和其他有害物质，形成光化学烟雾。光化学烟雾首先在美国加州的洛杉矶地区被发现，随后在世界多地出现，我国不同地区也先后报道过光化学烟雾污染。洛杉矶在 1940 年就拥有 250 万辆汽车，每天会排出大量碳氢化合物、氮氧化物和一氧化碳。另外，还有炼油厂、供油站等其他石油相关污染排放。这些化合物排放到大气后，在阳光（紫外光）作用下发生光化学反应生成二次污染物，与一次污染物混合形成有害的浅蓝色烟雾（详见第 12 讲）。

天然排放的 $NO_x$，主要来自野火燃烧、土壤和海洋中有机物的分解，雷电过程也会击穿空气产生大量的 $NO_x$，这些过程属于自然界的氮循环过程。人为活动排放的 $NO_x$，大部分来自化石燃料的燃烧过程，如汽车、飞机、内燃机及燃煤电厂、工业窑炉等燃烧过程，也有部分来源于硝和氮相关的工业工程（如氮肥厂、使用硝酸的过程等）。

### （三）铵盐和 $NH_3$

铵盐是霾污染 $PM_{2.5}$ 中另一种极为重要的组分。在霾污染中，$NH_3$ 的重要作用在于：（1）在雾滴反应中，$SO_2$ 和 $NO_2$ 生成硫酸和硝酸会极大增加雾滴的酸度，抑制硫酸和硝酸的进一步产生。而 $NH_3$ 存在的时候，$NH_3$ 容易溶于水，可以增加雾滴碱性，促进 $SO_2$ 和 $NO_2$ 的持续反应，极大促进硫酸盐和硝酸盐的生成。（2）除了中和液滴中硫酸和硝酸之外，$NH_3$ 在 $SO_2$ 和 $NO_2$ 向低挥发性的硫酸和硝酸的气粒转化过程中，对微粒形成有稳定作用，使硫酸和硝酸分子更倾向于停留在颗粒中，而不挥发到气相中。（3）在霾污染颗粒形成过程中，$SO_2$ 和 $NO_2$ 被氧化为硫酸和硝酸的同时，空气中过量的 $NH_3$ 会快速中和生成的硫酸和硝酸，形成酸度较弱的硝酸铵和硫酸铵。与伦敦烟雾等事件中的酸雾颗粒相比，霾污染中的颗粒物酸度较弱，主要原因是铵盐的存在。在大部分地区的外场分析中，都发现颗粒中的铵盐几乎可以完全中和硫酸盐和硝酸盐。

氨气是一种无色气体，具有强烈的刺激气味，极易溶于水。氨的主要用途是氮肥、制冷剂、化工原料。氨的主要来源是畜牧业和化肥施用，其他来源还包括堆肥过程、化工、农业土壤排放、人体排泄、垃圾处理、生物质燃烧、交通以及植物固氮过程等。

## （四）有机颗粒物和 VOCs

在霾污染 $PM_{2.5}$ 中，相比于硫酸盐、硝酸盐和铵盐这三种无机颗粒物的快速增长，有机颗粒物的比重相对是下降的，但其绝对量仍然很大，有时甚至会超过硫酸盐的占比。全球范围内的细粒子成分中，有机组分在大部分地区都是占有较大比例的。颗粒物中的有机成分包括一次有机组分，主要来源包括植物碎屑、生物源微生物、花粉、海洋飞沫中的有机物、生物质和化石燃料燃烧排放、餐饮过程、轮胎和刹车过程产生的有机物。而二次有机组分主要源于自然过程和人为活动排放的 VOCs 在大气中发生化学反应而生成的二次有机颗粒物。大气中的有机颗粒组分极为复杂，现在已经能够鉴定的组分不到百分之十，其形成过程尚不明确。

VOCs 的来源包括自然源和人为源。自然源主要是植物排放。而人为源可分为固定源和移动源两大类，固定源包括化石燃料和秸秆、木材的燃烧，石油化工、炼钢、炼焦等工业过程的排放，移动源包括机动车、船、飞机等交通工具的排放。城市地区的 VOCs 主要来源包括机动车排放、油品挥发泄漏、溶剂使用排放、液化石油气使用，工业排放等。其中机动车排放、汽油挥发、溶剂喷涂是三大重要的 VOCs 来源。一般来说，夏季自然排放贡献较大，而冬季则以人为排放为主。

## （五）其他污染物

除了硫酸盐、硝酸盐、铵盐和有机颗粒物之外，霾污染中的颗粒物还含有多种其他组分。矿尘颗粒物是大气颗粒物的重要组成部分，主要是干旱或半干旱地区的土壤由于风蚀作用产生的扬尘，是仅次于海盐的全球第二大自然源颗粒物。矿尘颗粒物可以进行长距离输送，中亚沙漠地区的沙尘可以传输到太平洋上空甚至到达美国西海岸地区，对全球气候和环境都有重要影响。在华北地区，常出现由沙尘引起的雾霾天气，被称为沙尘型雾霾，以区别于静稳天气形成的雾霾现象。我国大部分地区，特别是西北部地区的可吸入颗粒物（$PM_{10}$）中，矿尘颗粒物通常占有很大比例，可为气体污染转化为二次颗粒物提供巨大面积的反应界面，是促进霾污染形成的重要原因。黑碳颗粒物在大气颗粒物中含量并不高，但影响却很大。黑碳颗粒物是燃料燃烧不完全产生的碳颗粒，也就是平时看到的黑烟的主要成分。目前认为黑碳对太阳光的吸收作用产生的变暖效应仅次于 $CO_2$ 的温室效应，其吸光作用也会导致大气能见度下降，而在雾霾形成过程中，黑碳对于主要污染物的转化还具有显著的催化效应，对雾霾形成有促进作用。此外，在大气颗粒物上还附着极少量的重金属、微生物、病毒等，这些组分的浓度通常在雾霾中随着 $PM_{2.5}$ 浓度增加而增加。

## 三、雾霾治理：一场系统的战争

### （一）国家行动：大气十条

为了有效遏制霾污染加剧，切实改善空气质量，保障人民群众身体健康，促进社会经济可持续发展，国务院在 2013 年颁布了《大气污染防治行动计划》（别称"大气十条"），制定的总目标是：经过五年努力，全国空气质量总体改善，重污染天气较大幅度减少；京津冀、长三角、珠三角等区域空气质量明显好转。力争再用五年或更长时间，逐步消除重污染天气，全国空气质量明显改善。为实现这些目标，提出了十条具体控制措施。（1）加大综合治理力度，减少多污染物排放；（2）调整优化产业结构，推动产业转型升级；（3）加快企业技术改造，提高科技创新能力；（4）加快调整能源结构，增加清洁能源供应；（5）严格节能环保准入，优化产业空间布局；（6）发挥市场机制作用，完善环境经济政策；（7）健全法律法规体系，严格依法监督管理；（8）建立区域协作机制，统筹区域环境治理；（9）建立监测预警应急体系，妥善应对重污染天气；（10）明确政府企业和社会的责任，动员全民参与环境保护。

"大气十条"实施以后，我国超过 95% 的燃煤电厂和超过 80% 的钢铁烧结机及水泥窑炉安装了烟气脱硫和脱硝装置，关停了超过 20 多万台小型燃煤锅炉，大型燃煤锅炉全部安装了脱硫和除尘装置，超过 600 万户农村居民进行了先进炉灶和清洁能源改造，京津冀及周边地区超过 6.2 万间小型污染工厂被淘汰或翻新，机动车逐步实行国四和国五排放标准，淘汰了 2000 多万辆老旧黄标车。通过这些政策的实施，全国范围内减少二氧化硫排放 1640 万吨，氮氧化物排放 800 万吨，一次 $PM_{2.5}$ 排放 350 万吨。工业行业提标改造（包括电力超低排放改造和钢铁、水泥等重点行业提标改造）、燃煤锅炉整治、落后产能淘汰以及民用燃料清洁化是对空气质量改善最为有效的四项政策。2013—2017 年全国人群 $PM_{2.5}$ 暴露水平从 61.8 微克／立方米下降到 42.0 微克／立方米，下降 32%。减排和气象条件变化对全国人群 $PM_{2.5}$ 暴露水平下降的贡献分别为 91% 和 9%。相比于 2013 年，2018 年全国 338 个城市 $PM_{10}$ 下降了 22.7%，京津冀 $PM_{2.5}$ 下降了 39.6%，长三角 34.3%，珠三角 27.7%，北京 $PM_{2.5}$ 降到了 58 微克／立方米，均超额完成既定目标。

通过"大气十条"以及随后的《蓝天保卫战三年行动计划》的实施，全国空气质量总体改善，京津冀、长三角、珠三角等重点区域改善明显，同时有力推动了产业、能源和交通运输等重点领域结构优化，大气污染防治的新机制基本形成。

### （二）新挑战：$PM_{2.5}$ 与 $O_3$ 协同治理

通过十年的治理，秋冬季雾霾频发的问题基本得到解决，蓝天在全国各地变成常态，老百姓的生态环境获得感、幸福感、安全感显著增强。但 $PM_{2.5}$ 以及 $O_3$ 污染问题依然形势严峻。2022 年，全国 339 个地级市及以上城市中仍有 126 个城市空气质量超标，$PM_{2.5}$ 年均浓度 29 微克/立方米，达到了国家二级标准（35 微克/立方米），仍高于国家一级标准（15 微克/立方米），更远高于世界卫生组织指导值（5 微克/立方米），进一步下降的空间和难度都较大，京津冀及周边地区 $PM_{2.5}$ 年均浓度仍高达 44 微克/立方米，秋冬季重污染天气时有发生。与此同时，$O_3$ 浓度长期居高难下。"十四五"规划提出要加强城市大气质量达标管理，推进 $PM_{2.5}$ 和 $O_3$ 协同控制，地级及以上城市 $PM_{2.5}$ 浓度下降 10%，有效遏制臭氧浓度增长趋势，基本消除重污染天气。然而，随着污染治理进程的逐步深入，污染物减排幅度逐渐收窄，$PM_{2.5}$ 和 $O_3$ 的协同控制任重而道远。

以往发达国家出现的典型大气污染事件具有单一污染特征，比如伦敦烟雾属于煤烟型污染，洛杉矶光化学烟雾属于机动车型污染。与这些污染不同的是，我国大气污染具有高度的复合污染特征，是不同于伦敦烟雾和洛杉矶光化学烟雾的新型"霾化学"烟雾污染，既有燃煤电厂和锅炉造成的煤烟型污染排放，又有保有量大幅增加的机动车等移动源污染排放，同时还包括工业排放、农业和畜牧业排放、人居活动排放以及西北方向的沙尘污染输入，存在多污染物多过程耦合作用，造成大气氧化能力增强，单一污染物的大气环境容量下降，气态污染物向颗粒态污染物转化加快，在不利气象条件下极易出现二次颗粒物浓度爆发式增长和雾霾产生。

随着污染控制的深入，进一步减排的难度和成本加大。因此，迫切需要科学厘清大气二次污染形成的化学机制，特别是揭示不同污染物转化之间的复合效应，预判 $PM_{2.5}$ 爆发式增长的条件阈值，表征 $PM_{2.5}$ 与 $O_3$ 的相互作用机制，量化 $PM_{2.5}$、$O_3$ 与不同前体物之间的协同响应关系，抓准不同气象环境条件下的关键污染物和减排效益最高的排放源，以最小经济代价推进 $PM_{2.5}$ 与 $O_3$ 协同治理，实现精准治污和科学治污。

### （三）新机遇：碳中和

2020 年 9 月 22 日，习近平总书记在第 75 届联合国大会一般性辩论上宣布，中国二氧化碳（$CO_2$）排放力争于 2030 年前达到峰值，努力争取 2060 年前实现碳中和。通过碳中和战略的实施，应对气候变化、降低碳排放，有利于推动经济结构绿色转型和污染源头治理，加快形成绿色生产方式和生活方式，助推高质量发展，实现减污降碳协同增效，减缓气候变化带来的不利影响，减少大气污染和气候变化对经济社会造成的损失。

实现"双碳"目标是一场广泛而深刻的经济社会系统性变革，也是我国实现空气质量持续改善的必由之路。中长期来看，大气污染治理仅靠污染物末端治理的方法难以为继，必然受到来自社会发展、经济增长和人口就业等多方面的重重压力。而大气污染与 $CO_2$ 具有同根同源性，在碳中和路径约束下，剧烈技术变革将彻底改变经济结构和发展理念，带动能源、产业、运输、消费结构调整，为深度治理大气污染、持续改善空气质量，起到了强有力的推动作用。"双碳"目标的提出为空气质量持续改善注入了全新动能，碳中和与清洁空气协同治理将实现环境效益、气候效益和经济效益多赢。

根据《中国碳中和与清洁空气协同路径（2022）》报告，通过实施温室气体与大气污染物协同减排，我国有望在 2030 年前实现碳达峰基础上，使主要大气污染物排放量较当前水平下降 1/3 以上，推动 $PM_{2.5}$ 年均浓度下降至 25 微克/立方米，至 2060 年前实现碳中和时，$PM_{2.5}$ 年均浓度将下降至 10 微克/立方米。总体而言，我国在城市空气质量改善和温室气体减排协同方面仍有很大进步空间。

## 四、结语

2023 年 12 月，国务院发布关于印发《空气质量持续改善行动计划》的通知，强调以改善空气质量为核心，以减少重污染天气和解决人民群众身边的突出大气环境问题为重点，以降低 $PM_{2.5}$ 浓度为主线，开展区域协同治理，远近结合研究谋划大气污染防治路径，扎实推进产业、能源、交通绿色低碳转型。雾霾防治需要在政府、企业、科研机构和公众的共同努力下，通过政策制定、技术创新、公众宣传和全民参与等多种途径，减少污染物的排放，在不需要呼唤风伯的情况下，也能实现"一扫阴霾雾九州"的美好景象，越来越多地看到蔚蓝的天空，呼吸到新鲜的空气。保护环境，人人有责，蓝天保卫战需要社会各界人士关注参与，践行低碳生产生活方式，为社会可持续发展做出自己的贡献。

## 第12讲

# 臭氧污染：大气中的隐形杀手

楚碧武 ①，马金珠 ②，贺　泓

臭氧，这个在平流层中被誉为地球"保护伞"的气体，在近地面却成为一种重要的大气污染物。近年来，臭氧污染逐渐成为我国大气污染治理的新挑战。**本讲将介绍臭氧的主要危害，分析我国臭氧污染的特征及现状，探讨防治难点与对策，共同应对这一看不见的污染威胁。**

臭氧是地球大气的重要组成部分，在大气中主要分布在高空平流层和近地面对流层。平流层的臭氧因为其可以吸收太阳辐射中对生物有害的短波紫外线，被称为地球生态系统的"保护伞"和"防护罩"，而对流层的臭氧不仅是温室气体，也是一种重要的污染物，属于一种"看不见"的大气污染，可能对人体健康和生态系统造成显著危害。近年来我国的空气质量明显改善，$PM_{2.5}$浓度持续下降，但是臭氧浓度却有一定的升高，成为很多区域的首要大气污染物。由于臭氧污染主要来自大气二次反应，和前体物之间具有复杂的非线性关系，控制

①　楚碧武：博士，中国科学院生态环境研究中心研究员，中国科学院青年创新促进会优秀会员，国家自然科学基金优秀青年基金获得者。主要从事大气污染化学方面的研究。

②　马金珠：博士，中国科学院生态环境研究中心研究员，中国科学院青年创新促进会优秀会员，国家自然科学基金优秀青年基金获得者。主要从事大气污染控制方面的研究。

难度很大，是我国未来环境保护工作中面临的一个重大挑战。

## 一、大气臭氧的主要危害

一方面，臭氧具有强氧化性，高浓度的臭氧会强烈刺激有机体黏膜组织。人体暴露在过高的臭氧浓度中（如超过 180 微克/立方米），会引起呼吸系统发炎甚至水肿等病变，损伤终末细支气管上皮纤毛，导致肺活量、免疫能力下降，引发上呼吸道感染。臭氧还容易伤害人体的眼睛，可能引起视力下降或模糊以及惧光、流泪等症状。臭氧还可能损害人体皮肤，致使皮肤起皱，出现黑斑等。高浓度臭氧会损害甲状腺功能，导致骨骼钙化，甚至引起潜在性的全身影响等，比如诱发淋巴细胞染色体畸变，损害某些酶的活性和产生溶血反应、加速衰老等。另一方面，低浓度臭氧（如小于 100 微克/立方米），也可能对人体健康产生影响。有研究表明，暴露于低浓度臭氧后，人体氧化性应激标志物、动脉硬化标志物、舒张压以及肺部验证标记物均明显增加，表明低于目前标准限值的臭氧浓度也会影响人体健康。

另外，植物叶片也容易受到近地面臭氧的损害。表观上，植物叶片受到臭氧损害时会出现红棕色、白色、黄色伤斑。由于叶片的气孔是臭氧进入植物组织的主要通道，当植物受到臭氧损害时，植物会降低气孔导度以避害，从而导致植物的蒸腾作用减弱。更重要的是，臭氧会使得植物的叶绿体产生畸形，叶绿素含量降低，因此导致光合作用效能下降，对植物的生长及其光合机制层面有强烈的负面效应。在地面附近，臭氧会以干沉降的形式进入农田生态系统，还会影响农田土壤酶活性等。因此，臭氧会显著影响农田生态系统的健康，减少作物产量，降低作物品质。在生活中，臭氧还能与建筑装饰等材料发生反应，比如涂料、器具以及各种纺织材料中的不饱和有机化合物，从而造成染料褪色、照片图像脱色、轮胎和地毯老化等。

1940 年至 1960 年，美国发生了世界有名的公害事件之一，洛杉矶光化学烟雾事件，其中最重要的有毒气体之一就是臭氧。据报道，1955 年，光化学烟雾导致 400 多位 65 岁以上的老人因呼吸系统衰竭而死亡；1970 年，约有 75% 以上的市民患上了红眼病。洛杉矶光化学烟雾事件还导致该地区大片松林枯死，柑橘大幅减产。

室外大气中的臭氧会通过空气交换扩散到室内，导致室内臭氧浓度的升高。室内臭氧浓度通常是室外的 10%~50%。由于城市居民多数时间（大约 88%）都是在室内度过，累积起来，室内臭氧暴露与室外相当。同时，一些涉及电晕放电或紫外线辐射过程的室内工作设备，如影印机、臭氧消毒器、负离子发生器和静电式空气净化器等也会产生臭氧。一些特殊的室内环境下，臭氧浓度可能非常高（如达到 4000 微克 / 立方米），短时间内就会使人出现呼吸道刺激、咳嗽、头疼等症状。因此，室内的臭氧污染同样需要关注。

当前，我国颁布的室内空气质量标准（GB/T 18883—2022）规定臭氧的 1 小时平均浓度允许值为 160 微克 / 立方米（~82 ppb）。除了臭氧的直接健康危害，值得引起关注的是室内臭氧对人类健康的间接影响。在室内环境中，臭氧会与 VOCs 发生反应，产生各种有潜在健康危害的二次产物，包括醛、酮和酸等各种氧化产物，这些氧化产物对人体健康的危害比臭氧本身更大，例如醛类产物是典型的致癌物，还可能导致哮喘；萜烯的氧化产物是接触性过敏原，具有炎症和呼吸敏化特性；柠檬烯的氧化产物会刺激三叉神经，增加人类眨眼率；臭氧和角鲨烯的多级反应可产生挥发性产物二羰基等，是典型的呼吸道刺激物。此外，室内臭氧与 VOCs 反应还可能生成亚微米级的可吸入性颗粒物，直接影响人体健康。总体来说，这些氧化产物的室内吸入量大约是室外臭氧吸入量的 1/3 到两倍，接触这些产物可能比接触臭氧本身对人类健康的影响更大。

## 二、我国臭氧污染特征及现状

近地面对流层臭氧污染主要是人类排放的挥发性有机物和氮氧化物在阳光下发生大气光化学反应生成的，属于典型的二次污染物。除了挥发性有机物和氮氧化物浓度及相对比值因素外，臭氧浓度的高低也与辐射、温度、湿度以及大气边界层高度等气象条件密切相关。在晴朗的夏天，由于光照充分（强辐射）、高温低湿等条件有利于光化学反应的发生，臭氧污染发生的概率远大于湿冷的冬天。因此，臭氧污染具有明显的季节性和地域性。一般来说，臭氧污染主要集中在日照强、温度高、云量少的春末和夏秋季节。但一些特殊地区，臭氧的季节性变化可能受传输等影响出现不一样的特征。例如海南省的臭氧污染则主要发生在北风主导的秋冬季节。从地域上看，由于强度较高的前体物排放，我国京津冀及周边地区、长三角、珠三角、汾渭平原以及成渝地区的臭氧污染比较严重。由于臭氧的生成依赖于阳光，所以臭氧浓度还会出现明显的日变化特征：即白天高、夜间低。由于晚间没有光化学反应生成，臭氧经过晚间的消耗（沉降、自身分解以及与还原性污染物反应等），一般在清晨达到一天中的浓度最低值，白天太阳升起后，光化学反应不断积累臭氧，一般在下午 2 点至 5 点达到一天中的臭氧浓度峰值。因此，敏感人群要尽量避免在光照强、温度高、湿度低的午后到户外活动。如果待在室内，这段时间也应减少室内通风换气次数。如果实在需要在臭氧污染时外出，由于普通口罩无法有效阻挡臭氧进入人体呼吸道，建议使用带活性炭涂层的口罩，在一定程度上降低臭氧污染对人体健康危害。

目前，我国现行环境空气质量二级标准要求臭氧日最大 8 小时平均浓度不超过 160 微克／立方米，一级标准要求臭氧日最大 8 小时平均浓度不超过 100 微克／立方米。根据《2022 中国生态环境状况公报》，2022 年，全国 339 个地级及以上城市中，臭氧日最大 8 小时平均浓度第 90 百分位数浓度在 90~194 微克／立方米，平均为 145 微克／立方米，比 2021 年上升 5.8%；339 个城市中有 92 个城市臭氧超标，占 27.1%。同时，相比于 $PM_{2.5}$ 等其他大气污染物，臭氧已经成为近年来我国大多数区域首要污染物（空气质量指数大于 50 时，空气质量分指数最大的污染物为首要污染物）。2022 年，以臭氧为首要污染物的超标天数占总超标天数的 47.9%。在夏季，全国范围内的污染天中，几乎所有首要污染物都是臭氧。在珠三角地区，臭氧作为首要污染物在全年比例已超 90%。更严峻的是，2022 年全国重点城市臭氧日 8 小时浓度最大值与 2013 年相比上升约 18%。2023 年 6 月，北京臭氧超过国家二级空气质量标准的天数高达 13 天。从月变化情况看，臭氧浓度出现高值的月份从春秋向早春和晚秋蔓延，持续时间增长；从区域分布的情况看，臭氧污染逐渐由点状向片状发展，影响范围增大。总体看，臭氧污染呈恶化趋势。

此外，我国还面临 $PM_{2.5}$、臭氧共同污染的局面。《中华人民共和国国民经济和社会发展第十四个五年规划和 2035 年远景目标纲要》指出，要加强 $PM_{2.5}$、臭氧协同控制，基本消除重污染天气。自 2013 年《大气污染防治行动计划》实施以来，我国空气质量明显改善，$PM_{2.5}$ 浓度显著下降，2022 年全国重点城市年均 $PM_{2.5}$ 浓度与 2013 年相比下降超过 58%，空气优良天数比例大幅增加。但大气污染形势依然严峻，一些城市 $PM_{2.5}$ 浓度尚未达到我国二级空气质量标准，更远高于世卫组织指导值，且进一步下降难度加大。与此同时，$PM_{2.5}$ 浓度下降增强了地面太阳辐射，加剧大气光化学反应，产生更多臭氧。$PM_{2.5}$ 和臭氧协同控制面临严峻挑战。

## 三、我国臭氧污染防治难点

### （一）臭氧污染和其前体物之间关系复杂

臭氧由三个氧原子组成，平流层的臭氧主要由氧气分子吸收短波紫外线分解形成的氧原子再与氧气分子反应生成。除了平流层臭氧的少量输入以外，对流层的臭氧污染主要是在大气光化学反应中二次形成的。在臭氧的二次生成过程中，大气中二氧化氮的光解是关键步骤：二氧化氮光解为一氧化氮和氧原子，氧原子再与氧气分子反应生成臭氧。实际上，一氧化氮又可以和臭氧反应重新生成二氧化氮。本来这是一个平衡反应，不会净产生臭氧。但是挥发性有机物在光氧化反应中可以将一氧化氮转化为二氧化氮，因此，氮氧化物和挥发性有机物共同影响大气中臭氧的浓度。当挥发性有机物远高于氮氧化物时，臭氧生成取决于氮氧化物浓度，降低氮氧化物可有效降低臭氧浓度，降低挥发性有机物对臭氧影响不明显；而当氮氧化物远高于挥发性有机物时，降低挥发性有机物可有效降低臭氧浓度，较少程度降低氮氧化物反而可能使氮氧化物循环加快，增加臭氧浓度。

### （二）城市地区臭氧污染主要受挥发性有机物控制但后者减排缓慢

现阶段，我国大多数城区臭氧污染主要受挥发性有机物控制，理论上要实现臭氧浓度的快速下降，挥发性有机物减排量应远大于氮氧化物。然而，由于挥发性有机物人为源排放非常分散复杂，溶剂使用、居民生活等无组织排放都缺乏成熟有效的技术手段，而且很大一部分挥发性有机物来自天然源排放，难以人为控制。因此，挥发性有机物大幅减排短期内还难以实现，仍需从挥发性有机物排放源头和末端持续加大减排力度。

### （三）控制城市臭氧污染需大幅降低氮氧化物

人为排放的氮氧化物绝大部分来自化石燃料燃烧过程，在"双碳"战略实施的进程中氮氧化物大幅减排是必然趋势。实验结果表明，在城市地区，大幅消减氮氧化物不仅是降低大气 $PM_{2.5}$ 的关键，也是降低臭氧浓度的有效手段。氮氧化物主要来源中，煤电行业普及氨选择性催化还原氮氧化物技术，实现氮氧化物超低排放；钢铁、水泥行业在重点地区部分实现烟气氮氧化物超低排放；机动车排放氮氧化物控制方面也取得长足进步。在这些减排措施下，近年来我国氮氧化物浓度开始快速下降。然而，氨选择性催化还原氮氧化物技术在有色、玻璃、陶瓷等烟气净化应用中仍存在烟气排放温度与催化剂适用温度窗口不匹配等瓶颈问题。机动车方面，实际道路监测中发现有不加尿素的违规现象，造成部分柴油车氮氧化物超标排放。此外，发达国家对发动机控制系统、高压共轨燃油系统的技术垄断，一定程度延缓了我国柴油车国六排放标准的实施和国七排放标准的制定。非电行业和柴油车氮氧化物减排仍有较大潜力。

### （四）室内臭氧控制技术仍有待改进

目前处理室内臭氧的常用方法有植物净化、活性炭吸附法、光催化分解法、热分解法、溶液吸收法、电磁波辐射分解法和催化分解法等。上述方法各有优势和缺陷。相对而言，活性炭吸附法和催化分解法是室内臭氧常用的控制技术。活性炭吸附法作为一种简单且成本低廉的方法，常被用于去除低浓度臭氧。但是活性炭很容易失活，需要频繁再生或更换，且其去除效率受湿度、气流、压力和浓度等因素影响较大，因此该方法有较大的局限性。开发在室温甚至更低温度下分解臭氧的催化剂，将其应用在空气净化设备，实现对室内臭氧的高效净化，是当前的研究热点。然而，应用催化分解法去除臭氧仍面临一些挑战，如在室内高湿度下，水蒸气会占据催化剂的活性位点，从而降低催化剂的臭氧分解活性。

## 四、我国大气臭氧防治对策

### （一）以氮氧化物深度减排为抓手，务实推进 $PM_{2.5}$ 与臭氧协同控制

氮氧化物是 $PM_{2.5}$ 和臭氧的共同前体物。在挥发性有机物控制短期内无法赶上氮氧化物控制速度的情况下，大幅消减氮氧化物是降低臭氧浓度有效的，也是更为现实的手段。同时，$PM_{2.5}$ 的前体物中，二氧化硫已经实现深度减排，挥发性有机物控制需要长期努力，氮氧化物已经成为当前我国继续降低 $PM_{2.5}$ 浓度的最有效的控制对象。人为排放的氮氧化物绝大部分来自化石燃料燃烧过程，在"双碳"战略实施的进程中氮氧化物大幅减排是必然趋势。因而，以氮氧化物深度减排为抓手，推动 $PM_{2.5}$ 和臭氧协同控制，是符合我国现阶段国情的必然选择。

### （二）固定源氮氧化物减排应以非电行业为重点

随着我国火电行业超低排放的普及，全国火电行业 $NO_x$ 排放自 2012 年以来下降超过 90%。当前，固定源 $NO_x$ 减排的重点应转向钢铁、有色、水泥、玻璃等非电行业。一方面，应进一步发展高效、稳定、低成本的中低温脱硝技术，并推动其规模化工程应用，为非电行业氮氧化物超低排放提供技术支撑。另一方面，应针对钢铁、有色等行业长流程多工序特征，优化产业结构和技术流程，降低煤气电等能源消耗，实现氮—碳协同减排。同时，应针对不同非电行业烟气排放特征，科学评估各行业氮氧化物减排潜力及环境效应，加快制修订建材、有色等行业超低排放限值及氮氧化物排放源的最佳可行技术推荐目录。对钢铁行业全面实施超低排放后的效果进行综合评估，明晰不同氮氧化物超低排放技术路线在钢铁行业应用的技术经济性，总结经验不足，为提出和完善适合其他非电行业氮氧化物超低排放控制的技术路线和方案提供借鉴。

### （三）加强柴油车排放控制是移动源氮氧化物减排的重中之重

移动源是城市氮氧化物的主要来源，在汽油车逐步被电动车取代的背景下，柴油车贡献了移动源氮氧化物排放的绝大部分，是氮氧化物减排的重中之重。技术方面，应加快研发发动机及后处理一体化控制等瓶颈技术，实现柴油机清洁化核心技术全链条自主可控；管理方面，应尽快启动我国柴油车、非道路柴油机、船舶下一阶段排放标准制定，推进技术升级，实现柴油车、机、船氮氧化物近零排放。由于我国柴油车国四标准实施较晚，无后处理装置的国三柴油车数量巨大，其氮氧化物排放占柴油车排放总量的一半左右，需加快淘汰更新。

针对国四及以上的柴油车，应加强柴油车排放远程在线诊断、遥感和便携排放监测技术研发，建立数字化、智能化移动源监管系统，实现"远程排放监控—执法—维修—远程排放监控后评估"闭环管控，实现在用柴油车氮氧化物大幅减排。

### （四）推广臭氧直接分解技术，减缓臭氧污染反弹

综上所述，城市地区臭氧污染主要受挥发性有机物控制，在氮氧化物减排过程中，必然会造成臭氧的反弹。臭氧作为一种典型的气态二次污染物，在大气中并不是绝对稳定，其分解为氧气的过程是一个放热过程，因此开发高效的催化材料可以实现对大气环境低浓度臭氧的直接分解。推广臭氧直接分解技术及其材料制品，应用于新建建筑和老旧城区改造建筑外墙、机动车散热器表面等，构建环境催化城市，可以实现对大气环境中臭氧的无能耗消除，有效减缓氮氧化物深度减排过程中的臭氧污染反弹。

## 五、结语

作为一种"看不见的污染"，臭氧已经成为我国当前危害人体健康的一种重要大气污染物，应引起全社会的重视。臭氧污染形成复杂，控制难度大，需要根据臭氧污染的形成规律和前体污染物的减排潜力，推动各行业氮氧化物深度减排，尤其需要加强非电行业和柴油车氮氧化物排放控制，推动大气 $PM_{2.5}$ 和臭氧协同控制。也需要加大挥发性有机物排放源头和末端减排力度，辅以环境臭氧直接分解技术，系统减轻大气臭氧对人群健康和生态系统的影响。

## 第 13 讲

# 饮用水安全：从源头到龙头

胡承志 [①]，董慧峪 [②]

水是生命之源，饮用水安全直接关系到每个人的健康。在现代社会，获得安全饮用水不仅是基本需求，更是衡量生活质量的重要标准。然而，随着工业化和城市化的加速，水源污染问题日益突出，成为全球关注的焦点。我国作为一个人口众多的发展中大国，饮用水安全保障面临着诸多挑战。**本讲将深入探讨我国饮用水安全保障面临的挑战、取得的进展，以及典型工程应用案例，为全面提升饮用水安全保障提供思路与对策。**

饮用水安全直接关系人体健康，"人人获得安全饮用水"是联合国可持续发展目标（SDG6）的一项重要内容。饮用水源面临来自人工化学品、天然源物质和病原微生物的多重风险，这些风险因子种类繁多、组成复杂，精准识别出关键风险物质、揭示其在水处理过程中的转化机制，并发展高效风险控制技术是饮用水领域全球关注

① 胡承志：博士，中国科学院生态环境研究中心研究员，国家杰出青年科学基金获得者。主要从事水质深度净化和资源回收技术原理与应用等方面的研究。

② 董慧峪：博士，中国科学院生态环境研究中心研究员，国家高层次人才特殊支持计划青年人才。主要从事饮用水安全保障研究。

的重大科学问题。我国工农业生产强度高、污染排放大，导致水源污染问题十分突出，突发性水源污染事件频繁发生，现有供水系统难以有效应对，全面提升饮用水安全保障的工程建设与运行管理能力、满足人民群众日益增长的对饮用水水质提升的愿望是国家的重大需求。

## 一、我国饮用水安全保障面临的挑战

我国一直高度重视饮用水安全保障工作。党的十八大以来，我国饮用水安全保障工作取得了重大成效，城乡饮用水水质普遍提升。新时代下人民群众对水质安全和健康的要求也在逐渐提高，当前我国饮用水安全保障工作依然面临水资源短缺、水质超标、城乡不均衡等诸多挑战。

### （一）全球气候变化背景下水资源供需矛盾加剧

气候变化对水资源安全影响是国际上普遍关注的全球性问题，也是我国可持续发展面临的重大战略问题。气候变化改变了水文循环过程，并将深刻影响人类社会水资源的开发、利用、规划、管理等诸多环节。我国降水时空分布极为不均，水资源短缺、旱涝灾害以及与水相关的生态、环境问题较为突出，人均水资源量 2173 立方米，仅为世界人均水平的 25%，在全球气候变暖的背景下，我国六大江河径流减小，未来需水量在人口增加和气候变化下不确定性增加，我国水资源供需紧张的矛盾将进一步加剧，尤其是在北方地区。未来气候变化将显著影响我国水资源宏观配置体系、增加我国部分流域水旱灾害发生的频率与强度，加大水资源脆弱性，影响流域甚至全国供水安全。

（二）城乡、区域供水不均衡

我国国情、水情复杂，区域差异性大，实现城乡、区域均衡供水依然面临如工程建设、管理运行成本高与资金短缺等诸多普遍性的难题。各省份的供水普及率差别大、区域发展不平衡仍是我国的农村供水的现状。目前我国农村地区脱贫攻坚任务已全面完成，但部分地区因饮水安全保障本底性差、管理薄弱和机制欠缺等问题，致使饮水安全脱贫成果仍不稳定、水源保障程度不高。此外，农村饮水工程面临水源分散、保护难度大，供水工程规模小、建设标准低、技术相对简单、技术力量薄弱、运维管理难度大等挑战。

（三）供水水质难以保障

我国水源污染普遍，污染物种类多，组分复杂，以地表水为水源的饮用水易受有机化合物污染，而以地下水为水源的饮用水氟、砷、铁、锰等易超标。此外，微量有机污染物复合污染是当前多数地区饮用水的基本特征。多地水源中曾检出《地表水环境质量标准》（GB3838—2002）和《生活饮用水卫生标准》（GB5749—2022）中管控指标之外的农药、抗生素等药物，双酚类/全氟类等工业品，多环芳烃、多氯联苯、藻毒素等微量有机污染物（也被称为新污染物）。这些标准外微量污染物在水源水中的浓度水平通常为纳克（ng/L）到微克（μg/L）级，由于含量较低，短期内不会造成突发性危害，但这些微量污染物往往以混合形式存在，在环境水体中的污染行为可产生协同或拮抗效应，急需关注其复合及长期健康效应。

## 二、我国饮用水安全保障取得全面进展

### （一）建立了饮用水水质风险评价理论与方法

水环境中数以万计的污染物共同存在、交互作用，并且最终将通过不同途径进入到饮用水中，对人体健康构成了严重威胁。因而，开展饮用水水质风险评价，科学认识这些化学物质的危害性，对于推动基于风险的环境管理具有重要意义。

水质风险评估的质量很大程度上依赖于毒理学及其他相关学科的研究发展水平和技术支持能力。随着毒理学研究的快速发展，毒性测试和风险评价策略转向了"毒性通路"为基础，通过使用人类生物学为基础的体外测试，结合计算毒理学新方法，评价关键毒性通路中有显著生物学意义的干扰，这也是未来水环境危害和风险评价的新方法路线。在此背景下，中国科学院针对内分泌干扰效应、遗传毒性、免疫毒性、神经毒性等典型健康效应相关毒理学终点，建立了高通量多机制的体外毒性指标评价体系；将化学与生物测试结合，从生物个体水平—细胞水平—分子水平全方位解析饮用水相关污染物的健康效应及作用机制，形成了复合污染水质健康风险评价理论，并构建了基于我国饮用水消费习惯、人群年龄分布及免疫状况的病原微生物、致癌污染物以及非致癌污染物三类污染物的饮用水健康风险评价方法体系，将风险管理引入饮用水管理技术体系。此外，基于生物行为响应的机制解析、水质突发污染事故的智能预警等技术难题的突破，中国科学院成功研发我国首台具有自主知识产权的水质在线生物安全预警设备，使我国饮用水管理实现了国际接轨。

## （二）多项饮用水水质净化方法实现原创突破

为了满足生活饮用水卫生标准，通常需要采取沉淀、过滤、混凝、消毒等多种措施。然而，由于我国不同区域水源的复杂性以及污染的广泛存在，仍然存在很多具有挑战性的问题，需要技术攻关。

针对水源中多种污染物共存、毒性 / 效应叠加等复合污染难题，中国科学院建立了"污染物特性—混凝剂形态—混凝控制技术"三位一体控制饮用水中的复合污染的技术，研发了 Al13 絮凝剂选择性去除消毒副产物前驱物的强化混凝技术和嗅味物质去除的适配孔容活性炭吸附技术，形成了针对城市供水水质风险的控制解决方案。在天津、山东等地建成 7 座纳米 Al13 净水剂厂（年产 >60 万吨），用于北京等地 36 个供水企业（~800 万立方米 / 日）。

饮用水砷、氟、锑等污染是许多国家普遍面临的水质安全问题，尤其是不同价态砷、锑同时去除等成为国际性难题，现有的技术很难满足此要求。通过定向构造的复合金属氧化物表面及其组合微界面以获得独特的氧化、吸附和凝聚功能，中国科学院在国际上首次实现了三价砷和五价砷的一步法去除，建成了全球最大的独立除砷水厂，并被创造性地用于河流水系砷污染治理工程。同时，以复合氧化物高效吸附材料及其制备为突破口，开发了基于新材料的一步法除砷除锑的应用技术，解决材料再生及延长运行周期等关键问题，为我国解决砷锑污染特别是砷锑共存污染问题提供新材料和新工艺。

与常规混凝、吸附工艺相比，膜技术以其出水水质稳定、优质等特征广泛应用于供排水净化工程，成为最有前景的水处理技术之一。针对通用膜法水处理过程中膜污染控制的工艺流程长，由此导致的能耗高、药耗大、运维烦琐等问题，中国科学院开发了简捷低耗智能的膜法水处理技术，实现了工艺流程大幅缩短、絮凝剂投量减少、膜水通量大幅提升，为解决绿色低耗的水处理难题提供了一条全新可靠的技术途径，有效支撑了北京和全国的水安全保障。

### （三）"黄水"形成机制与控制技术取得重要进展

饮用水经过管网输配以后，由于在管网中会发生一系列物理、化学和微生物作用过程，使得管网末端龙头水的水质会下降。其中一个典型的问题就是南水北调工程，工程的实施使得很多城市形成多水源供水格局，而多水源切换可能导致管垢中金属颗粒物的释放，管网中金属特别是铁颗粒物的大量释放会使得管网水体颜色发黄，浊度及色度明显升高，导致了"黄水"问题的发生。

针对饮用水输配过程中铁释放导致的"黄水"问题，中国科学院提出了判别管网腐蚀层稳定性关键因子，证实管垢腐蚀层的致密性以及腐蚀产物的结构直接影响管网水质，发现硝酸盐还原菌和铁还原菌对管网的腐蚀起抑制作用，是控制管网腐蚀的关键因子，$Fe_3O_4/\alpha$-FeOOH 比值可作为腐蚀层稳定性的判定指标之一，为科学预测/预防水源切换条件下管网铁腐蚀产物释放而引发黄水的问题提供了技术支撑。此外，研究还发现供水管网中氯消毒剂氧化 Mn（II）可导致 MnOx 颗粒物的生成及含锰多金属复合沉积物累积，造成饮用水感官和健康品质恶化，在输配过程中，控制溶解 Mn（II）向 MnOx 的转化，避免 Mn（II）在管网中累积，是避免管网"黄水"的一条重要途径。

### （四）形成了"从源头到龙头"的饮用水安全多级屏障技术体系

"十一五"以来，依托国家水体污染控制与治理重大专项的实施，中国科学院针对我国重点流域饮用水源复合污染问题和复杂多变污染水源条件下饮用水高效净化处理难题，突破了水源原位生态修复与水质提升、臭氧—活性炭工艺次生风险控制、净水超滤膜污染控制、管网水质保持与漏损控制等关键技术瓶颈，形成"从源头到龙头"饮用水安全多级屏障工程技术及其组合工艺。技术体系的建立与应用，整体提升了我国城乡供水水质，促进了行业发展和技术进步，增强了人民群众的获得感和幸福感。主要进展包括以下五个方面。

（1）推进了饮用水研发工程技术的规模化应用，臭氧活性炭深度处理规模已由专项实施前的 800 万吨 / 日扩大到 3500 万吨 / 日，国产超滤膜水厂规模由 2 万吨 / 日发展到 500 万吨 / 日。

（2）实现了饮用水管理技术的业务化运行，建成多个管理技术平台，整体提升了国家、省、市三级网络的水质监测能力，支撑全国供水水质督察由 35 个城市扩展到全国 659 个城市和 1636 个县镇。

（3）促进了饮用水处理材料设备的产业化发展，促进技术成果由"书架"走向"货架"，建成多项产业化基地，实现了大型臭氧发生器、超滤膜组件、水质监测设备的产业化。饮用水深度处理大型臭氧发生器，打破了国外产品市场垄断；超滤膜组件，价格降低 30%，市场占有率超过 70%。

（4）推动了技术成果的标准化提升，支撑了《生活饮用水卫生标准》《生活饮用水标准检验方法》《城市供水水质标准检验方法》《城市供水设施建设与管理技术指南》等关键国家和行业标准规范指南的修 / 制定。

（5）有效地破解了太湖流域高藻高嗅味原水、京津冀南水北调受水区管网"黄水"、粤港澳大湾区水源季节性污染等突出的饮用水水质问题，整体提升了重点地区饮用水质量和安全保障能力，建立了龙头水质保障和高品质饮用水示范区，发布了我国首部地方生活饮用水标准和省级饮用水内控标准，支撑了北京、上海、深圳等国际大都市的供水安全保障。

总体上，我国城市供水水质达标率由 2009 年的 58.2% 提高到"十三五"的 96% 以上。我国农村饮用水安全总人口从 2005 年的约 6.2 亿到 2022 年实现农村居民饮用水安全问题全面解决（建有农村供水工程 678 万处、可服务人口 8.7 亿人）。且每年农村新增饮水达标人口同步保持高速增长。同时，相关技术和设备产品已经在"一带一路"沿线国家推广应用，取得了较好的国际影响。

## 三、典型工程应用案例

### （一）水源水库调光抑藻控嗅技术及其应用

根据我国大中城市饮用水水源调查结果，在地表水源中普遍存在由于蓝藻生长代谢导致的饮用水嗅味问题。针对水源水库高发饮用水土霉味问题，在结合实际案例的原位调查、实验室模拟与原位验证研究及工程实践基础上，中国科学院通过构建基于细胞形态与能量平衡构建藻类种群演替模型，发现水下光照是藻类种群演替的主要驱动因子，丝状产嗅藻受光面积大，具有喜好在水体亚表层生长的生态位特征。基于产嗅藻的这些生态位特征，通过模拟实验与原位验证确定了抑制产嗅藻生长的光阈值，构建了以物理调光为核心的绿色抑藻控嗅技术。

该技术在北京密云水库中得到实际验证。具体包括：调节水位压缩产嗅藻生境，确定北京密云水库抑制产嗅藻生长的安全水位为 146 米，利用南水北调补水契机提升 11 米水位实现产嗅藻生境面积压缩 83%，解决了该水库长期以来的藻源嗅味问题，规避了国际上采用化学法除藻带来的生态风险。

另一个典型应用案例是上海的青草沙水库（见图 13.1）。该水库每年出现季节性嗅味问题，成为影响上海饮用水品质的关键指标。中国科学院通过持续调查、实验模拟研究，发现假鱼腥藻为主要的产嗅藻，水库流速较低，浊度下降导致水下光照增强及光谱绿移是假鱼腥藻爆发的主要原因。据此巧妙地提出利用江库水位差引入长江高浊原水，提升库区北支产嗅藻高风险区浊度，实现调光抑藻控嗅。从 2020 年起，水库在产嗅藻爆发前实施增浊调光抑藻技术，连续 3 年 2- 甲基异莰醇（嗅味问题的一个指标）总量降低 80% 以上，不仅节省粉末活性炭成本 1000 万 / 年，也从根本上解决了长期困扰上海的饮用水土霉味问题。

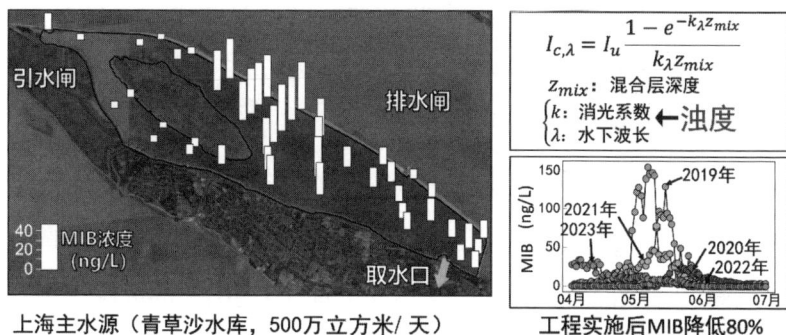

$$I_{c,\lambda} = I_u \frac{1 - e^{-k_\lambda z_{mix}}}{k_\lambda z_{mix}}$$

$z_{mix}$：混合层深度

$k$：消光系数 ←浊度

$\lambda$：水下波长

上海主水源（青草沙水库，500万立方米/天）

工程实施后MIB降低80%

图 13.1　基于产嗅藻生态位特征的调光抑藻控嗅技术及工程应用

## （二）输配管网水质水量保持技术及其应用

输配管网是影响城市饮用水水质不可忽视的一个方面，尤其是由于管网水力停留时间长、消毒剂衰减快导致的微生物超标问题。如何有效识别管网微生物增殖的主要影响因素，优化消毒方式，提出供水管网水质保持技术，对保障供水水质，特别是"最后一公里"安全具有重要意义。中国科学院基于光场 / 流场协同优化的紫外消毒器优化设计技术，研发了适用于供水厂的高效紫外消毒器，与原有氯消毒剂形成多重保障消毒，确保耐氯微生物的有效灭活。通过对综合示范点管网水质采样分析及水质模型模拟，发现控制管网末端二氧化氯余量0.02 毫克／升以上或余氯在 0.05 毫克／升以上，总大肠菌群和菌落总数可达标。针对部分位置偏远、水龄较长、余氯无法达标的地方，可在二次泵站安装紫外消毒设备，强化病原微生物控制。在高风险、易感人群的用户龙头端，可通过高性能低压汞灯（开启 5 秒内达到消毒效果）的紫外消毒装置，对龙头出水进行实时消毒，确保龙头端水质微生物安全。

此外，城镇供水管网漏损导致优质水资源及能源大量浪费，是国内外供水行业面临的普遍难题。由于供水管网结构复杂、隐蔽于地下，管网漏损识别与控制效率低，管网漏损长期居高不下。针对这一问题，中国科学院改进了国际水协会水量平衡分析方法，构建了适应于我国供水管网的漏损解析与评估方法；提出了基于管网优化更新维护与水厂—管网—二次供水分级分区压力调控的管网漏损高效控制方法，形成了管网漏损精确解析—高效识别—优化控制技术体系，支撑了国家漏损控制行业标准与住建部分区计量管理工作指南的编制。在北京市供水管网应用示范结果表明，北京管网漏损率 11 年（2011—2021）相对降低 30%，节水超 2.7 亿立方米。在深圳、天津、绍兴等 10 余个城市／村镇进行了推广应用，均取得良好节水效果，推动了全国漏损管控水平的提升（见图 13.2）。

### （三）低维护水处理技术与装备研发及其应用

我国部分农村地区还存在水量水质保障水平不高等问题，常规集中式水处理工程基建成本高、工艺操作复杂，难以适应农村分散式供水点多面广、水质水量波动大、技术管理水平差等特点，严重威胁我国农村饮用水安全。中国科学院通过建立絮凝—超滤中多物理场流体仿真模拟方法，提出了基于电絮凝的无药剂—短流程水处理新工艺；开发复极式电絮凝—氧化电极组模块，及电絮凝—超滤膜一体式组件等村镇集约式一体化供水关键部件，开创了低维护装配式水厂技术，形成规模 15~200 吨 / 天的模块化、系列化、标准化产品。同时，建立基于神经网络算法的水质预测模型，远程监测与低维护的智能运行平台，实现装备运行的无人值守和水质水量的精准控制。与常规净水设施 / 装备相比，装配式水厂产水水质稳定，运维频次降低 70%、维护人员减少 50%、装备体积缩小 30%。

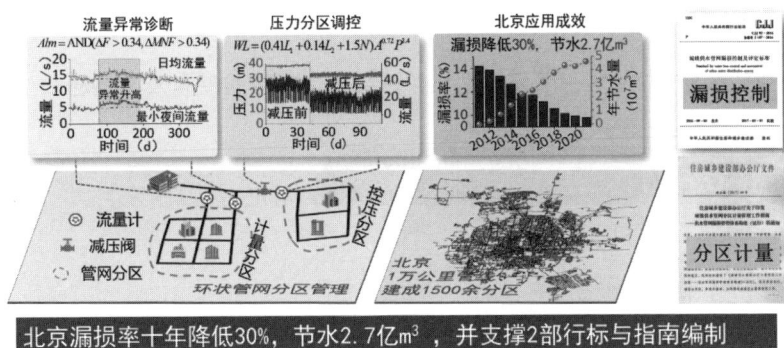

图 13.2　基于分区流量异常诊断和分区控压的漏损识别与
控制技术及工程应用

将低维护水处理技术与装备应用于国内村镇分散型饮用水净化工程，带动了分散型水处理行业的科技进步与产业升级，推动了"城乡同质供水"的实施，保障了人民群众饮水安全及水环境健康，不断提升农村供水保障能力，为我国全面实现小康目标、推进"乡村振兴"战略提供了有力的科技支撑。同时，技术成果延伸应用于"一带一路"沿线国家，为推动构建人类命运共同体做出了贡献（见图 13.3）。

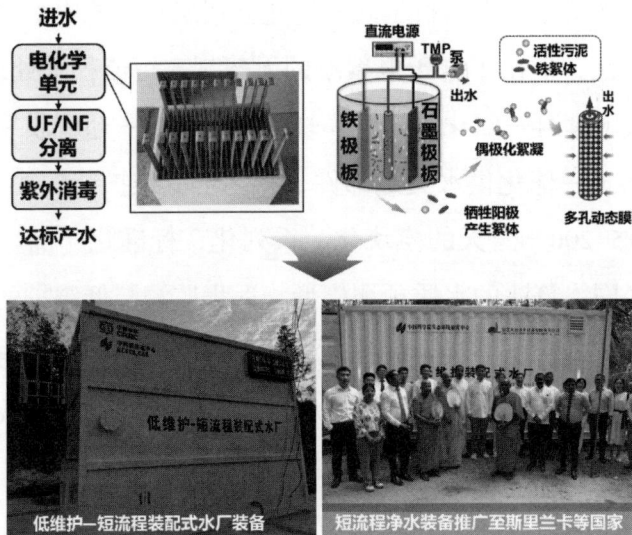

图 13.3　电化学—膜分散型供排水技术、低维护装备及工程应用

## 四、饮用水安全对策建议

### （一）供水政策统筹

我国国情、水情复杂，各省份的供水普及率差别大、区域发展不平衡仍然是我国供水的现状。为更好地理顺供水保障体制机制，推进城乡供水一体化进程，首先，中央层面要通过立法或出台指导意见明确部门管理职责，地方要明确主管部门负责工程建设和运行管理。其次，做好供水政策顶层设计，编制好供水发展规划，解决农村饮水安全问题，实现供水规划全覆盖。最后，农村供水工程建设应与地方乡村振兴规划相协调，以提高乡镇和人口聚集村庄的供水保障水平为重点，以提升水质、水量可靠性为抓手，促进我国城市、农村供水的可持续绿色发展。

### （二）水价机制保障

水资源短缺是当前乃至今后制约我国经济和社会可持续发展的突出问题，为充分发挥市场机制和价格杠杆在水资源配置、水需求调节和水污染防治等方面的作用，需推进水价改革，促进节约用水，提高用水效率，努力建设节水型社会。包括：建立供水合理的水价和财政补贴机制，确保供水工程长效运行；科学测算供水成本合理定价，配套完善计量设施，创新技术手段，提升水费收缴率；通过中央补助资金的引领带动，全面落实各级财政补贴供水工程维护养护经费；建立稳定持续投入机制，确保工程建设资金。

### （三）工程技术创新

当前，科技创新在党和国家事业全局中的地位前所未有的提升，供水行业也需通过工程技术创新实现科技赋能。一是针对饮用水中新污染物，提出标准与效应协同保障的水质净化新原理新技术，研发饮用水新污染物风险控制关键技术与智能控制系统。二是针对村镇饮用水安全，研发村镇饮用水低维护净化技术与装备，攻克饮用水有害离子净化的技术难题，开发绿色、韧性、智慧化水处理技术与装备，构建高效健康的农村供水运管模式，为饮用水安全达标提供科技支撑。三是针对供水行业绿色低碳和智能化发展需求，发展绿色低耗的水质净化技术与韧性供水系统，构建饮用水风险控制大数据库与数字模拟器，进一步保障我国饮用水水质安全，提升我国供水行业绿色低碳水平。

## 五、结语

　　饮水安全是关系广大人民群众身体健康的重大民生问题，是最大的民生福祉。我国特殊的自然地理、气候条件、水资源特点和人口经济状况，决定了我国是全球饮用水安全保障任务最为繁重、难度最大的国家之一。针对我国城乡饮用水水源水质复杂，净化过程次生危害物质多，从水源到用户综合风险因素多的问题，我国已建立了"从源头到龙头"全流程饮用水安全风险管理与多级屏障协调控制理论体系。随着经济社会发展和全球气候变化的影响，饮用水安全保障中老问题仍有待解决，新问题越发突出。我国饮用水安全保障进入高质量发展的新阶段，未来需要继续优化提升饮用水安全保障科技成果，让百姓喝上放心水。

# 流域水污染治理：让河流重现生机

张　洪 [①]

流域作为水资源的自然载体，其生态环境状况直接关系到人类的生存与发展。然而，随着经济的快速发展和人口的增长，流域水污染问题日益严重，成为制约社会经济可持续发展的重要因素。**本讲将聚焦流域水污染综合治理与水生态修复，深入探讨流域水污染特征、治理工程技术以及管理措施，旨在为保护和修复流域生态环境提供科学指导与实践路径。**

党的二十大报告提出，"高质量发展是全面建设社会主义现代化国家的首要任务"。生态环境保护是经济社会高质量发展的重要保障，其中流域生态环境健康与人民生产生活、社会经济发展息息相关，受到社会广泛关注。流域是以水为纽带和基础的自然单元及以人类生产生活为基础的经济社会单元构成的复杂的政治、经济、社会和文化系统。我国一直十分重视流域水污染治理工作，近年出台了《水污染防治行动计划》《中华人民共和国长江保护法》《"十四五"重点流域水

---

① 张洪：博士，中国科学院生态环境研究中心研究员。主要从事营养盐和重金属在沉积物——水界面的转化过程及通量等方面的研究。

环境综合治理规划》等多项政策法规。而流域水污染治理必须在遵循流域整体性、协同性的基础上展开，通过多种手段协同推进水生态环境治理、改善和保护。

## 一、流域水污染特征和污染物来源

### （一）水污染特征

流域水生态系统由水环境和生物群落共同组成，其中水环境是水生态系统健康的核心因素。水污染会对流域水环境质量产生严重影响，削弱生物群落的生态功能。水体是流域重要的自然资源，也是物质生物地球化学循环的重要介质和场所。工业发展和城镇化导致工业废水、生活污水等未经妥善处理直接排入周围水体，对水环境造成污染，也威胁到水生态系统的健康。自然状态下流域水生态环境具备稳定的物质循环、自我修复和平衡演替功能，水污染破坏了这些平衡状态，使水体失去了自净能力和自我更新功能。

水污染可表现为耗氧污染、富营养化和毒害污染等。耗氧污染是指工业和生活污水中的有机污染物排放进入水体后，在微生物的生物化学作用下分解时会消耗水中的溶解氧，当水中缺氧时污染物还会发生腐败分解，导致水质恶化。富营养化是指氮、磷等营养盐物质过多排入水体后，水流较缓区域容易使藻类大量繁殖，藻类腐败分解过程中又会大量消耗溶解氧，影响水质及水中其他生物的生存。毒害污染是指重金属、持久性有机污染物等具有很强毒性且本身难以降解的污染物，在环境水体中通过食物链和食物网进行生物富集，进入人体后不断累积，对人类健康产生影响。

水污染存在五个方面的特点：①普遍性。流域水污染是一个全球性问题，几乎所有流域都受到不同程度的污染。②累积性。流域水污染具有累积效应，污染物在水环境中会逐渐积累和富集。③多源性。流域水污染的来源多样，包括点源和面源。④交互作用。流域内水系统复杂，不同污染物之间存在相互作用和协同转化过程。⑤难以治理。流域水污染治理具有挑战性，主要是由于流域范围广、污染源复杂和污染物累积性。上述特点也增加了流域水污染治理的难度。

现阶段，我国水污染问题面临的形势依旧严峻。2022 年，全国化学需氧量排放量为 2595.8 万吨、氨氮排放量为 82.0 万吨、总氮排放量为 317.2 万吨、总磷排放量为 34.6 万吨；废水中石油类排放量为 1557.6 吨，挥发酚排放量为 45.2 吨，氰化物排放量为 22.3 吨，重金属排放量为 48.1 吨。从地表水环境质量来看，2022 年全国地表水监测的 3629 个国控断面中，Ⅰ～Ⅲ类水质断面占 87.9%，仍有 12.1% 断面处于Ⅳ～劣Ⅴ类，主要污染指标为化学需氧量、高锰酸盐指数和总磷。

（二）污染物来源

流域水污染排放源可分为外源和内源。外源包括点源和面源。其中点源是指污染物以点状形式排放而对水体造成污染的发生源。一般工业污染源和生活污染源产生的工业废水与城市生活污水，经城市污水处理厂或经管渠输送到水体排放口，是向水体排放的主要点源。点源污染成分复杂且变化模式随工业和生活废污水排放而异，具有季节性变化和随机性。面源是指污染物从非特定地点，在降水或融雪的作用下，通过径流、淋溶、侧渗等方式进入受纳水体引起污染的发生源。按照来源的不同，可细分为农业面源污染和城市面源污染等。面源污染具有随机性、滞后性、潜伏性等特点，且污染来源分散、多样，没有明确的排污口。内源污染主要指进入水体中的污染物通过各种物理、化学和生物作用，逐渐沉降至水体底质表层，当累积到一定量后再向上覆水释放的现象。

### 1. 工业废水排放

工业废水是指工业生产过程中产生的废水、污水和废液，其中含有随水流失的工业生产用料、中间产物和产品以及生产过程中产生的污染物。工业废水排放是我国水体污染的重要点源。随着工业的迅速发展，废水的种类和数量迅猛增加，大量工业废水未经合理处理直接排放进入周围水体，加剧了水污染，导致流域水生态环境质量恶化，威胁人类的健康和安全。因此，对于流域水生态环境保护来说，工业废水的处理比城市生活污水的处理更为重要。

### 2. 生活污水排放

生活污水是指人们在日常生活中产生的各种污水的混合液，包括厨房、洗涤房、浴室和厕所等排出的污水。我国的经济发展带动了城市的快速建设，人口大量聚集，生活用水量增多，导致生活污水排放量持续上升。生活污水所含的污染物主要是有机物（如蛋白质、碳水化合物、尿素等）和大量病原微生物（如寄生虫卵等），也是水污染的一个重要点源。存在于生活污水中的有机物极不稳定，容易腐化产生恶臭，且病原微生物可能会导致传染病蔓延，故生活污水排放前必须进行处理。

### 3. 农业面源污染

农业面源是流域水污染的另一个重要污染源。农业面源污染是指农业生产过程中由于化肥、农药、地膜等化学投入品使用不合理，以及畜禽水产养殖废弃物、农作物秸秆等处理不及时或不当，所产生的氮、磷、有机质等营养物质，在降雨和地形的共同驱动下，以地表、地下径流和土壤侵蚀为载体，在土壤中过量累积或进入受纳水体，对生态环境造成的污染。我国农业面源污染防治工作仍任重道远，主要表现为源头防控压力大、法规标准体系不完善、环境监测基础薄弱、监管能力亟待提升。

## 二、流域水污染治理和水生态修复工程技术

### （一）水污染治理技术

水污染具有流域性和区域性特征，在治理时首先应对实际情况进行勘察，明确污染程度，采取"对症下药"的方式进行有针对性的治理。在污染源控制中，重点考虑工业源污染、生活源污染、农业源污染。工业源污染控制主要是通过工业废水有效处理实现达标排放，目前国家已出台了严格的政策来限制工业废水排放。而生活源污染控制的难度更大，监管比较困难，尤其是农村区域。目前，我国仍有近70% 的农村未完成生活污水治理，且已建的农村水处理设施运维资金来源不稳定，存在建得起、用不起的情况。农业源污染主要是农业面源污染，控制措施包括源头减量、循环利用、过程拦截、末端治理。在流域水污染治理工程实践中采用的技术主要分为物理方法、化学方法和生物方法三个层面。

### 1. 物理方法

水体曝气技术：曝气技术主要是通过天然跌水或人工曝气对自然水体进行复氧，将上层与下部的天然水域混合，使天然水域能够长期处在好氧状态，增加自然水域中溶解氧的浓度，同时通过对自然水域复氧的加速，避免自然水域中熏黑发臭等现象的产生。人工曝气复氧是对处于严重缺氧状况下的流域水体实行人工充氧，通过人工曝气复

氧不仅能够直接恢复水质，还增强了水体自净能力。

环保清淤（疏浚）技术：疏浚技术采用工程机械将淤积物或受污染底泥移除，进而解决河湖库底泥淤积问题和削减水体内负荷。该技术是清除河湖库淤积物、削减内源污染负荷、修复受损水生态系统的重要工程措施，从 20 世纪 90 年代引入我国以来，已经成为河湖库治理的主要技术手段之一。截至目前，环保清淤工程已在我国滇池、太湖、巢湖、西湖等 100 多个湖库得到广泛应用。

2. 化学方法

絮凝沉淀技术：絮凝沉淀是指颗粒物在水中作絮凝沉淀的过程。在水中投加混凝剂后，其中悬浮物的胶体及分散颗粒在分子力相互作用下生成絮状体，且在沉降过程中它们会互相碰撞凝聚，其尺寸和质量不断变大，沉速不断增加。该技术通过化学制剂与污染物质的亲和力来消除水体污染物，比较适合于环境污染严重且密闭的地表水体，但容易产生二次污染，并不建议广泛采用。

化学除藻技术：化学除藻能够控制藻类生长速度，常用药剂有明矾、漂白粉、硫酸铜等。例如，采用硫酸铜改变水体 pH，能够实现去除藻类、降低水腥味的功效。该操作非常简单，可在短时间内见效，但也有不足之处，如不能将水体中氮、磷等营养物彻底清除，无法改变水体富营养化状态。此外，除藻剂可能对水生态系统产生一定影响，只在应急或者健康安全许可的情况下才可使用。

3. 生物方法

生物膜技术：生物膜法是一类废水好氧生物处理技术。附着在固体介质上的生物膜是由高度密集的好氧菌、厌氧菌、兼性菌、真菌、原生动物以及藻类等组成的生态系统，在与污染物接触过程中，可去除废水中溶解性的和胶体状的有机污染物。在水污染治理工程中，可运用生物膜自净原理，在浅水区铺设填充料或卵石作为载体，发挥生物膜净化功效，改善水环境质量。

生物净水技术：生物净水是新近发展起来的一项清洁环境的低投资、高效益、便于应用、发展潜力巨大的新兴技术。该技术利用特定生物对水体中污染物的吸收、转化或降解，达到减缓或最终消除水体污染、恢复水体生态功能的目的。这一过程可以是受控或自发的，对水生态系统健康很重要，可去除污染物、改善水质、恢复生态平衡，具有可持续性和经济性优势，也可与其他治理技术综合运用。

## （二）水生态修复技术

水生态修复是指通过一系列措施，将已经退化或损坏的水生态系统恢复、修复，基本达到或超过原有水平，并保持其长久稳定。水生态修复的重要任务之一是恢复水生态系统的完整性，其核心是恢复五大水生态要素的自然特征，即水文情势时空变异性、河湖地貌形态空间异质性、河湖水系三维连通性，适宜生物生存的水体物理化学特性、及食物网结构和生物多样性。3~5年可初步发挥作用，10~20年才能发挥最佳的作用，必须立足长治久安，遵循生态学基本规律。

水生态修复一般分为人工修复和自然修复。对于生态缺损较大的区域，以人工修复为主，人工修复和自然修复相结合，人工修复促进自然修复；现状生态较好的区域，以保护和自然修复为主，人工修复主要是为自然修复创造更良好的环境，加快生态修复进程，促进稳定化过程。水生态修复技术包括"控源减污、基础生境改善、生态修复和重建、优化群落结构"4项技术措施。除了前面提到的针对水污染治理的控源减污技术，还包括以下三个方面。

1.水文调控

水文调控是指通过调整水体流量来改善水质、修复水生态系统的方法。水流多样性能够满足不同生物在不同阶段对水流的需要，在满足行洪需求基础上，河流应宜深则深、宜浅则浅，形成水流的多样性。生态补水则是水文调节的重要措施之一，是从水质较好、溶解氧浓度较高的地方输入大量清洁的水，这可以稀释和扩散污染水体中的污染物。引水后，河流保持流动状态，能维持较高水平的溶解氧浓度和自净能力。同时，水体和底质中的生物氧化作用也可得到改善，减少了还原性物质和营养盐的释放。

2. 岸线恢复

岸线恢复是指采用多种手段来修复岸线生态系统，恢复其稳定性和生态功能。植被恢复是岸线恢复的重要环节，即通过种植根系发达的植物，将陡峭的岸坡转变为缓坡，以保护河岸免受冲刷和侵蚀。这种技术不仅可以保护河岸稳定，还能促进生物多样性恢复，并改善水质和养分循环。选择适应当地土壤结构的植物，并与当地生态环境相符，能够大大提高修复效果。此外，生态护岸建设也是当前岸线恢复的重要手段，具有控制水土流失、拦截面源污染、美化环境等作用。根据地形地质情况，生态护岸可分为重力型护岸、倾斜式护岸、直立式护岸等多种护岸形式。

3. 生物修复

生物链是流域水生态系统的基础，通过物质流和能量流将各个生物相互联系起来。当流域遭受水污染时，生物链受到破坏，会导致水生态系统失衡。生物链重建是指恢复和重建水生态系统中受损的生物链，包括植物、动物和微生物，以恢复水生态系统健康和稳定。生物链重建的目标就是通过改善水体的水质、提供适宜的栖息地、引入适宜的物种等手段，恢复流域生物链的连续性。通过生物链重建，也可逐步修复流域水生态系统完整性，为人类提供清洁的水资源和可持续的生态系统服务。

## 三、流域水污染治理与水生态修复管理措施

流域是水资源产生、汇聚、利用的载体，水资源的开发保护要从流域层面出发，整体谋划，系统开展。做好新时期流域水生态环境治理工作，要全面统筹左右岸、上下游、地上地下、陆域海域、污染防治与生态保护，健全流域水生态环境管理体系，发挥好跨部门、跨区域协调机制作用，统筹推进流域内水污染治理、水生态修复、水生态环境质量监测预警，强化水资源节约集约利用，协同推进降碳、减污、扩绿、增长"四位一体"目标实现。

流域水生态环境管理应与当地国民经济发展目标和生态环境控制目标相适应，不仅要考虑资源条件，还应充分考虑经济的承受能力。我国流域水生态环境管理的基本目标包括四个方面。①合理开发利用有限水资源和防治洪涝等灾害。②协调流域社会经济发展与水资源开发利用的关系，最大限度满足用水量不断增长的需求。③监督和限制水资源不合理开发利用及污染行为，控制水污染，加强水生态保护。④统筹规划，合理分配流域内有限的水资源，对流域内大型开发项目实行监控，保持流域内水体正常的生态功能。推进流域水生态环境综合管理将是我国水污染治理与水生态修复工作的重要举措。

### （一）建设流域水生态环境管理体制

实施流域水生态环境综合管理，需要一个长期过程，应遵循"统筹设计、因地制宜、试点先行、分步推进"的可操作性原则，系统、

渐进地开展各项工作。在推进我国流域水生态环境综合管理的进程中，流域管理体制改革是重要的优先行动。应以建立社会主义公共行政管理体制为长远目标，分步推进流域水污染防治管理机构改革；建立健全地方政府官员环保问责制，加强流域水污染治理政绩考核；加快水污染治理工程投融资体制改革和运行管理机制创新，建立促进环境友好型社会建设的资源环境税收政策和消费政策。

### （二）制定流域水环境综合治理规划

编制流域水环境综合治理规划是流域管理机构进行流域综合管理的重要手段。通过流域综合治理规划可对支流和地方的水污染治理与水生态修复进行指导，而且规划的目标和指标常常是有法律效力的。在规划中，要落实各级地方政府、各行业行政主管部门以及所有经济行为主体的责任，落实流域资源管理政策、经济政策和各类管理对策，以确保规划的有效实施；要制定相对应的水污染治理专项规划，并落实污染治理资金和污染治理技术；必须附有保证规划得以有效实施的法律法规体系的设计与审批程序。

### （三）建立流域水资源保护与污染补偿机制

在流域水生态环境资源配置过程中，如果上下游、不同地区经济发展差异大，不同资源使用者之间的资源利用机会成本差异过大，就会缺乏签订合约的积极性。除了市场补偿机制外，还应建立政府补偿机制，对欠发达地区和利益受损群体进行补偿。污染补偿机制应该是全国范围共同参与的，也包括流域内、省区内的及局部自身的补偿。流域内水污染补偿的核心是水资源污染补偿费的征收和管理，而生态环境补偿专指对生态功能或价值的补偿，补偿途径包括政府财政转移支付、资金专项支持、国家建立基金或者开征税收等。

## 四、结语

　　流域作为自然界中水资源的空间载体，承载着人类各项经济社会活动，孕育出丰富多样的人类文明。近年来我国流域水环境治理取得了历史性进展，水环境治理迈向水生态健康管理，但系统性和整体性还不足，不平衡不协调问题依然突出，且容易受气候变化和人类活动的影响，其中水资源环境约束趋紧、生态环境用水不足、生物多样性降低等深层次问题仍亟待解决。

　　习近平总书记高度重视水环境治理和水生态修复，多次视察长江、黄河等大江大河和滇池、洱海、丹江口等重要湖泊水库，发表了一系列重要讲话，为我们持续做好流域水环境治理工作指明了方向。推进流域水污染综合治理与水生态修复，必须尊重自然、顺应自然、保护自然，从生态整体性和流域系统性出发，坚持问题导向、系统观念、山水林田湖草沙一体化思路，着力解决流域水污染综合治理和水生态修复存在的突出问题，逐步提升水生态系统质量及其稳定性，实现流域水体功能的可持续利用。

## 第15讲

## 黑臭水体治理：让城市水系重归清澈

*魏源送* [1]

城市黑臭水体，不仅影响城市景观，更对居民生活质量和生态环境造成严重负面影响，成为城市环境治理的顽疾。其治理工作复杂艰巨，涉及众多领域和部门的协同合作。**本讲将系统阐述城市黑臭水体的定义与成因，分析我国城市黑臭水体治理的特点、目标与时间表，探讨治理的思路、技术路线和措施，为改善城市水环境质量提供全面而深入的解决方案。**

城市黑臭水体是群众身边的突出生态环境民生问题，党中央、国务院高度重视城市黑臭水体治理工作。2015年4月，国务院印发《水污染防治行动计划》（以下简称"水十条"）将黑臭水体整治作为重要内容，并提出明确治理目标和时间要求。2018年5月，习近平总书记在全国生态环境保护大会强调，要把解决突出生态环境问题作为民生优先领域，基本消灭城市黑臭水体，还给老百姓清水绿岸、鱼翔浅

① 魏源送：博士，中国科学院生态环境研究中心研究员。研究方向为区域流域水污染控制，主要包括污水处理与再生利用、污泥减量与资源化、河流生态治理与修复、有机固体废弃物处理与资源化、环境中抗生素抗性污染及其控制。

底的景象。黑臭水体作为城市的主要顽疾之一，不仅严重影响了公众日常生产生活，而且也影响到城市的总体形象。城市黑臭水体整治已经成为国家和地方各级人民政府改善城市人居环境工作的重要内容，然而，由于城市水体黑臭成因复杂、影响因素多，彻底治理本身难度又极大，涉及城市基础设施管网建设等"大工程"，整治任务十分艰巨。

## 一、城市黑臭水体定义与成因

### （一）城市黑臭水体定义与判定

水体黑臭是由于河流中过度纳污而导致水体中供养和耗氧失衡而产生的一种极端现象。黑臭水体水质通常劣于《地表水环境质量标准》（GB3838—2002）中的 V 类标准，水体溶解氧浓度一般小于 2 毫克 / 升。由于城市黑臭水体影响因素众多，成因复杂，至今未有明确定义，2015 年 8 月住房和城乡建设部编制的《城市黑臭水体整治工作指南》将城市黑臭水体定义为"城市建成区内，呈现令人不悦的颜色和（或）散发令人不适气味的水体的统称"。

表 15.1　城市黑臭水体污染程度分级标准

| 特征指标 | 轻度黑臭 | 重度黑臭 |
| --- | --- | --- |
| 透明度 /cm | 25~10 | <10 |
| 溶解氧 /（mg/L） | 0.2~2.0 | <0.2 |
| 氧化还原电位 /mV | −200~50 | <−200 |
| 氨氮 /（mg/L） | 8.0~15 | >15 |

注：水深不足 25cm 时，该指标按照水深的 40% 取值。

根据黑臭程度的不同，可将黑臭水体细分为"轻度黑臭"和"重度黑臭"两级。水质检测与分级结果可为黑臭水体整治计划制定和整治效果评估提供重要参考。城市黑臭水体分级的评价指标包括透明度、溶解氧（DO）、氧化还原电位（ORP）和氨氮（$NH_3$-N），分级标准见表15.1。当两项指标处于判定标准的30%以上或一项指标处于60%以上数据时，检测点所属水体可被认定为"重度黑臭"，否则可被认定为"轻度黑臭"。当处于"重度黑臭"状态的检测点达连续3个时，该区域可被认定为"重度黑臭"状态；当处于"黑臭水体"的监测点达判定标准的60%及以上时，该水体可被认定为"重度黑臭"状态。

### （二）城市黑臭水体成因

水体黑臭成因较为复杂，从本质上讲就是水体污染负荷超过了水体自净能力，诱发水体水质指标超标。研究发现，水体中的有机物发生厌氧分解是导致水体黑臭的根源。当水体耗氧污染物浓度超出一定范围后，水体的耗氧速度将大于其复氧速度，从而导致水体缺氧。在缺氧环境中，有机物在微生物的作用下被分解为 $H_2S$、氨、硫醚等致臭物；同时，水体中存在大量放线菌、藻类和真菌，其新陈代谢过程会分泌多种醇类致臭物质。水体中的致黑物质主要是水中 $Fe^{2+}$、$Mn^{2+}$ 等金属离子与 $S^{2-}$ 在缺氧环境中反应形成的 FeS、MnS 等黑色金属硫化物以及能够溶于水的有色腐殖质。通常情况下，城市河流变黑发臭的原因主要包括外源污染流入、内源污染再释放、水力与水循环条件的改变及其他原因等方面。超负荷的污染来源（外源、内源和其他污染来源）是主要原因。

#### 1. 外源污染

大量污染物（如有机物和氨氮）直接排入水体是导致水体黑臭的

主要原因，也是最直接的原因。外源污染又包括点源和面源污染。点源污染是城市黑臭水体最为突出的污染问题，其产生原因包括：社会和经济的快速发展，众多城市面临开发与建设，随之出现了城市工业和生活污水收集能力不足问题，导致工业和生活污水未入截污管网而直接排放入河，部分城市由于污水处理能力不足，存在污水直排或污水处理设施超负荷运行问题，导致不达标尾水汇入河；老旧城区的雨污水合流制管网导致雨季溢流口溢流污染入河，雨污管混接和错接使雨水口旱天排污入河，分流制雨水管道的初期雨水未得到有效控制而排放入河。城市水体黑臭的面源污染来源较为复杂，主要包括：河道两岸随意堆放的生活和建筑垃圾以及垃圾渗滤液随雨水排入河道造成污染；降雨冲刷地表、土壤以及沿河路面所带来的雨水径流污染；沿河两岸农业耕作的化肥流失以及畜禽养殖废水排放，导致大量的氮、磷等污染物随雨水进入水体，造成污染。

### 2. 内源污染

内源污染是导致水体黑臭的另一个重要原因。长期外源污染物流入，在微生物的共同作用下，积累的污染物质随着泥沙、各种垃圾及腐殖质沉积在河道内并逐步形成内源污染，并时刻与上覆水进行交互作用。底泥是水体中内源污染物富集的地方，含有大量的氮、磷等营养盐和有机污染物，在水力冲刷及人为扰动影响下，引起沉积底泥释放出大量的污染物，并产生 $CH_4$、$H_2S$ 等气体，导致大量的悬浮颗粒漂浮在水中，致使水体黑臭。另外，水体中的水生植物可以吸收污染物，但若植物未及时收割，其腐烂分解后会重新释放污染物进入水体，增加水体中污染物浓度。

### 3. 其他污染来源

水动力条件是影响水体黑臭的因素之一。"流水不腐，户枢不蠹"，在污染负荷未超过水体环境容量的前提下，水动力学条件不足也是引起城市水体黑臭的重要原因之一，例如水体流速缓慢、河道基流不足以及河道渠道化、硬质化等都有可能导致河道黑臭。当水体生态径流量降低时，水体流动性会变差，水体水循环不畅，导致复氧能力衰退，形成适宜蓝绿藻快速繁殖的水动力条件，增加水华暴发风险，引起水体水质恶化甚至出现黑臭现象。一些城市的内河、内湖基本上处于半封闭、封闭的状态，没有足够的流动性，无法携带大量氧气进入水体，当水体中溶解氧浓度低于 2 毫克／升时就容易产生黑臭水体。此外，气温也是影响水体黑臭的因素之一，气温升高，加快水体中微生物将藻类残体分解成有机物及氮、磷等污染物的速度，导致溶解氧浓度降低，加剧水体黑臭。

## 二、我国城市黑臭水体治理的特点、目标与时间表

### （一）城市黑臭水体治理特点

城市黑臭水体治理工作的特点可以用"高度关注""高度融合""高度紧迫"三个关键词来概括。

第一，城市黑臭水体治理受到全社会高度关注。从国家层面来说，国家高度关注突出环境问题及环保民生问题，《中共中央 国务院关于全面加强生态环境保护 坚决打好污染防治攻坚战的意见》、"水十条"及《城市黑臭水体治理攻坚战实施方案》等都明确提出城市黑臭水体的治理目标和治理任务，并对各级政府在城市黑臭水体治理方面的工作做了明确要求。从社会公众层面来说，黑臭水体的景观性较差，部分水体具有刺鼻气味，又在老百姓房前屋后，严重影响老百姓正常生活生产工作。

第二，城市黑臭水体治理与国家多个热点议题高度融合。多个国家热点议题和工作，如污染防治攻坚战、河湖长制、国家城市转型发展、供给侧改革等都涉及或融合了城市黑臭水体治理相关工作。《污染防治攻坚战实施方案（2018—2020年）》明确提出，打好黑臭水体歼灭战、流域生态保护战等各种攻坚战是满足人民群众日益增长的优美生态环境需要的基本要求。在《关于全面推行河长制的意见》中明确提到黑臭水体也属于河长制推行的范围。在各城市的发展转型过程中，美好的生态环境是基础条件，治理好城市黑臭水体是非常重要的一环。城市黑臭水体治理工作，是"小切口""大手术"，要从根本上治理黑臭水体，需要解决一大批城市水环境基础设施陈旧、老化等长期困扰城市建设和发展的"老大难"问题，能够从根本上为城市环境保护提供基础保障。

第三，城市黑臭水体治理工作还具有高度紧迫性。首先，无论是国家层面还是居民日常生活层面，都对治好黑臭水体有强烈的需求和愿望；其次，"水十条"、《城市黑臭水体治理攻坚战实施方案》及《城市黑臭水体整治工作指南》等文件都明确提出城市黑臭水体治理的目标和时间表，时间紧、任务重是基本特征；最后，城市黑臭水体治理涉及的不仅是黑臭水体治理本身的工程投资，还涉及了城市雨水、污水管网改造等基础建设的费用等，资金需求非常大，资金紧迫性也是黑臭水体治理工作面临的问题之一。

## （二）城市黑臭水体治理目标与时间表

为了加快城市黑臭水体整治，提高城市人居环境，国务院及相关部门高度重视，接连出台了一系列政策和文件，为城市黑臭水体综合整治提出了明确的目标和时间表。

2015 年，"水十条"提出将整治城市黑臭水体作为重要内容，要求采取控源截污、垃圾清理、清淤疏浚、生态修复等措施，加大黑臭水体治理力度，并提出了明确的治理目标：到 2020 年，全国水环境质量得到阶段性改善，污染严重水体较大幅度减少，地级及以上城市建成区黑臭水体均控制在 10% 以内；到 2030 年，城市建成区黑臭水体总体得到消除。

为贯彻落实"水十条"要求，国家接连出台了一系列政策和规定，提出了黑臭水体治理工作的具体规定和措施。在住房和城乡建设部、原环境保护部于 2015 年联合发布的《城市黑臭水体整治工作指南》中，对城市黑臭水体的排查与识别、整治方案的制定与实施、整治效果评估与考核、长效机制建立与政策保障等提出了具体要求；之后相继印发的《水污染防治行动计划实施情况考核规定（试行）》《"十三五"生态环境保护规划》《关于全面推行河长制的意见》及新修订的《中华人民共和国水污染防治法》和《关于全面加强生态环境保护 坚决打好污染防治攻坚战的意见》均将城市黑臭水体整治作为重要内容，提出了对整治工作进展及整治成效的考核要求。为进一步加快城市黑臭水体整治工作，2018 年，生态环境部联合住房和城乡建设部启动了城市黑臭水体环境保护专项行动；同年，住房和城乡建设部与生态环境部联合发布了《城市黑臭水体治理攻坚战实施方案》，进一步对 2018—2020 年治理目标进行了细化。

"十三五"时期，我国在城市黑臭水体治理、城镇污水设施建设等方面取得了很大成绩，但县级城市黑臭水体治理尚未全面开展，部分已经治理完成的黑臭水体水质不稳定、城市污水处理系统效能不高等问题依旧存在。2022 年 3 月，住房和城乡建设部、生态环境部、国家发展改革委、水利部印发了《深入打好城市黑臭水体治理攻坚战实施方案》，明确要求：已经完成治理、实现水体不黑不臭的县级及以上城市，要巩固城市黑臭水体治理成效，建立防止返黑返臭的长效机制。到 2022 年 6 月底前，县级城市政府完成建成区黑臭水体排查，制定城市黑臭水体治理方案。到 2025 年，县级城市建成区黑臭水体消除比例达到 90%，京津冀、长三角和珠三角等区域力争提前 1 年完成。这对进一步提升城市污水处理效能、巩固地级及以上城市黑臭水体治理成效、促进县级城市黑臭水体治理指明了方向，具有重要意义。

表 15.2　我国城市黑臭水体治理目标、时间表和主要措施

| 时间 | 文件名称 | 治理目标与时间表 | 主要措施 |
|---|---|---|---|
| 2015.4 | 《水污染防治行动计划》国发〔2015〕17 号 | 地级及以上城市建成区应于 2015 年底前完成水体排查，公布黑臭水体名称、责任人及达标期限；于 2017 年底前实现河面无大面积漂浮物，河岸无垃圾，无违法排污口；于 2020 年底前完成黑臭水体治理目标。直辖市、省会城市、计划单列市建成区要于 2017 年底前基本消除黑臭水体 | 采取控源截污、垃圾清理、清淤疏浚、生态修复等措施，加大黑臭水体治理力度，每半年向社会公布治理情况 |
| 2018.9 | 《城市黑臭水体治理攻坚战实施方案》建城〔2018〕104 号 | 到 2018 年底，直辖市、省会城市、计划单列市建成区黑臭水体消除比例高于 90%，基本实现长制久清。到 2019 年底，其他地级城市建成区黑臭水体消除比例显著提高，到 2020 年底达到 90% 以上。鼓励京津冀、长三角、珠三角区域城市建成区尽早全面消除黑臭水体 | 1. 加快实施城市黑臭水体治理工程。控源截污、内源治理、生态修复、活水保质 2. 建立长效机制。严格落实河长制、湖长制；加快推行排污许可证制度；强化运营维护 3. 强化监督检查。实施城市黑臭水体整治环境保护专项行动；定期开展水质监测 4. 保障措施。加强组织领导；严格责任追究；加大资金支持；优化审批流程；加强信用管理；强化科技支撑；鼓励公众参与 |

续表

| 时间 | 文件名称 | 治理目标与时间表 | 主要措施 |
|---|---|---|---|
| 2022.3 | 《深入打好城市黑臭水体治理攻坚战实施方案》建城〔2022〕29号 | 已经完成治理、实现水体不黑不臭的县级及以上城市，要巩固城市黑臭水体治理成效，建立防止返黑返臭的长效机制。到2022年6月底前，县级城市政府完成建成区黑臭水体排查，制订城市黑臭水体治理方案。到2025年，县级城市建成区黑臭水体消除比例达到90%，京津冀、长三角和珠三角等区域力争提前1年完成 | 1. 加快城市黑臭水体排查。全面开展黑臭水体排查；科学制订黑臭水体整治方案<br>2. 强化流域统筹治理。加强建成区黑臭水体和流域水环境协同治理；加强岸线管理<br>3. 持续推进源头污染治理。抓好城市生活污水收集处理；强化工业企业污染控制；加强农业农村污染控制<br>4. 系统开展水系治理。科学开展内源治理；加强水体生态修复<br>5. 建立健全长效机制。加强设施运行维护；严格排污许可、排水许可管理<br>6. 强化监督检查。定期开展水质监测；实施城市黑臭水体整治环境保护行动<br>7. 完善保障措施。加强组织领导；充分发挥河湖长制作用；严格责任追究；加大资金保障；优化审批流程；鼓励公众参与 |
| 2023.12 | 中共中央 国务院关于全面推进美丽中国建设的意见 | 到2027年，全国地表水水质、近岸海域水质优良比例分别达到90%、83%左右，美丽河湖、美丽海湾建成率达到40%左右；到2035年，"人水和谐"美丽河湖、美丽海湾基本建成 | 持续深入打好碧水保卫战。因地制宜开展内源污染治理和生态修复，基本消除城乡黑臭水体并形成长效机制 |

　　上述一系列政策和要求的目的是要在不同阶段扎实推进城市黑臭水体治理，加快补齐城市环境基础设施短板，消除黑臭水体产生根源，切实改善城市水环境质量，更好满足人民日益增长的美好生活需要（见表15.2）。

（三）新时期城市黑臭水体治理的特点与要求

2022 年 3 月发布的《深入打好城市黑臭水体治理攻坚战实施方案》突出了"因地制宜、系统治理、强化制度、夯实责任"的特点：（1）系统排查、科学分析城市黑臭水体及产生原因，避免出现"情况不明决心大、底数不清点子多"的情况。（2）采用"系统的方式、统筹的方法"开展城市黑臭水体治理工作。统筹污水处理提质增效和黑臭水体治理；强化"污涝统筹"，系统综合解决城市水问题。（3）因地制宜开展县级城市黑臭水体治理。科学合理制订方案；强化流域统筹；强化工业废水治理和监管。（4）建立长效机制确保黑臭水体治理成效。强化排水许可发放和管理；优化设施运行维护管理机制。

此外，较之"十三五"时期《城市黑臭水体治理攻坚战实施方案》，《深入打好城市黑臭水体治理攻坚战实施方案》坚持以下六个原则。

（1）始终以满足人民日益增长的美好生活需要作为出发点和落脚点。与大江大河相比，房前屋后的黑臭水体对群众健康和生产生活的影响更直接，公众的感受也更深切。治理城市黑臭水体，是落实以人民为中心的发展理念的必然要求，也是坚持新发展理念、将生态和安全放在更加突出位置的一项重要举措。

（2）始终将源头治理、系统治理作为城市黑臭水体治理的重要原则。城市黑臭水体治理是一个系统工程，"表现在水里、根子在岸上"，要实现水体长治久清，必须解决长期积累的工业、生活、农业污染问题。因此，必须紧紧围绕立足新发展阶段、贯彻新发展理念、构建新发展格局的要求，既不断补齐城市污水、垃圾等基础设施短板，又持续增加优质生态产品供给，以钉钉子精神，久久为功，持续发力。

（3）始终坚持落实城市人民政府的主体责任，推动上下联动、多元共治。明确城市人民政府是城市黑臭水体治理的责任主体，河湖长是每条水体的组织领导责任人，严格落实领导干部生态文明建设责任制。调动社会力量参与治理，鼓励群众发挥监督作用。同时，围绕"深入"两个字，对"十四五"时期城市黑臭水体治理工作提出了更高的要求。一方面，要求巩固好已有的治理成效，充分发挥河湖长制，推进长效机制等建设；另一方面，把治理范围进一步扩大到县级城市，让生态环境这一最普惠的民生福祉惠及到更多的人民群众。

（4）强化流域统筹治理。明确要求统筹协调上下游、左右岸、干支流、城市和乡村的综合治理。县级城市建成区面积相较地级及以上城市要小，黑臭水体成因也更为复杂，受农业面源污染、工业污染等影响更大，治理难度更大，需要调动相关部门力量共同推进，加强部门协同，形成各司其职、各尽其责的工作格局。

（5）强调加快推进设施补短板，定硬任务、硬目标。明确到2025年，城市生活污水集中收集率力争达到70%以上，进水BOD浓度高于100毫克/升的城市生活污水处理厂规模占比达90%以上。充分体现推进城市生活污水收集处理工作的力度和决心。

（6）加大引导社会资本参与的力度。鼓励国有企业参与到排水管网专业养护工作中，推行"厂—网"一体化专业运维。创新资金投入方式，推广以污水处理厂进水污染物浓度、污染物削减量和污泥处理处置等支付运营服务费，吸引社会资本参与。

## 三、我国城市黑臭水体治理的思路、技术路线和措施

### （一）城市黑臭水体治理思路

水体黑臭的成因及污染来源是多方面的，涉及的因素较多，采用

传统的治理思路和单一技术手段难以达到彻底消除水体黑臭的目的。"水十条"中明确了城市黑臭水体治理的任务和目标，提出了科学系统的综合治理思路：以改善水环境质量为核心，强化源头控制，落实控源截污优先，统筹水域陆域，实施开源增流和生态修复；坚持问题导向，实施"一河一策"分类分期治理；兼顾治理与管理两手抓，在工程建设的同时，坚持部门联动、责任清晰、信息公开与公众参与的长效保障管理机制。

### （二）城市黑臭水体治理技术路线

按照《城市黑臭水体整治工作指南》，城市黑臭水体整治可遵循以下工作流程：黑臭水体的排查和识别→治理方案编制→治理工程实施→治理效果评估。在排查和识别程序中，制订排查方案，明确水体黑臭等级，确定最终名单和整治计划。在编制治理方案时，首先，通过污染源调查和环境条件调查核定污染物负荷量，确定黑臭水体治理目标；其次，坚持技术实用性、经济性、合理性和长效性相结合的原则，因地制宜地选择治理技术，确定治理工程量和预测治理效果。在治理工程实施中，按照控源截污、内源治理、生态修复、活水保质、监控与管理的治理思路选择工程技术类型。在治理效果评估时，依据公众调查材料、专业机构监测报告、工程实施记录、长效机制建设情况等，对黑臭水体治理效果进行评估。

### （三）城市黑臭水体治理措施

城市黑臭水体的本质是"问题在水里，根源在岸上，关键在排口，核心在管网"。系统解决水体的黑臭问题，必须找准问题根源所在，根据实际情况，提出相应的治理措施。在黑臭水体治理技术体系中，控源截污和内源治理是治理黑臭水体的基础与前提,只有强化外来污染控制,有效削减内源污染释放,才能彻底解决水体黑臭问题,避免黑臭现象反弹,真正改善水体水质;生态修复和活水保质是水质长效保障措施,通过岸边带和水体生态修复及河流水动力条件改善,逐步恢复水体生态功能,增强水体自净能力,最终实现水生态系统健康和水质长效改善。

根据其污染特性,城市黑臭水体一般可分为生态基流匮乏型、未完全截污型、雨污混流型及封闭半封闭性缓(滞)流型 4 种。无论是哪种类型城市黑臭水体,治理技术的选择大方向应按照《城市黑臭水体整治工作指南》中"控源截污、内源治理;活水循环、清水补给;水质净化、生态修复"的基本路线,选择适宜的技术措施。

控源截污措施从源头对进入水体的污染物进行控制,是最为直接的治理措施,也是现阶段治理效果最明显的技术措施,更是保证其他技术应用效果的基础。内源治理措施主要包括黑臭水体的垃圾、生物残体及漂浮物清理,污染底泥的原位治理和疏浚等。生态修复措施是在控源截污的基础上,基于生态学原理和手段对河岸线和边坡及水体本身进行生态治理和修复,达到改善水质及恢复水生态系统健康的目的。活水保质措施主要包括引水调水、再生水补给、活水循环等方式。此外,城市黑臭水体的综合整治需要跨越多部门行政体系,达到水体的"长治久清",不但要注重治理技术措施,更要注重对黑臭水体治理的监督与管理,配套有效的监督与管理措施。

## 四、我国城市黑臭水体治理技术发展历程

### （一）探索阶段（20 世纪 80—90 年代）

此阶段以提高防洪排涝、蓄水航运为目的，利用防洪工程、排污工程和灌溉工程等措施控制污染并改善水质。

1. 引水冲污

通过调水引水将原水体中的污染物进行稀释扩散，但未真正去除水体中的污染物，使河床加深，河流冲污负荷增强来减缓黑臭污染，属于治标不治本、相对简单、易操作的技术。引水冲污的主要目的是稀释、冲刷、使水体"变活"，其核心是合理配置水资源。最早通过引水冲污来治理水体富营养化的国家是日本，我国引清治污始于20世纪80年代。

2. 内源污染控制

内源污染控制主要指对于底泥污染物的处理，主要分为底泥疏浚和底泥覆盖技术。底泥疏浚技术的本质是采用工程措施，通过底泥的清淤尽最大可能将重污染底泥移出水体，清除污染水体的大量内源营养沉积物。该技术在早期的河湖治理中应用较多，取得了一定的成效。底泥覆盖技术是在受污染底泥上放置一层或多层覆盖物，隔离水体和底泥，部分底泥覆盖技术针对底泥磷污染进行控制，达到底泥磷的钝化效果。内源污染控制至今仍然是河湖治理中的重要环节，但处理过程产生的底泥处理也将是该技术长期需注意的问题。

3. 化学药剂修复技术

向黑臭水体中投放药剂，药剂与水体中的污染物质发生氧化、还原、沉淀、水解、络合、聚合等反应，将污染物质转化成低毒或无

毒形态或者形成沉淀物，从而去除黑臭水体中的污染物质。目前常用的化学药剂有铝盐、铁盐、生石灰、$Ca(NO_3)_2$、$CaO_2$、$H_2O_2$ 和 $KMnO_4$ 等。投加化学药剂改善黑臭水体水质有快速和高效的特点，可起到应急作用，但化学药剂易受水体环境变化影响，缺乏长效性，且药剂对水生生物具有一定的毒性。

4. 曝气复氧

通过曝气设备将空气或氧气引入水体，有机械曝气、跌水、喷泉、射流等形式通过充入氧气，增加水体中溶解氧的含量，提高微生物活性，从而快速氧化分解有机物厌氧分解产生的 $H_2S$、$FeS$ 以及 $NH_3$ 等致黑臭物质，增强水体的自净能力。在英国泰晤士河、韩国釜山港湾、上海市苏州河、北京清河等黑臭水体治理中得到实践应用。曝气技术在实际工程中存在运行费用较高，曝气过程中可能造成底泥悬浮反而恶化水质，治理不彻底等缺点。常用曝气方式主要有鼓风机——微孔布气管曝气、机械曝气、固定式移动式充氧平台等。

## （二）快速发展阶段（20 世纪 90 年代—21 世纪初）

该阶段开始启动重点城市环境治理。自"九五"开始，集中力量对"三河三湖"等重点流域进行综合整治，"十一五"以来，大力推进污染减排，水环境保护取得积极成效。全国开展了混合污水截流管道的修建和优化、兴建集中污水处理设施、氧化塘等水体污染控源截污，开展底泥疏浚、引水调水等水体整治技术。

1. 截污纳管

控源截污是城市黑臭水体治理的基础与前提。截污纳管通过建设和改造位于河道两侧污水产生单位内部的污水管道，将其就近接入城镇污水管道系统，并转输至城镇污水处理厂进行集中处理，阻止污水进入河流。近年来海绵城市等规划与建设推进，旨在从源头上消除污染物的排放量。

2. 兴建集中污水处理设施

通过城市排水管网将各污染源排出的大部分或全部污水收集并输送到污水处理厂进行集中处理的系统，污水处理设施是水污染控制和治理的末端控制环节，是黑臭水体治理的核心工艺单元。纵观过去的国内外黑臭水体的治理，由分散的曝气设施向集中式的大型污水处理厂发展是黑臭水体得以控制的重要内容。我国大型城市污水处理厂起步于 20 世纪 70 年代，全国第一座大型城市污水处理厂——天津纪庄子污水处理厂在 1984 年正式投入运营。进入 21 世纪后，我国全面加大了水污染治理力度，"十一五"时期，中国污水处理能力平均以 20% 以上的速度高速提升，创造了污水处理的世界最快建设速度。

3. 人工湿地

利用基质、水生植物和微生物之间的相互作用，通过过滤、吸附、共沉淀、离子交换、植物吸收和微生物分解等方式来实现对废水中有害物质的去除，同时通过营养物质和水分的循环，实现对水的净化。近年来，人工湿地以其投资费用低，建设、运行成本低，处理过程能耗低，处理效果稳定，同时可作为城市的景观用地，多被用于改善城市水体水质之中。在针对污染物浓度较低的河道或者污水处理厂等的出水时，人工湿地拥有很大的技术优势。

4. 生态护坡

通过采取植物与工程措施形成良性循环、绿色生态的护坡形式，避免了硬质式传统护坡形式，最大限度地发挥生态系统的自修复、自组织和自支撑功能，从而达到边坡环境修复、抗滑动以及抗冲蚀的目的。一般可分为植物护坡、植物—工程复合护坡技术两种类型，而随着对河道治理的要求不断提高，新型的建筑材料、先进的护坡技术已逐渐应用于河道护坡，例如土壤固化剂添加、生态型水泥、多孔生态型混凝土等技术。

### （三）绿色发展阶段（2012 年至今）

进入 21 世纪后，我国水环境治理加快，逐步迈向水体生态修复阶段。尤其在以国家水体污染控制与治理重大科技专项的实施中，水处理技术、水环境综合治理及管理水平的提高，以及由技术创新衍生的工程示范在各级城市开展，黑臭水体治理的理论研究与技术应用在国内得到快速发展。

1. 污水处理提质增效

根据《2022 年中国城市建设状况公报》，2001 年和 2022 年，全国城市排水管道总长度从 15.81 万公里增长到 91.35 万公里，污水处理厂处理能力从 3106 万立方米 / 日跃升到 2.16 亿立方米 / 日，污水处理率从 36.43% 提高到 98.11%。此外，2022 年，全国城市生活污水集中收集率 70.06%，市政再生水利用率为 28.64%，其中北京市政再生水利用量为 12.05 亿立方米，市政再生水利用率为 57.88%。相较于 2001 年，我国城镇污水处理年总量提升超 520%，城镇污水处理总规模已位居世界第一，且仍在不断发展。与此同时，我国的污水处理技术日益提高，在技术研发、技术验证和工程化应用中逐渐走向世界前沿水平，例如，我国已成为全球膜生物反应器（MBR）工艺应用大国。

2. 岸带修复技术（生态岸线）

岸带修复在生态护坡的基础上，采取植草沟、生态护岸、透水砖等形式，对原有硬化河（湖）岸进行改造，技术的根基在于通过恢复岸线的自然净化功能强化河（湖）的自然净化功能，最终达到治理黑臭水体并长效强化自净能力。岸带修复后的生态岸线将具有极高的自净能力，在一定降雨强度下具有防洪功能，并同时具有生态景观的功效。

3. 植物净化技术

主要通过水生植物的吸附、吸收、过滤、富集和降解转化等作用将水中的有机物去除。水生植物不仅能直接吸收污水中的营养物质，还能输送氧气到植物根际以满足根区微生物对氧的需求，可有效减轻水体的富营养化程度，实现污染物降解的目的。因此，可通过人工强化植物的生态修复作用，对黑臭水体进行原位修复。大型植物在黑臭水体治理的中后期能够发挥出较大的作用，大型水生植物去除氮磷物质的主要途径为硝化与反硝化以及植物体的吸附和沉淀作用。水草在去除水体中 COD 和氮磷污染物方面具有较大的优势。

## 五、结语

目前我国黑臭水体总量大幅度降低，黑臭水体治理取得阶段性成功。但要持续巩固当前成果，彻底消除城市黑臭水体，仍需久久为功。科学实施城市黑臭水体治理，要尊重客观规律，需重点处理好 5 个关系：一是处理好上游和下游的关系，注重流域的整体性统筹，区域流域、上下游、左右岸协同治理。二是处理好"水里"和"岸上"的关系，抓好源头污染治理，分类整治生活污染、工业企业污染和农业农村污染。三是处理好治污和治涝的关系，算好安全账、环境账、经济账，确保"雨水排得畅，河水不倒灌，污水处理好"。四是处理好建设和管理的关系，着力完善明查暗访、评估监测等管控机制，防止水体返黑返臭。五是处理好近期和远期的关系，近期要着力"补短板、消黑臭"，远期要"强系统、防反弹"。

## 第16讲

# 厕所革命：现代田园循环的技术模式

范　彬 [①]

　　厕所问题看似小事，却关乎民生大计。农村厕所革命不仅是改善农村人居环境的重要举措，更是推动乡村振兴、实现农村现代化的关键环节。如何在有限的技术和经济条件下，探索出一条可持续发展的厕所革命之路，成为亟待解决的问题。**本讲将深入探讨农村厕所革命的目标与技术路线，分析我国乡村人居环境治理面临的挑战以及达标排放技术所面临的困境，重点介绍基于粪尿还田利用的现代田园循环的创新技术路径，为推进农村厕所革命提供新的思路与实践案例。**

　　我国的农村厕所革命，其根本目的是大力推进农村整体性的人居环境治理，以适应发展的需求。厕所只是其中的标志性环节。小厕所，大民生。从小处讲，关系到家庭成员的身体健康与生活美好。从大处讲，关系到公共健康和生态环境保护。厕所革命的实质是实现人居环境文明水平的飞跃，是适应乡村振兴和国家整体现代化发展的需求。从人类开始使用厕所到可预见的未来，人居环境文明的进步共有五级

---

① 范彬，博士，中国科学院生态环境研究中心研究员。主要从事生活卫生与污染治理研究。

阶梯：卫生、舒适、便利、达标排放、可持续发展。受限于技术和经济等多方面的因素，达标排放并不能彻底消除污染，所谓标准只是人为设定的一种妥协。目前，人类已经在各个领域开始探究可持续发展的道路，人居环境治理也不例外。

## 一、正确理解农村厕所革命

### （一）我国农村厕所革命的阶段性目标需求

厕所革命的实质是人居环境文明水平跃升，重点体现在基础设施与服务系统的建设上面。改变人的观念也固然重要。传统的人居环境文明主要面向生活端的需求，以清洁、舒适、便利为主要目标。在现代生态文明思想的引导下，人居环境文明需要考虑面向大自然的需求。实现达标排放，这是当前技术所能达到的水平，而实现可持续发展，则是适应于资源与环境发展目标的终极需求。

我国建国之后通过党领导群众开展爱国卫生运动，在经济十分落后的背景下使卫生防疫达到中等发展水平，这是一项非常了不起的成就。但改革开放之后，我国没有适时调整厕所革命的策略，同时也受限于技术手段，导致农村地区人居环境文明程度总体低于经济社会发展的水平。

当前我国农村厕所革命的总体目标应定位于农村人居环境治理的现代化，并在治理的过程中选择更可持续发展的技术路径，避免重蹈覆辙。少数偏远地区，或尚未实现供水供电的地区，可以分两步走。第一步先达到准现代化的水平，建议以改良的卫生旱厕与粪肥利用技术为主，使生活卫生文明达到健康与舒适的水准，并适当提高粪污清扫与利用的便利化（机械化）程度，待条件改善后再实施第二步完全现代化的改造。

### （二）正确认知人居环境文明发展的技术与路线

在现代技术文明出现之前，不同的文明形成了不同的排放习俗。

一种是传统的环境排放，即将排泄物以及失去生活使用价值的物品直接抛弃；对个体而言，实际上是怎么方便怎么排。在这种习俗之下，西方人发明了用水冲洗厕所并通过下水道将粪水排向城市下游的技术，后来为了治理被污染的河道又发明了污水处理技术，才逐步形成目前的达标排放模式。

在过去的一百多年里，全球在本领域的几乎所有研究力量都投入在达标排放的模式上。目前这一模式无论是在直接的成本效益方面，还是在生态环境的成本效益方面都已经触及天花板，而治理的效果用可持续发展的标准衡量仍然是遥不可及。其根本的原因在于路线错了，技术越先进，错得越远。

还有一种是传统的田园循环习俗，主要流行于中华文化圈。中国人在四千年前就熟知粪的肥料价值。在粮食匮乏和没有化肥的年代，粪是不可多得的宝贵资源，收集和贩卖粪便有利可图，自然而然地提升了公共清扫的水平，并由此创造了朴素的可持续发展。虽然路线正确，但技术落后也是不争的事实，难以被现代人所接受。

简单地说，厕所的现代化并不只有一条道路，而达标排放也不是天经地义。中国人完全可以也应该在本国文化的基础上探索出一条不同于西方文明的现代化道路。

### （三）农村厕所革命是一个系统工程

厕所革命绝不仅仅意味着改厕，而是建立从生活排放源头到资源环境终端的卫生与环境治理的系统。这一系统根据治理目标与责任的划分，可以分为户内清洁、市政清扫、生态环境三个环节。治理的对象涵盖所有生活卫生排放的物质，一是废物，主要是粪尿、食物残渣和其余杂废（主要是无机废物）；二是废水，主要是各种洗涤活动用过的水，如洗衣、洗浴和厨房清洗等的废水。简单地说，厕所革命应包括改厕、污水和垃圾治理。

只有从系统的角度理解、设计和组织，才能高效地实施人居环境治理工程。在废物流的方向上，应同步推进户内卫生改造、废水废物收集以及污染治理工程，尤其是要注重前端治理，避免后端已建成的处理设施"晒太阳"。在废弃物质的分类上，应统筹考虑卫生排放的体制，其中最关键的是粪尿和食物残渣排放的体制。当前的制式技术将粪尿合并到污水中进行排放，这是其最大的败笔。

分散居住是农村人居特点，包括聚落规模小和内部密度低。在区域的尺度上打包人居环境治理工程，有助于统筹要素、批量实施，提高效率，降低成本。我国应以县域为基本单元组织实施农村人居环境治理。农村生活源污染与农业生产源污染在排放空间、责任主体、污染性质上有相当的共通性，适宜统筹和协同治理。

现有的将农村人居环境建设切割为改厕、污水、垃圾的管理方式默认采用常规污水垃圾处理的技术模式，非常不利于颠覆性技术的应用推广。而基于现有的污水垃圾处理模式，我国农村人居环境现代化治理的成本，投资需求至少在 3 万元 / 户、运行维护在 800 元 / 户 / 年的水平，远远超过绝大部分地区的承受能力。综合各种因素分析，我国如要在 2035 年之前基本实现农村人居环境治理的现代化，投资需求必须降低到现有水平的 1/3、运行维护成本降低至现有水平的 1/5 甚至 1/10。只有在技术上进行颠覆性创新，才能实现这一目标。

## 二、我国乡村人居环境治理面临的挑战

乡村人居环境治理作为一项基本的公共服务，无论是基础设施建设还是对建成后设施的运行维护，均需要一定投入。就全国平均水平而言，按现有技术模式，在满足现代化标准的前提下，仅污水处理一项，户均等价年成本就超过 2000 元 / 户 / 年。目前，苏南和浙江一些整县推进的地区投入水平已经达到 3.5 万元 / 户，北京一些连片治理项目甚至超过 6 万元 / 户。现代化的乡村人居环境服务的推广与普及必然会给各级财政带来巨大压力。

当前我国农村人居环境治理面临的最大障碍是资金需求与供给不足的矛盾。厕所、污水、垃圾治理属于市政基础设施建设的范畴，与广大人民群众每日生活息息相关，服务寿命长，很多设施埋设在地下，维修和重建的成本都很高。各种不好用、不能用或者晒太阳的工程，固然跟缺乏经验有关，但最大的痛点还是现有技术价格太贵，在资金不足的情况下，只能在工程质量和运行效果上打折扣。

相较于人口集聚度高的城镇地区，乡村聚落规模小、内部居住密度低。分散的居住格局使得在乡村地区对卫生排水或生活废物进行有规模的一体化收集和处理变得不利。在城市地区已成熟应用的集中式污水处理模式在乡村地区强行实施的成本很高。因此，在居住分散的乡村地区，分散式的污水处理往往更有优势，既可以是以自然聚落为单位的村组集中处理，也可以是最为分散的原位的分户处理。尽管通过采用分散式的污水处理模式可以有效应对居住分散的难题，但小型污水处理设施稳定运行要比城镇污水处理设施更难，在技术上的要求更高，这是目前分散式污水处理模式所要面对的主要问题。

我国地域辽阔，多样性的自然地理气候则是我国乡村人居环境治理面临的另一个重要挑战。现有的大水冲洗的生活卫生方式更适用于水资源丰富、气候温暖的地区。目前的主流污水处理工艺都是基于生物处理的原理，通常只有当水温在 15℃以上才有比较好的效果。在我国北方地区，冬季寒冷且持续时间长，小微型的污水处理设施很难保温，相应的处理效果不会好。另外，我国普遍存在水资源短缺的问题，包括水质型缺水和季节性缺水，节水是永恒的话题。

人居环境治理是发展后的需求，总体上要与发展的水平相适应。近年来，我国经济社会取得举世瞩目的发展成就，但存在区域发展不平衡的问题，在乡村表现得尤其显著，发展的跨度将在 60 年以上。这给乡村人居环境治理带来了严峻挑战。总体上，东部沿海地区经济条件较好，乡村居民对生活卫生设施的要求也高，水冲厕所在乡村有一定普及；而西部地区发展较为迟滞，乡村居民卫生意识不强，普遍还使用比较落后的厕所。人居环境基础设施的建设除了需要有大量资金支撑外，公共治理和社会配套也很重要。对于基础设施建设而言，空白并不都是缺点，后发展地区往往更有条件采用跨越性的技术。

以上各个挑战都可以归纳为技术问题，通过技术的进步，包括研发、咨询、生产、安装、运行以及工程的高效组织，基本上都可以解决得更好。但唯技术论并不能保障乡村人居环境治理一定会取得令人满意的效果。乡村人居环境治理是一个不同于私人消费品的需求，既有个体的需求，又有公共需求，居民意识、社会舆论和公共政策是人居环境治理需要面对的核心挑战之一，其重要性可能更甚于技术。

## 三、达标排放：当前的制式技术

### （一）技术现状

以水冲式便器、重力排水管道和末端污水处理为标志的达标排放模式是人类发明的第一种满足现代化人居环境要求的技术路径，也是过去一百多年来唯一的市政技术制式。

达标排放模式将人居环境系统划分为生活污水处理系统和生活垃圾处理系统。进入污水处理系统的主要是粪尿、便器冲洗水和其他生活杂排水，进入垃圾处理系统的主要是厨余垃圾和其他生活废品。图16.1和图16.2分别展示了达标排放模式下的污水和垃圾治理系统。

目前我国各地普遍建立了城乡全覆盖的村收集—镇转运—县（市）处理的农村垃圾处理系统。实际上这是一种将城市垃圾治理系统向乡村进行延伸覆盖的做法，优点是通过集约化、进而通过高效的工业化手段解决问题，缺点是将大量的有机生活垃圾从乡村转移到城市，使其失去资源化利用的机会，也增加了长途运输和末端处理的成本。以食物残渣为主的有机垃圾成分含水量大，易于腐烂，不仅导致垃圾渗滤液处理的难题，增加填埋和焚烧成本，而且因其具有沾染性，影响垃圾分类和进一步的资源化。因此在达标排放模式下，厨余垃圾的分类排放是垃圾治理面临的最大难题。

比较而言，在现代化的进程中，乡村污水治理的困难更大，是当前乡村人居环境治理面临的主要技术经济难点。目前我国乡村污水治理沿用城市的达标排放模式，通过重力式水冲管道排污技术将粪尿纳入污水系统，混合的生活污水通过下水管道收集至污水处理厂站。在现代化生活水平下，人均生活污水产量可能会高达 0.2 吨/天，如都由城市的技术系统提供延伸的收集处理服务，其运输成本太高。

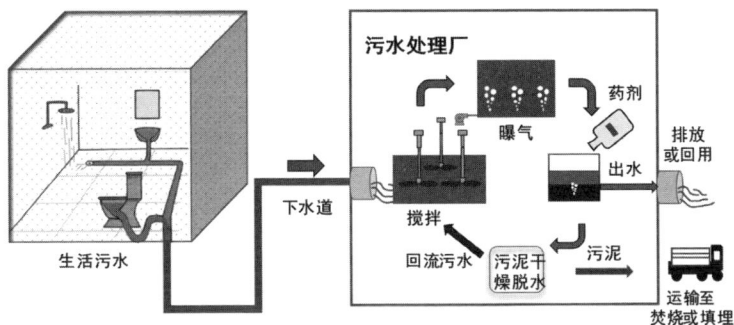

图 16.1　达标排放模式下的污水处理系统

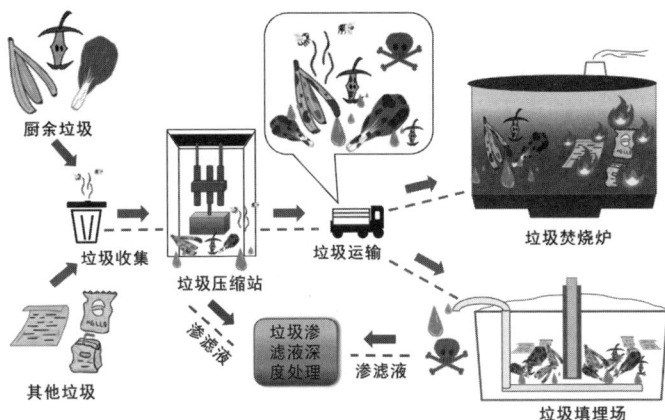

图 16.2　达标排放模式下的垃圾处理系统

　　针对乡村居住相对分散的特点，为降低污水收集的成本，须综合运用纳入城镇集中处理、村组集中处理和分户处理的站点布局方式覆盖区域内的农户。其中村组集中处理和分户处理两种布局方式的优点是减少了户均管网投入，其中分户处理的方式完全不需要公共下水道。更分散的污水处理设施布局有利于降低对出水的技术要求，不利的影响是终端处理的建设与运行成本高，且要求能无人值守。为了降低农村小型或微型污水处理设施的运行成本，可以因地制宜地利用农村有利的自然生态条件对污水进行净化，采用诸如人工湿地、土壤渗滤等污水处理工艺，但会相应地增加土地占用，并且处理的效果难以把控。

生活污水处理主要是利用物化和生化反应去除污染物质，尤其是污染物质的最终分解需要依赖复杂和精细的生物化学过程。为了使污染去除的反应能够顺利进行，需要消耗电能，投加多种药剂。低温、水质和水量波动都会严重影响污水处理的效果。相对而言，大型污水处理厂对寒冷和水质水量波动的抵抗力较强。小型和微型的污水处理设施为了抵御寒冷气候和水质水量波动的影响，需要增加很多设备和运维技术的投入，强调对建设与运行过程的精细化管理。

目前，有关农村污水处理的底层工艺与设备技术已经发展得很成熟，在污水处理效率和性价比上很难有大幅度提升，降低成本的空间主要在工程规划、组织管理和规模化效应方面。

## （二）存在问题

达标排放系统在生活卫生服务方面几乎完全满足了普通大众对健康、舒适和便利性的追求，也因此树立了现代化生活卫生文明的标杆。任何替代性的人居环境技术方案，如果不能在这三个方面与达标排放系统相媲美，则很难被大众所接受。

达标排放系统的污染控制性能则远远没有达到完全消除污染的程度。一方面，经过多年发展，技术上面已经逐步逼近污染去除的上限，另一方面，提升污染物去除率意味着要增加投入。为此，人们不得不设立某种污染排放的技术标准，达到技术标准的允许排放，达不到技术标准的不允许排放。以污水处理为例，目前比较先进且运行管理水平也比较高的生活污水处理系统对污染物的去处率大约为80%。进一步提升的空间非常有限。

达标排放系统在水、电、物资等的消耗方面，以及在温室气体排放和资源回用方面与可持续发展的要求相去甚远。以污水为例，达标排放模式使用大量清洁水排放厕所废物，仅此一项所消耗的清洁水就可达到 15 吨 / 人 / 年。由于混入大量的有机生活废物（主要是粪尿和餐厨废物），生活污水的处理难度及其能耗和材料消耗大幅增加，以吨污水耗电 0.6 度计算，仅污水处理厂耗电就达到 100 度 / 人 / 年。污水处理的一项重要任务是将有机物分解为二氧化碳和水，因此污水处理会直接释放二氧化碳，这还不包括系统在建设和运行过程中所间接排放的二氧化碳。

有机生活废物本身是一种资源。尤其在中国，传统上粪尿是非常优质的肥料。在达标排放模式下，粪尿被大量水稀释后就不再具有资源利用价值。尽管很长时间以来国内外都在研究如何从污水中提取氮磷等植物营养元素，但到目前为止还没有出现一个有实用价值的工程案例。

## 四、现代田园循环：迟到的中国方案

### （一）发展历程

随着人们对达标排放模式的不可持续性进行深入地反思，国内外的研究者们开始思考如何重新构建现代化人居环境模式的问题。尽管不同研究者的着眼点不尽相同，但总的创新思路是在满足基本人居生活与控污减排的基础上，通过将粪尿和餐饮废物从其他生活卫生排放中分离出来，并进行资源化收集与利用，从而减少废水废物排放和处理过程中的物质与能源消耗，降低直接经济成本和环境成本。

中国有数千年传统田园循环的历史，其所蕴含的资源与环境可持续发展的理念更是东方农耕文明之塔上迸射出的最耀眼光芒之一。在我国传统农业社会中，粪尿、草木灰、畜禽粪便等均被视为至关重要的养分来源，粪尿还田的理念牢牢地印刻在文化基因中。

传统田园循环主要的缺点是生活端和资源利用端不符合现代化对便利性的要求。相比而言，对施肥过程进行现代化改造要容易一些，关键在于重新发明既满足现代化生活排放要求又保留粪尿资源化利用价值的厕所。

常规水冲厕所之所以需要用大量水冲洗，主要是因为便器清洗和废物的转移均需要依靠水力作用。水量过小一是不能保证便器清洁效果，二是固体易于在管道中沉淀进而导致堵塞。我国现行技术标准（《GB6952—2015 卫生陶瓷》）对便器用水量的规定，普通型坐便器 ≤ 6.4 升 / 次、节水型坐便器 ≤ 5.0 升 / 次，蹲便器的用水量要更高一些。考虑到人一次排便的量大约在 350 毫升左右，这意味着人所排放的粪尿要被稀释近 20 倍，将这样的厕所废水用于施肥，不仅肥效低，而且再生处理和运输等成本都很高，缺乏可行性。

通过抽吸管道排污的方法可以有效解决上述问题，实现少水冲管道排污的效果。目前市场上已有两种抽吸管道排污的技术可供选用，一种是真空管道排污技术，还有一种是拔风抽吸管道排污技术，两种技术都能将管道排污厕所的便器冲洗水量控制在约 1 升 / 次左右，足以支撑构建现代田园循环的系统。

中国科学院生态环境研究中心在盖茨基金等项目的支持下，开发了一种基于真空源分离的现代田园循环系统，如图 16.3 所示。该系统通过真空系统同时收集粪污和厨余垃圾，主要设备包括每户内安装的真空便器和真空厨洁器，用于连接每户与中心真空泵站的真空管道，以及位于收集管道末端的资源化中心，其中包含真空泵站和资源化处理设备，处理后的粪肥满足无害化和资源化的要求，就近还田利用。其余的生活污水主要是洗涤废水，污染程度不高，通过每户设置的土壤渗滤系统净化后就可以原位排放。由于解决了厨余垃圾的排放问题，其余的生活垃圾经进一步分类后，治理的成本可以降低 80%。真空源分离——现代田园循环模式的建设成本约为 1.5 万元 / 户，比达标排放模式下的污水处理系统更有经济优势，而且其运行成本可以比达标排放模式降低 60%。该系统同时具有节水、节能、减排和资源再生的优势，基于生命周期评价，其可持续发展指数较达标排放模式提升 60%，充分显示了现代田园循环的技术和经济优势。

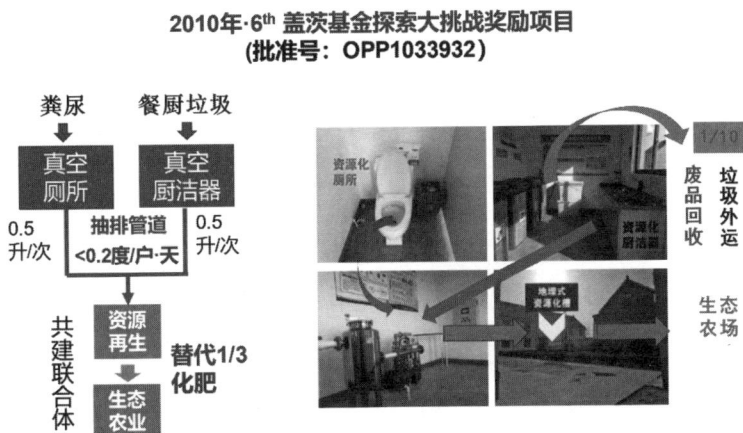

图 16.3　基于真空源分离的现代田园循环模式

目前国内有多家公司可以提供真空排污技术，而且在天津皂甲屯已经实施了服务规模超过万户的农村真空排水工程，充分表明现代田园模式在技术经济上具有可行性。

### （二）基于拔风抽吸管道排污的现代田园循环技术

真空管道排污技术的不足之处：一是技术要求比较高。这一方面使得建设成本难以大幅度下降；二是运行的可靠性不太令人放心，因此与"重新发明厕所"的世纪性目标还有差距。将抽吸排污与重力管道排污相结合的新型管道排污技术，为现代田园循环模式的推广应用提供了新的思路和方向。

拔风抽吸管道排污是利用在排污管中实施与冲水操作相同步的拔风操作，结合独特而又简单的后续排污设计，实现用微量水清洁便器和管道输送的排污效果。基于以上技术原理，中国科学院生态环境研究中心研发了微冲宝排污系统。与常规重力管道排污系统相比，微冲宝管道排污主要是增加一个管道拔风器。拔风器技术简约，制造成本低。微冲宝排污系统在节水性能方面与真空排污系统相近，但管道拔风器是利用与排水同步的拔风作用实现短时微负压的抽吸排污效果，在性能要求上比真空排水用的常规真空泵低很多。微冲宝管道排污系统不需要维持高品质的真空环境，管道无须严格密封，也不需要设置高精度的真空阀门。因此在设置和运行维护的成本上，微冲宝系统可以比真空排污系统再降低 50%。当用于坐便时，微冲宝厕所的用水量 ≤ 1.5 升 / 次。与目前市售的常规水冲厕所相比，微冲宝厕所可将粪污产量降低约 70%，浓度提升超过 3 倍，通过普通户用三格化粪池处理粪污就可以满足《GB7959—2012 粪污无害化卫生要求》。

进一步，基于微冲宝管道排污技术，构建了以有机生活废物高浓度管道化收集、无害化处理与资源化利用为核心的现代田园循环系统（见图 16.4）。该系统主要包括以下四个核心内容。

（1）室内卫生排放源头分离分类。将户内生活卫生排放从源头分割为有机废物、无机废物和杂排水。取决于经济条件与生活习惯，有机生活废物的卫生排放，既可以选择基于微水冲管道排污的湿式排放模式，以高浓度有机废液的形式进行收集；也可以选用干式排放模式，以固体废物的形式进行收集。应尽可能避免将高浓度有机废液混入生活杂排水中排放。经微冲宝排污系统收集的有机废液在无害化和资源化处理后还田利用，有条件的地区可以考虑构建统筹的农村有机废物田园循环系统，将畜禽粪便和秸秆治理纳入这个系统，并与农业面源污染控制协同规划。无机废物进一步进行垃圾分类和处理、处置与回用。生活杂排水则通过生态排水或强化处理后达标排放。

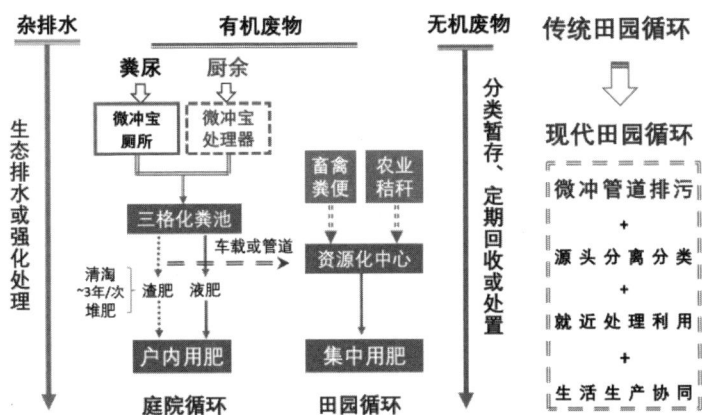

图 16.4　基于微冲宝的现代田园循环系统示意图

（2）有机废液再生处理与利用。采用以厌氧消化为主的无害化与资源化处理工艺即可满足要求。户内厌氧消解器的选型设计必须满足《GB7959—2012粪污无害化处理要求》。如选择三格化粪池，其前两格水力停留时间不得少于30天，推荐1~3口之家选型1.5立方米规格的三格式化粪池，4~5口之家选型2立方米规格的三格化粪池。粪渣与粪液的清淘及利用，既可以由农户自行实施，也可以采用社会化服务和集中利用的方式。沼液的集中转运可以选择吸粪车方式，也可以通过"管道＋地头储肥池"的方式进行收集。

（3）生活杂排水治理。因地、因村、因户制宜制定卫生排水与控污减排的工艺方案。为降低管网建设与污水处理设施运行成本，对生活杂排水提倡在加强管理的基础上采取有序排水、原位处理、生态净化的治理工艺。具体的工艺形式有三种选择：①原位生态排水。适用于家庭用水量小且环境不敏感的地区。采用以渗坑为主的方式收集和排放户内生活杂排水。针对户内多点排放，渗坑排水点宜合则合，宜分则分。②原位强化生态处理——达标排放。适用于家庭生活用水量大，地区环境保护要求高，户内有可利用空间的情景。在户内设置强化的生态处理装置如湿地、亚表层土壤渗滤、生态塘等，达标处理、原位排水。③雨杂合流——截留处理。适用于村内居住密集、房前屋后无可用土地、地面硬化率高的情况。在严格实施粪污源分离治理的前提下，利用村内原有雨水沟渠收集杂排水，并在下游设置截留井，提升纳管处理，或就近建设生活杂排水处理设施。

（4）无机废物治理。垃圾分类存放，定期收集，废品回收利用，其余垃圾填埋或焚烧。

基于拔风抽吸——微水冲管道排污技术所构建的现代田园循环系统通过有机生活废物的源头分离——资源化利用，可大幅降低生活污水和生活垃圾污染控制的需求，与现有技术相比，建设成本降低和运维成本分别降低70%以上和90%以上，并且具有节水、节能、降耗、减排、低碳和资源回用的可持续发展优势。

## （三）工程案例

### 案例一　新疆生产建设兵团第九师 167 团微冲宝
### ——现代田园循环系统（厕污一体化治理）

**工程背景：** 位于新疆维吾尔自治区塔城地区与哈萨克斯坦接壤的边境地带，当地冬季寒冷，极限低温低于 −40℃，常年不冻层在 1.8 米以下。工程地势平坦，职工住宅为统一规划的院落布局，主房和附房均为平房，院落占地大，院内设菜园和果园，通电通水，大部分职工在团部有住宅，连队住宅主要在夏季使用，但也有部分职工冬季留居连队。原有厕所为旱厕。由于缺水和气候寒冷，连队改厕及污水处理特别困难。

**设计标准：** 该项目为完整的"农村改厕＋污水治理工程"，粪污和污水处理全部采用分户模式，厕所符合现代化生活卫生要求，室内安装，有水清洁，管道排污，粪污处理符合《GB7959—2012 粪污无害化处理要求》，杂排水处理满足地方标准要求。

**治理规模：** 99 户

**工艺路线：** （1）粪污："微冲宝厕所＋户用三格化粪池＋粪肥还田"。（2）生活杂排水："预处理器＋原位地下生物滴滤床"。

**安装工程：** 职工住宅的主房内安装 1 套压力冲水后排式微冲宝便器（WCB01K02S00-B03Y），在住宅外邻近厕所的位置安装 1.5m³ 三格化粪池，在邻近生活杂排水点的附近安装"生活杂排水预处理器＋地下生物滴滤床（砾石）"，厨房废水加装隔油池，处理后的出水原位下渗排水。经合格处理的三格化粪池的沼液和沼渣由连队提供吸粪服务，然后由职工自行用于院内菜园果园施肥。

实施时间：第一批 10 户于 2022 年 10 月安装试用，其余在 2023 年安装。

工程造价：15000 元 / 户

运行维护：微冲宝厕所耗电量约为 3 度 / 户 / 年，由农户自行负担。粪污处理系统无动力消耗，化粪池第三格液肥由农户自行取用，或由连队组织集中吸粪利用。生活杂排水处理设施无动力消耗，农户在连队指导下对隔油除渣器进行定期的清渣维护。安装公司在质保期内提供微冲宝厕所维保服务。

实施效果：本案例在改厕、厕污处理利用和生活杂排水处理方面完全达到现代化要求，工艺能够较好地适用于寒冷地区，并使建设与运维成本大幅降低。实施后，极大地改善了兵团职工（农户）的生活卫生条件，并且与现有技术模式相比，成本节约超过 50%。

## 案例二　江西上犹县横岭村微冲宝——现代田园循环系统（厕污一体化治理）

工程背景：以丘陵山地为主，属亚热带季风气候，农村地区通水通电。此前采用污水处理模式，主要工艺包括人工湿地、氧化塘、一体化化设施等，综合改厕与农村污水处理的成本达到 2.5 万~3 万元 / 户，运维成本在 300~500 元 / 户 / 年。

设计标准：（1）厕所符合现代化生活卫生要求，室内安装，有水清洁，管道排污。（2）粪污处理符合《GB7959—2012 粪污无害化处理要求》。（3）农户生活杂排水全收集，消除地表漫流和直排。（4）生活杂排水处理适用《DB36/1102—2019 江西省村庄生活污水治理水污染物排放标准》，分户处理设施出水按 3 级标准设计。

治理规模：92 户。

工艺路线：与案例一相同。

安装工程：新装微冲宝厕所 123 套，改造原有直落式蹲便系统 36 套，实施生活杂排水处理 90 户，改造和新装三格化粪池 44 户。此外，安装工程还包括涉及厕所安装所需的室内供水管和配电线路改造，涉及洗涤废水和厨房废水的排水改造，部分用户须对原有便器拆除并做地面恢复。

实施时间：2023 年 4—8 月

工程造价：8000 元 / 户

运行维护：与案例一相同。

实施效果：厕所、粪污处理利用及生活杂排水治理完全达到设计要求。农业农村和生态环境等部门及专家多次调研并给予积极评价。

## 五、结语

普及现代化乡村人居环境基础设施与服务已经提上国家的议事日程。现有以达标排放为主旨的污水垃圾处理模式的建设与运行成本过高，是制约当前农村厕所革命推进与实施质量的瓶颈。现代田园循环模式可有效破解人居环境治理可持续发展的难题，重新构建绿色和健康的农村农业生态系统，助推乡村振兴，为世界人居环境可持续发展贡献中国方案。

现代田园循环系统是一个从室内排放源头开始进行创新的人居环境系统，在技术思想、卫生排放体制、配套技术产品等诸多方面与现有与达标排放系统有不兼容之处。还存在行政管理体制、行业技术标准、用户协调等方面的挑战，需要国家出台系统性政策、标准、发展规划等，鼓励应用和发展现代田园循环模式。

## 第17讲

# "无废城市"建设：固废减量化与循环利用

周传斌[①]

　　固体废物的处理与资源化利用，是当今社会面临的重要环境与发展课题。随着城市化进程的加速和人们生活水平的提高，固体废物的产生量不断增加，给环境带来了巨大压力。**本讲将聚焦我国固体废物污染治理的新形势和新要求，阐述"无废城市"建设的背景与意义，探讨其建设路径及经验做法，为推动固体废物的可持续管理提供有益借鉴。**

　　固废废物包括工业固体废物、生活垃圾、建筑垃圾、农业固体废物、危险废物等类型，覆盖城乡生产生活等各个领域。我国已经建立了从源头管控到末端控制的固体废物管理法律法规和技术标准体系，然而，我国固体废物处理与资源化利用的总体压力依然较大，在环境污染风险控制、循环利用体系构建、减污降碳协同等方面面临新的形势，亟须以"绿色、低碳、循环"为目标，从系统化的"无废城市"体系建设着手，推进固体废物的可持续管理。

---

　　① 周传斌：博士，中国科学院生态环境研究中心研究员。主要从事城市代谢与固废信息学、厨余垃圾与塑料垃圾资源化、垃圾填埋场生态修复、垃圾分类管理政策等方面的研究。

## 一、我国固体废物污染治理的新形势和新要求

根据《2022 中国生态环境状况公报》，2022 年全国一般工业固体废物产生量为 41.1 亿吨，综合利用量为 23.7 亿吨，处置量为 8.9 亿吨；全国城市生活垃圾清运量为 2.58 亿吨，无害化处理率为 99.9%；全国约有 6 万家单位危险废物年产生量在 10 吨以上，总申报危险废物产生量约 1 亿吨；农业秸秆综合利用率超过 88%，农膜回收率稳定在 88%。我国各类固体废物产生及处理量总体呈现上升趋势。国务院国资委研究中心的研究显示，2015 年至 2021 年，全国一般工业固体废物产生量增长 21.4%，城市生活垃圾清运量增长 30%，危险废物产生量增长 118%，固体废物处理与资源化利用的总体压力持续增长。

1995 年 10 月 30 日我国首次通过了《固体废物污染环境防治法》（以下简称《固废法》），此后经历了 5 次修订，最新修订的《固废法》从 2020 年 9 月 1 日起施行。新修订的《固废法》在以下方面有新要求：（1）建立固体废物污染环境防治信用记录制度；（2）明确了我国逐步基本实现固体废物零进口；（3）提出了推行生活垃圾分类管理制度、生活垃圾处理收费制度、一次性塑料制品管理制度等新规定；（4）规定了重大传染病疫情等突发事件发生时对医疗废物等危险废物应急管理与处置的要求。

在《固废法》等国家法律的基础上，国务院及其职能部门针对固体废物管理的实际需求出台了《医疗废物管理条例》《危险废物经营许可证管理办法》《废弃电器电子产品回收处理管理条例》《再生资源回收管理办法》《国家危险废物名录》等行政法规和部门规章。为规

范固废的资源化利用和安全处理处置工作，我国出台了包括固废分类、监测、污染控制、综合利用等类别的国家、地方、行业技术标准体系。

尽管我国固体废物处理与资源化利用已取得了很大的成绩，但与我国建设美丽中国、践行生态文明理念的总体要求还存在一定差距。我国固体废物污染治理也出现了一些新要求。

## （一）防范固体废物的环境污染风险

固体废物同生产生活紧密相关，同大气环境、水环境和土壤环境治理相互"耦合"。一方面，未经处理的固体废物因雨淋、蒸发、风蚀、自燃、化学变化等作用而污染大气、水体、土壤和生物；另一方面，废气、废水、污染土壤的治理过程中，大部分污染物被转移到固相、形成需要处理处置的新固体废物，如废气治理中的脱硫石膏和污水处理中的污泥等。固体废物的国际、国内转移也会带来环境污染风险。2017 年以来，我国已经全面禁止"洋垃圾"入境，并对危险废物、工业固废的跨省（市）转移处置做了规范化管理要求。未来，我国城市固废管理一方面需要加快补齐医疗废物、危险废物收集处理设备设施等方面的短板，另一方面需要严格控制固体废物带来的环境污染风险。

## （二）构建固体废物的循环利用体系

大力发展循环经济，推动固体废物的循环利用水平是我国固废管理的重要领域。社会生产和消费本质上是自然资源的流动和转化的过程，在人类圈的物质流动过程中，废弃物循环利用体系是保障资源供给安全、提升资源利用效率的重要内容。党的二十大报告提出"加快构建废弃物循环利用体系"。2023 年 7 月，习近平总书记在全国生态环境保护大会上再次强调"着力构建绿色低碳循环经济体系，有效降低发展的资源环境代价，持续增强发展的潜力和后劲"。国家发改委、生态环境部、住建部、工信部等多部门都在推动我国固体废物循环利用体系构建工作。国家发改委等 14 部委联合发布了《循环发展引领行动》，提出主要资源产出率、主要固废循环利用率、资源循环利用产值等方面的要求。近年来，我国已经陆续出台了废旧物资、城市矿产、绿色工厂（产品、供应链）、垃圾分类、无废城市建设等领域的示范创建工作。

### （三）推动固体废物的减污降碳协同

生态环境部黄润秋部长指出，固体废物污染防治"一头连着减污，一头连着降碳"。一方面，固体废物的处理和处置过程是人类社会重要的碳排放源，联合国政府间气候变化专门委员会（IPCC）将固体废物的碳排放作为国家温室气体排放清单核算的五大部门之一。另一方面，固体废物的资源化利用又可以大幅减少一次资源使用带来的碳排放，因此具有显著的碳减排效益。巴塞尔公约亚太区域中心对全球 45 个国家和区域的固体废物管理碳减排潜力研究显示，通过提升固体废物的全过程管理水平，可以实现相应国家碳排放减量的 13.7%～45.2%（平均 27.6%）。另据中国循环经济协会测算，"十三五"时期发展循环经济对我国碳减排的贡献率约为 25%。

良好的固废管理水平甚至可以带来"碳中和"贡献。中国科学院生态环境中心结合城市固废处理数据和生命周期评价数据库测算了宁波市固废管理系统的碳足迹，结果表明宁波市建筑垃圾、一般工业固废和生活垃圾处理的碳足迹为负，为 60 万~78 万吨 $CO_{2eq}$/ 年，这是因为固废资源化产物（如再生砖材、水泥等）可以抵扣使用原生材料带来的碳排放，而生活垃圾焚烧、卫生填埋、农业废弃物、危险废物处理是碳排放源，还有待优化。这个案例表明，通过实施固废处理减量化、资源化举措，可以实现固废处理"净减碳"，进而为我国实现"双碳"目标做出重要贡献。

## 二、"无废城市"建设的提出背景

国际零废弃联盟 2004 年首次给出"零废弃"（zero waste）定义，并在 2009 年将其修订为："零废弃引导人们改变日常生活方式和做法，以效仿自然界可持续的循环，所有废弃材料都设计成可供其他过程使用的资源。"零废弃要求系统地设计和管理产品和过程，避免和减少原材料使用量、废物产生量，减少原材料和废物中的有毒物质，保存或回收所有资源，而不是以焚烧或填埋的方式处理废物。我国的"无废城市"理念，在核心理念上同"零废弃"一致，也更有针对性和可操作性。我国提出的"无废城市"建设，是以"创新、协调、绿色、开放、共享"的新发展理念为引领，通过推动形成绿色发展方式和生活方式，持续推进固废源头减量和资源化利用，最大限度减少填埋量，将固废环境影响降至最低，是生态文明建设的重要抓手。

开展"无废城市"建设是党中央、国务院在打好污染防治攻坚战、决胜全面建成小康社会关键阶段作出的重大改革部署，从提出到发展已经历了六年。2018 年杜祥琬院士首次提出"无废城市"建设的目标，并纳入中央深改组改革任务。2018 年 12 月，《国务院办公厅关于印发"无废城市"建设试点工作方案的通知》（国办发〔2018〕128 号），并于 2019 年 5 月印发了《"无废城市"建设试点实施方案编制指南》和《"无废城市"建设指标体系（试行）》。生态环境部选择了首批"11+5""无废城市"建设试点，正式启动了"无废城市"建设工作。"十四五"时期，各地贯彻落实《"十四五"时期"无废城市"建设工作方案》，生态环境部在113个地级市和8个特殊地区全面启动"无废城市"建设工作。浙江、江苏、河北、山东、吉林、海南、天津、重庆和辽宁等9省（市）印发省级"无废城市"建设方案，成渝双城经济圈推动"无废城市"共建，广东省推动开展了"无废湾区"建设。

## 三、"无废城市"建设路径

"无废城市"建设涉及工业固废、生活垃圾、危险废物、医疗废物、建筑垃圾、农业废物等多个固废管理场景，由生态环境、发展改革、城市管理、工业与信息化、农业农村、商务等多个职能部门齐抓共管，包括制度体系建设、技术体系建设、市场体系建设、信息化管理体系建设等多方面。中国科学院生态环境中心承担了《宁波市"无废城市"建设规划》编制工作，结合宁波市案例将"无废城市"建设的主要内容和要求概括如下。

### （一）坚持能减则减，全面抓好产废源头减量化

**统筹推进产业结构调整。**以纺织服装、汽车零部件、橡胶和塑料制品等传统制造业为重点，推动落后产能退出和制造业高质量发展。加强化工、冶金、印染、造纸、表面处理等固废产量大的行业整治提升和清洁生产，持续推进电镀污染治理工艺提升改造，减少电镀污水处理污泥量，工业固体废物产生强度稳定实现负增长。

**持续推进固废"动态清零"。** 强化建筑垃圾堆场、沙场、碎石堆场等问题点位监管。鼓励年产危废 5000 吨以上的企业自建处理设施并依法对外经营。制定促进工业污泥减量的政策，县级以上集中式污水处理厂和年产污泥 1000 吨以上的企业，出厂污泥含水率逐步降至 60%。实行差别化的污泥处置价格，倒逼污泥产生单位削减有毒有害物质使用量。

**大力推进农业废弃物减量。** 深入推进"肥药两制"改革，力争实现化肥农药使用量负增长。组建地膜回收作业专业组织，加大地膜回收机具补贴力度，推进机械化回收。构建种养循环的生态农业体系，统筹推进"主体小循环、区域中循环、县域大循环"三位一体模式，加快完善沼液池（罐）、配套管网、堆肥场、粪污集中处理中心等设施。

**深入推进重点用能、用电、用水、排污企业清洁生产审核。** 结合重污染行业整治提升计划，针对水、大气、重金属、危废污染防治的重点企业制定强制性清洁生产审核名单，鼓励其他企业开展自愿性清洁生产审核。

**加快形成绿色生产生活方式。** 制定机械加工业、食品加工业、纺织及服装加工业等绿色园区标准体系，开展绿色工厂创建。开展可多次循环使用快递箱应用试点，在快递网点划定专门回收区域，提高快递包装回收量。商场、超市、药店等场所、外卖服务和会展活动率先禁止使用不可降解塑料，餐饮行业禁止使用不可降解的一次性塑料餐具，星级宾馆酒店不主动提供一次性塑料制品。

## （二）坚持应分尽分，全面落实分类贮存规范化

**全面实施生活垃圾强制分类。** 坚持垃圾分类的基础教育，学前教育、初等教育、中等教育、高等教育等教育机构，应组织开展生活垃

圾分类知识普及教育。坚持城乡垃圾分类收集一体化管理，根据国家要求生活垃圾分类覆盖面应逐步达到100%。着力推进生活垃圾收费制度创新，以非居民端为重点，探索促进分类收集的垃圾收费制度。建设低值可回收物交易平台，促进资源集聚，鼓励可回收物资源化的本地闭环。

推进一般工业固体废物分类贮存规范化。以废玻璃、废塑料、废橡胶、废保温棉、废木料为重点，开展工业固废的源头分类贮存。开展工业固废消纳渠道调查，制定一般工业固废的分类标准和分类贮存制度，提升规范化管理水平。督促企业做好固体废物产生种类、属性、数量、去向等信息核查，夯实管理基础。

## （三）坚持应收尽收，全面实现收集转运专业化

践行重点行业的生产者责任延伸制度。按国家相关要求实施铅酸蓄电池、动力电池、电器电子产品、汽车等行业的生产者责任延伸制，基本建成废弃产品逆向回收体系。

规范工业固废和工业污泥的运输管理。培育第三方服务企业，基于市场化机制开展一般工业固废、危险废物、工业污泥的收运。实施备案制度，运输车辆应采取密闭、防水、防渗漏和防遗撒等污染防治措施，配备车载GPS，执行污泥转移交接记录，实现全过程动态监管。

推进农业废弃物标准化收储体系建设。规划建设规范的秸秆收储点，形成县有龙头企业，乡镇有标准化收储中心，村有固定秸秆收储点的秸秆收储运网络。推行废旧农膜和农药包装分类回收处理，废旧农膜回收处理率达90%，农药包装废弃物力争实现全量回收。

加强小微单元危废和家庭源有害垃圾的收运体系建设。培育专业化的服务队伍，建立健全服务体系，加强科研机构、高等院校、环境

监测机构实验室、汽修行业废矿物油、小微企业、家庭的危废收集、贮存、转运网络体系建设。完善符合环保要求的家庭有害垃圾分类收运体系，以社区为重点推进有害垃圾分类收集、贮存专用容器及设施建设。

### （四）坚持可用尽用，全面促进资源利用最大化

**开展工业园区循环化生态化改造，拓展工业固废的综合利用渠道。**制定工业固体废物资源综合利用财政扶持政策，落实资源综合利用税收优惠政策和补贴政策。重点突破废润滑油、废钢渣、退役动力电池、钛石膏、工业污泥、焚烧飞灰等工业固废的资源化利用技术研发与应用示范。

**加快推动生活垃圾资源化利用。**鼓励回收企业利用互联网、大数据、物联网、信息管理公共平台等信息化手段，开展信息采集、数据分析、流向监测、优化逆向物流网点布局，建立线上线下融合的回收网络，实现线上回收、线下物流融合，提升废品回收的智能化识别、定位、跟踪、监控和管理能力。

**统筹推进城市大宗固体废物的资源化利用水平。**布局服务城市的建筑垃圾资源化利用基地，稳定建筑垃圾资源化利用市场，促进产业的持续健康发展。组织实施秸秆肥料、燃料、饲料、食用菌基料和工业原料化等资源化利用的五大工程，全面推广农药包装回收模式，建立农村保洁队、镇乡级回收点、专业公司外运处置的农药包装管理体系。推广沼液浓缩利用和配送、有机肥集中处理模式，建设区域性沼液配送服务中心。加快集中式和分散式园林绿化垃圾资源化利用设施建设。

**促进危险废弃物分类综合利用。**推进电镀污泥、铬渣、油漆渣、

油基钻屑等大宗危废以及新增危险废物的综合利用及集中处置设施建设。加快建设垃圾焚烧厂的配套飞灰处置设施，探索利用一般工业固废填埋场协同处置固化焚烧飞灰。探索医疗可回收物收集的试点工作。

### （五）坚持应管严管，全面营造高压严管常态化

**加强固废排放与运输环节的综合执法。**加强固体废物监管队伍建设，充实相关职能部门管理力量，将固废收运处置纳入环境综合执法。固体废物环境污染刑事案件查处率达到100%，各乡镇建立固废专项巡查队伍和巡查制度，补足村镇固体废物监管短板。

**强化危险废物的环境监管能力建设。**完善危险废物鉴定等地方标准规范体系，以全过程环境风险防控为基本原则，明确危险废物处置过程二次污染控制要求及资源化利用过程环境保护要求。扩大监管企业覆盖面，提高危险废物产生企业纳入监管信息系统的比例，实现地方和国家信息互联互通。

### （六）坚持应纳尽纳，全面构建管理手段信息化

构建"无废城市"固废闭环式信息化监管平台及基于"互联网＋"的协调联动共享机制。提升统计分析、环境监控、资源交易、市场互动、产业链监督等固废管理能力。强化部门管理工作中对固废处置监管信息系统的应用。打通和共享各局办间的数据，及时掌握"无废城市"指标和重点项目的完成情况，智能预判发展趋势。

**加强信息公开发布，加强公众监督作用。**建立"无废城市"环境信息公开通道，包括政府官网无废城市专栏、实时环境信息跟踪App、企业单位建设环境信息公开等。通过电话、网站、微信等多途

径对"无废城市"建设进行监督。

### （七）坚持问题导向，全面推动制度创新精准化

**破解固体废物底数摸清难题。** 督促企业报上年度工业固体废物的种类、产生量、流向、贮存、处置等有关信息，实现工业固体废物数据的年度动态更新。提高纳入固体废物申报登记范围的企事业单位上网率达到100%，建立或普及固体废物管理信息系统，实现电子化申报，形成产废"一本账"。

**破解利用处置项目落地难。** 通过静脉产业园区建设化解"邻避效应"，构建固废协同处理产业链，形成协同效应，降低环境成本，提升综合效益。探索建立固废跨区域处理生态补偿机制。根据转移地的生态环境基础条件，制定全市生态补偿金支付标准，探索多元化生态补偿方式，综合解决固废处理"邻避问题"。

**引入金融机构、实施优惠政策。** 实施税收优惠政策。落实好现有资源综合利用增值税等税收优惠政策，以工业污泥、低值工业固废、低值再生资源等固废综合利用环节等实行增值税有条件即征即退。持续加大绿色信贷业务创新和推广力度。加强环境信用体系建设，持续推动生态环境、安监等部门的信息共享、守信激励和失信联合惩戒机制。

## 四、"无废城市"建设的经验做法

### （一）国外固废资源化技术的推广应用

美国、欧盟、日本等发达国家形成了较大规模的固废循环利用产业，主要国家在技术研发方面支持的力度也较大。例如欧盟地平线计划（Horizon 2020），在固废领域设立了专门的项目，在废旧材料再生、

城市矿产等领域支持了一批研究项目。日本持续推进"循环型社会"发展计划，重要大宗金属近 100% 循环利用，提出 2035 年固废填埋率降低到 3%。总体而言，环境大数据、互联网、人工智能等新技术都融入了固体废物资源化利用领域。美国、加拿大等开发了基于物 / 互联网技术的园区固体废物回收和产业共生决策算法及平台，使废物回收率提升了 37%。德国、日本等采用无线射频识别在垃圾清运、计量系统以及废物统计、监测管理等领域进行了应用。美国苹果公司开发了手机回收拆解的智能机器人 Liam 和 Daisy，十几秒钟就可以拆解一部手机。日本松下环保公司研发了机器人可智能搬运、视频识别、精准定位、快速拆解智能装备，实现废旧家电高效拆解与树脂金属精细分离，回收铜纯度可达 99%。美国、欧盟建立了 IWEM、3MRA、EPACMTP、IWAIR 等固废风险评估模型与基础数据库，对于固体废物精细化管控提供了支撑。在废纸、废塑料、废金属等固废的资源化利用技术方面，发达国家也研发和应用了新的技术工艺，提高固废资源化产品的附加值。

1. 废纸资源化利用

传统的废纸回收主要用于生产再生纸，其处理过程通常包括机械研磨纤维化、脱墨、脱色、漂白、除粘土和胶黏剂等，但再造纸过程会导致纤维流失和纸张强度的损失，再生利用的次数有限，目前国外已有相关技术将废纸用于制造家具和建筑等新材料。例如，旧新闻纸研磨成粉末，再与聚乙丙烯等聚合材料混合加热，制得防火性能和热稳定性能优的树脂材料。瑞士国家联邦实验室开发了一种由废纸制成的保温绝缘材料，可用于制作木结构及木屋配件等材料，其添加剂对人类、动物和环境无害，而且在防火方面具有应用价值。芬兰国家技术研究中心开发了一项综合利用废弃纸制品和废弃纺织物的技术，将废纸、旧衣料、废棉、木基纤维等支撑黏胶型再生纤维。

2. 废金属资源化利用

欧美发达国家对废金属物料的分选已从单纯的依靠传感器技术逐步融入图像处理、神经网络、激光诱导击穿光谱（LIBS）技术，其自动分选系统可根据分选任务和条件灵活地进行配置，可以分选出1~2毫米粒径的废金属颗粒，分选的准确率高达 95% 以上。芬兰研究人员提出了一种结合双能 X 射线、机器视觉与感应传感器的废金属分选系统，在实验室条件下取得了较好的分选效果。电子废弃物中的废金属回收也得到越来越多的关注。比利时优美科集团（UMICORE）将电子废弃物中的铜、铅、镍等送往铜冶炼设备，产生粗铅、镍砷渣和铜渣，其中镍砷渣含有铂族金属，贵金属以多尔合金的形式被回收利用。日本同和矿业株式会社将电子废弃物中的含金废片和连接器采用湿法进行处理，其溶解液经还原处理后提炼贵金属。而电子基板、带皮铜线等金属材料，一般采用回转窑焚烧或采用热解方式处理，最终送到铜冶炼厂资源化利用。德国、比利时、瑞典等国家围绕多源金属熔池熔炼协同利用开展了系统研究，在均质化调控、多相反应及定向分离机制、高毒元素温和矿化等方面取得了突破性进展，形成了完整的技术体系与成套装备。

3. 废塑料资源化利用

传统的废塑料资源化利用技术是将其重新熔融造粒，用于生产再生塑料材料。针对不同的废塑料材料，还有等离子气化法、复合容积增容法、高温热解法、流化催化裂化法等技术，都得到应用。奥地利埃瑞玛再生工程机械设备公司（EREMA）采用反向逆流技术，提高废塑料回收的性能，降低生产过程的温度，提高了再生塑料的处理能力和产量。奥地利 Starlinger 公司推出的新型塑料回收设备可广泛应用于清洁废料、轻质薄膜和耐研磨塑料制品等的回收利用。日本积水化学工业株式会社开发了"三明治"填充技术，对废弃塑料进行利用，将废塑料用作生产物流货运箱，将高强度和塑性性能优的塑料作为表层材料，将家庭消费产生的低强度废塑料用于中间填充材料。英国Synar 公司在爱尔兰建设的废塑料能源转化厂，日处理废塑料能力为10 吨，废塑料转化率达到 95%。瑞士楚格市的废塑料被运输至 Plast Oil 公司，用于燃料油的生产。

### （二）我国的循环经济技术创新与应用

科技部、生态环境部等部委印发的《"十四五"生态环境领域科技创新专项规划》（国科发社〔2022〕238 号）指出："固废减量与资源化利用方面，深入认识区域物质代谢转化规律及废物资源生态环境属性交互作用机理，突破可持续产品生态设计、无废工艺绿色环境过程、多源复杂固废协同利用等重大技术与装备，攻克制约废物源头减量减害与高质量循环利用的关键材料、核心器件及控制软件，提升装备的绿色化、智能化水平，形成多套跨产业、多场景综合解决方案，显著提高新增废物资源化利用率，支撑污染显著减排与资源循环利用体系构建。""十三五"和"十四五"时期，我国先后布局了重点研发计划"固废资源化专项""循环经济专项"，旨在推动循环经济领域的技术创新。通过以上科研项目的实施，我国已经在工业固废、危险废物、生活垃圾、农业废弃物、固废资源环境大数据等方面积累了创新技术，可为我国循环经济发展提供重要的科技支撑。

生态环境部定期组织"无废城市"建设的亮点模式总结，并发布了"无废城市"建设试点先进适用技术清单，旨在推动各地创新技术和创新模式的推广应用。目前，已有工业固体废物、危险废物、农业固废、生活固废、信息化管理等5个领域的82项技术纳入清单。各个城市也贡献了"无废城市"建设的创新模式。例如，绍兴市重点开展印染化工产业的一般工业固废资源化，提出了一般印染行业一般工业固废的分类资源化利用新模式。铜陵市围绕铜产业，发展井下填充、生产建材等技术，促进尾矿、废石等矿山开采废物和铜冶炼废渣的减量化、资源化。中新天津生态城提出了"无废细胞＋绿色建筑＋可再生能源利用"推动源头减量，针对社区、商场、景区、学校、酒店、工地、公园、快递、机关九大典型场景创建无废细胞。盘锦市全面推行钻井环节"泥浆不落地"工艺，对更改钻井液体系以及完井时的部分钻井液进行清除有害固相和简单维护等处理，使其达到重复使用标准，减少废液产生量。

## 五、结语

随着社会经济的快速发展，我国固体废物处理与资源化利用仍然面临着较大的压力和挑战。解决我国的固体废物管理问题，需要从环境污染风险控制、循环利用体系构建、减污降碳协同增效等方面入手。中央深改组提出"无废城市"建设战略以来，我国已经全面启动了区域、省、城市及产业园区等不同尺度下的"无废城市"建设试点工作，在工业固废、危险废物、生活垃圾、农业废弃物、固废信息化管理等领域都取得了较大成效。固体废物管理一头连着减污，一头连着降碳，涉及生产和消费等各个环节。未来的固体废物管理需要以绿色、循环、低碳为总目标，持续突破和应用绿色设计、固废资源化与能源化等关键技术，建立和优化循环经济市场和政策体系，构建面向全生命周期过程和多元主体共同参与的可持续固废管理系统。

第18讲

# 土壤健康：从农田到餐桌

孙国新 [①]，朱永官

　　土壤是人类赖以生存的基础，它不仅孕育着万物，更与我们的健康息息相关。健康的土壤是农业生产、生态系统功能维持和粮食安全的基石。然而，随着工业化和农业集约化的发展，土壤污染和退化问题日益严峻，直接威胁到粮食安全和人体健康。**本讲将深入剖析土壤健康的概念与标准，探讨土壤健康与粮食安全的关系，介绍健康农业培育模式，以及如何通过培育健康土壤来支撑健康中国建设。**

　　"民以食为天，食以安为先。"农产品质量安全，事关人民身体健康，事关民生大事。健康的土壤是地球上生命存在的根基，是农业发展、基本生态系统功能和粮食安全的基础，关系到人类的可持续发展，也是维持地球上生命的关键。全球95%的食物、75%以上的蛋白质及大部分的纤维都来源于土壤，约78%的全球人均消耗卡路里，来自土壤中直接生长的作物，另有20%卡路里来自间接依赖于土壤的陆源食物。土壤在粮食安全、水安全、能源安全、减缓生物多样性丧

---

　　① 孙国新：博士，中国科学院生态环境研究中心研究员。主要从事重金属的生物地球化学循环、土壤健康等方面的研究。

失以及气候变化等方面都起着重要作用。2013 年 12 月，第 68 届联合国大会正式通过决议，将 12 月 5 日定为"世界土壤日"，将 2015 年定为"国际土壤年"，其口号为"健康土壤带来健康生活"（Healthy Soils for a Healthy Life）。旨在提高人们对健康土壤重要性的认识，唤起全世界对土壤保护的关注。2023 年的第十个世界土壤日，其主题是"土壤和水：食物之源"（Soil and water: a source of life），旨在宣传健康土壤的重要性，倡导土壤资源的可持续管理。

## 一、什么是健康的土壤？

土壤是由多种物质组成的地球表面的一层疏松的物质。土壤矿物质被称为"土壤骨骼"，土壤有机质被称为"土壤肌肉"，多价阳离子被称为"土壤的筋"，土壤溶液相当于人的"血液"，土壤通气性相当于人的"呼吸"，土壤微生物相当于人体"肠道菌群"。健康的土壤如同健康的人体，需要强壮的骨骼，发达的肌肉，干净的血液，强有力的呼吸，均衡的营养，清洁的肠胃。

### 1. 强壮的骨骼

由风化岩石碎屑组成土壤矿物质，即土壤母质，是土壤形成的基础，是土壤的"骨架"，是土壤物质组成的主体。矿物质是土壤团粒的主要组成成分，具有一定的稳定性和耐久性。团粒多是土壤健康的标志，良好的土壤团粒结构有利于通气、保水、保肥，促进有益微生物繁殖和保证土壤微生物的多样性。所以，稳定的团粒结构是土壤健康的根本。

### 2. 发达的肌肉

土壤有机质是土壤的重要组成部分，是衡量土壤健康的重要指标，它主要来源于动植物和微生物残体。土壤中有机质每增加 1%，每公顷土壤可多储水 150 吨。有机质的缺失直接影响土壤可持续性，包括良好土壤团粒结构，作物和微生物所需要的各种营养元素及其有效性。丰富的土壤有机质可改善土壤微生态环境，提高营养物质的吸收、土壤保水保肥能力及其缓冲能力。

3. 筋强则力壮

土壤中的多价阳离子被称为"土壤的筋"，在土壤中发挥着连接"肌肉"（有机质）和"骨骼"（矿物质）的作用。如土壤团粒是由土壤有机、无机物通过多价阳离子的静电作用黏结而成。有机物主要是土壤腐植质/有机质；无机物如碳酸钙、无定形硅酸盐、氧化铁和氧化铝等都是带负电荷的阴离子，通过二价阳离子钙、镁、锰、铁等结合，聚合形成水稳性土壤团粒结构，筋壮则强，筋和则康。

4. 干净的血液

水分由地表进入土壤，溶解各种物质（包括养分）形成的一种稀薄溶液，被称为土壤血液，是有益微生物生存繁殖的必需条件。各种有益微生物为土壤消化"食物"、清除病菌、分泌有益物质，使土壤越发向着健康的方向发展。土壤的容重和孔隙度就像人体的血压，适合的土壤容重和孔隙度是衡量土壤结构稳定性的标准，避免土壤板结、盐渍化等。

5. 强有力的呼吸

同动植物一样，土壤也呼吸，土壤呼吸是土壤中的气体交换，即消耗有机物，产生二氧化碳的过程。如果土壤呼吸受阻，不仅影响植物生长，还会影响土壤中有益微生物和有益动物的生存。

6. 均衡的营养

人体需摄入适量的微量元素、维生素等，既要全面又要适量，土壤同样需要适量的大量元素（氮、磷、钾）和中微量元素（钙、镁、硫、铁、锰、硼、锌、硒等）。一旦土壤"喂食"过量或营养失衡，同样会引起"消化不良""营养不良"。

7. 稳定的肠道菌群

土壤是微生物的大本营，也是它们生长和繁殖的天然"培养基"。土壤微生物的区系组成、生物量及其生命活动对土壤的形成发育、物质循环、养分释放、植物生长、抑制病原菌、各种物质与能量转换等都十分重要。

总体来讲，土壤健康的标准多样，主要包括：富含有机质、良好的团粒结构、良好的透水透气性、足够的持水能力，充足的营养成分，且能被植物有效地吸收和利用，富含大量的有益生物，无有害化学物质和毒素污染等。当然这些特征因地理环境、气候以及土壤类型的不同可能会有所变化。健康的土壤利于通气、保水、保肥，促进有益微生物繁殖，保障土壤微生物的多样性，以及强大的碳汇能力。

学术上，土壤健康是指在生态系统和土地利用的边界内，土壤作为关键的生命系统，为支撑动植物生产，维持或提高空气质量和水质，促进动植物健康而发挥功能的能力，在此意义上，土壤健康强调的是"可持续性"。2014 年，美国农业部将土壤健康定义为：土壤健康是指土壤能够支撑植物、动物和人类生存，持续发挥生态系统功能的能力。有学者进一步指出，土壤健康强调土壤属性与动、植物及人类健康紧密相关，是将农学、土壤学与政策、涉众需求和供应链可持续管理联系起来的纽带。

## 二、土壤健康与粮食安全

粮食安全是人类健康的中心，包括足够且稳定的粮食产量和供应，食品中营养成分充足，以及食品中少含甚至不含潜在的有毒化合物。要达到上述目标，土壤发挥着重要的作用。生产出产量足够且营养丰富的作物，主要取决于土壤健康程度和环境条件。当土壤足够健康，具备发达结构、充足有机物质，以及其他有利于促进作物生长的特性时，则能获得更高的产量，就可能实现粮食安全。反之，当土壤因水土流失、结构破坏和养分损失等退化时，造成作物产量下降，则威胁到粮食安全。据联合国粮农组织估计，到2050年全球粮食产量需增加60%，然而全球约三分之一土壤出现退化现象，包括土壤侵蚀、板结、盐渍化、有机质和养分枯竭、酸化、污染和不可持续的土地管理方式引起的其他退化，我国约70%的农田为中低产田。目前土壤退化速度之快，已威胁到子孙后代的繁衍生息。

此外，土壤是食物链的起点，如果土壤受到污染或贫瘠化，作物的品质和安全性将受到影响。图18.1展示了健康土壤对粮食安全的重要性。

### （一）土壤污染

联合国粮农组织《世界土壤资源状况》（2015）报告指出：全球土壤资源状况不容乐观，土壤恶化超过其改善的情况，土壤污染已成为全球土壤功能退化所面临的最主要的威胁之一。西方很多发达国家在工业化进程中曾走过"先污染后治理"的发展道路，许多国家和地区一直在"污染—治理—再污染—再治理"的怪圈中徘徊。改革开放

安全　营养丰富　品种多样　充足　稳定　弹性

可持续粮食生产　　粮食和营养安全

健康
土壤　——支撑→　　　——确保→

损害

土壤威胁

含水率　土壤　有机质　营养　多样性　盐碱化　酸化　污染　盐碱化　板结
下降　侵蚀　降低　缺乏　缺失

气候变化　　不可持续的土壤管理　　土地利用变化

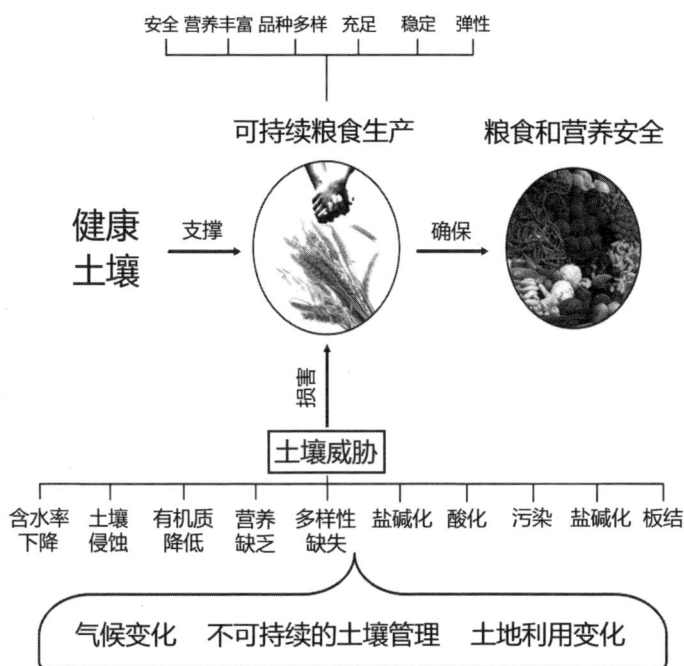

图 18.1　健康土壤对粮食安全的重要性

40 余年来，我国实施的高度集约化农业生产取得了巨大成就，但农田土壤环境问题也日益凸显，农田土壤污染和土壤质量下降问题日趋严峻，农产品质量安全受到严重威胁。生态环境部全国土壤污染状况调查显示，我国耕地土壤污染点位超标率达 19.4%，主要污染物为重金属，其中镉污染点位超标率达到 7.0%。长江三角洲、珠江三角洲、东北老工业基地等部分区域土壤重金属污染较为突出，而这些区域正是我国主要的粮食产区。重金属通过岩石自然风化、矿业等人类活动进入土壤。农业生产中，（化学）肥料、厩肥和杀虫剂的使用也导致土壤重金属积累。重金属也从垃圾填埋场、电子垃圾拆解地以及污水处理厂的污泥进入到土壤中。另外，土壤有机污染也是很多国家面临的严重问题。许多有机污染物先聚集在空气和水中，最终进入土壤。土壤中最常见的有机污染物包括多卤联苯、芳香烃、杀虫剂、除草剂、化石燃料等。许多持久性有机污染物半衰期长，抵抗在土壤中的分解，可在食物链层层传递，呈现生物放大效应。土壤中污染物通过食物链和环境级联反应传入人体，最终危害人类健康。土壤污染直接影响我国粮食安全和人体健康，土壤污染防治已成为政府、公众和科学界共同高度关注的话题和亟须解决的重大环境问题之一。

## （二）营养元素

土壤中的元素含量主要由成土母质和成土过程决定，而人体吸收的微量元素主要来源于粮食，而粮食作物中的元素含量又来源于种植的土壤。研究表明，人体血液中40多种元素和土壤中的元素丰度具有高度相关性（见图18.2）。长期以来，农业重视氮磷钾等大量元素而轻视微量元素使用，不平衡施肥等因素造成农田土壤退化，土壤中微量元素的缺乏日趋严重，土壤质量下降明显。过量施用氮磷钾导致土壤中大量元素盈余，从而带来一系列环境和健康问题，包括面源污染、土壤酸化、地下水硝酸盐含量超标、地表水体富营养化和温室气体排放。

我国三分之二的耕地为中低产田，大部分中低产田缺乏中微量元素，显著影响土壤健康。为了改善土壤缺素，"十五"时期，农业部组织实施"沃土工程"，并将其作为一项基本国策。测土配方施肥（国际上通称为平衡施肥）是沃土工程的关键实施方法。然而，即使是测土配方施肥，主要施用有机质和氮磷钾，不涉及钙、镁、铁、硒等中、微量元素，离真正的"平衡施肥"仍有较大差距。由于成土母质和成土过程的原因，我国存在一个从东北到西南斜跨 16 个省或自治区的典型低硒带。土壤是粮食作物中硒的主要来源，植物可食部分硒含量低下造成我国约 70% 以上地区人体处于不同程度缺硒状态，低硒摄入量已经造成严重的地方病如大骨节病（变形性骨关节病）、克山病（地方性心肌病）。人体中缺乏硒而形成的地方病主要是因为土壤中硒含量过低导致。

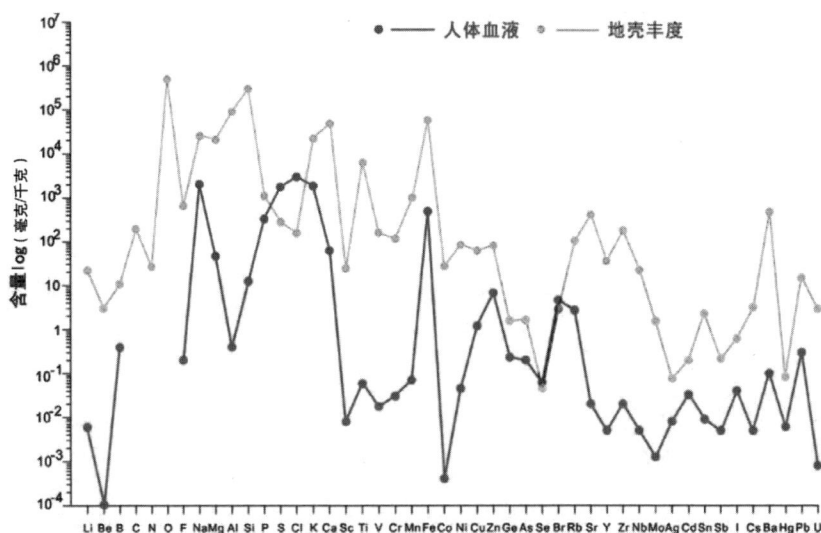

图 18.2　人体血液中元素含量与地壳克拉克值对应关系

改革开放以来，我国的作物种类、种植方式、种植制度、肥料种类等均发生了显著的变化，设施种植快速发展，部分省市农民纯收入的 50% 以上来自于设施种植。集约化种植特别是设施农业过于重视作物的产量，而忽略了其营养性能，导致粮食作物营养品质下降。分析显示，与 1963 年相比，2009 年的菠菜中维生素 C 含量减少了 70%。Davis 等人研究发现，美国从 1950—1999 年近 50 年间，43 种不同蔬菜和水果中钙含量下降了 16%，铁含量下降了 15%，磷下降了 9%，蛋白质、维生素 B 和维生素 C 的含量上也有明显下降。Mayer 报道在 1940—2019 年期间，英国 29 种蔬菜和水果除磷以外的所有元素的浓度均有所下降，总体降幅最大的是钠（52%），铁（50%），铜（49%）和镁（10%）。

作物中营养元素含量的降低加剧了营养不良和隐性饥饿（世界卫生组织将营养素摄入不足或营养失衡称为"隐性饥饿"）。据 FAO 统计，全球约 8 亿人口营养失调和营养不良。由于微量元素缺乏导致的隐性饥饿威胁着世界上 20 多亿人口，隐性饥饿能够引起大量慢性疾病和其他健康失调，如常见的铁、碘和维生素 A 缺乏，最易受隐性饥饿威胁的人群以怀孕和哺乳期妇女、儿童、青少年和老人为主，因他们对营养素的摄取较常人高。

### （三）土壤病原体

虽然绝大多数土壤微生物对人体无害，但土壤确实是许多致病生物的家园。例如，土壤真菌马钱内生真菌（Exserohilium rostratum）造成美国真菌性脑膜炎暴发。一些原生动物导致人类腹泻和阿米巴痢疾等寄生虫病。每年全球数十亿人受到蠕虫感染，约 13 万人死亡。蠕虫感染途径一般通过（口腔）摄入或皮肤渗透，多数情况下涉及肠道感染。由蠕虫引起的疾病需要一个非动物的发育地点或水库进行传播，而土壤是一个共同的发育地点。土壤不是病毒的天然储库，但病毒可在土壤中存活。通常通过人体脓液或污水废物将致病病毒引入土壤。研究已经发现土壤中出现过导致结膜炎、胃肠炎、肝炎、小儿麻痹症、无菌性脑膜炎或天花的病毒。

最近的研究结果显示，传统的长期集约化种植显著增加了农田土壤中人畜病原体的数量和多样性，增加了人畜患病的风险。另外，抗生素的大量使用甚至滥用，导致土壤中抗生素抗性基因的显著富集，增加了"超级细菌"产生和扩散的概率，加剧了对人体健康的威胁。污水灌溉和未经处理的畜禽粪便施用进一步富集了土壤中抗生素抗性基因，使得土壤—植物系统成为抗生素抗性基因传播与扩散的重要媒介。土壤病原菌与抗生素抗性基因的叠加与互作，进一步增强了土壤生物复合污染的爆发风险。

另外，单一作物连续种植、管理不善、秸秆还田等因素导致的土传病害日益严重，使作物对农药的依赖程度不断提高。近年来，我国作物土传病发病率不断上升，成为作物土传病害发生率最高和最严重的国家，已经严重地威胁作物的高产、稳产和农产品品质。为了减少作物土传病害导致的产量损失，不断地加大农药的投入，增加农药使用频次，导致农产品农药残留，农药中毒事件时有发生。

## 三、健康农业培育

"藏粮于地、藏粮于技"是我国"十三五"规划的国家战略任务之一。本质就是"向耕地和科技要产能"，要害在"藏"，根本在"地"，关键在"技"。土壤健康问题已从社会关注热点上升到战略高度，耕地保护由过去的"保数量"转变为"数量、质量"并重，继而向"数量、质量、生态"三位一体发展。

### （一）有机农业

"土地是财富之母"，这是三百多年前英国古典经济学家威廉·配第的名言。然而，人们常常只是把土地当成无生命的财富载体，当成经济活动的场所，而不是有生命的财富之母，这是经济学在农业领域的重大误区。

农业系统是生态系统，不仅动植物有生命，土壤也有生命，土壤中含有大量的生物群落，原始动物、细菌、真菌、线虫等微生物。土壤退化影响了这些生物的生存环境，造成土壤中的生物群落衰竭，矿物营养结构失衡，土壤逐渐失去活力，耕地失去应有的生命。而土壤—植物系统动态平衡遭遇破坏，土壤生物多样性丧失进一步加剧了土壤生态退化。植物在失去活力的土壤上不能健康生长，营养吸收不良，导致生产的农产品营养不全，很难满足人体需求，人体的健康也会受到不利影响。

农业系统是自然生态系统和社会经济系统的耦合形态，生态性是根本，经济性需以生态性为根本。传统农业不遵循生态法则，只重视土壤的经济性，把土壤当作无生命的经济活动场所，投入大量机械操作和化学品，最终导致土壤退化和相应的农产品品质和健康功能指标下降。把农业当成生态产业，发展高效生态农业，才能保障土地健康、农产品健康和人们健康。我国农业发展经历了三个阶段：第一高产农业，即数量农业；第二绿色农业，即无污染农业；目前进入第三个阶段——功能农业／生态农业，即质量农业阶段。

生态农业形成了多种机制模式、理论方法。韩国的亲环境农业（harmony with eco-agriculture）不使用或最少量使用化肥等化学材料，通过农副产物的再利用，达到维持和保全农业生态系统及环境；日本的自然农业（natural farming）主张尊重和顺应大自然，充分发挥土壤的作用，农业生产必须遵循自然规律；澳洲的永续农业（Permaculture）以生态学原理为指导、模拟自然生态系统运作模式，精确设计食物生产；欧洲的生物动力农业（Biodynamic Agriculture）

拒绝使用合成的化学制品（肥料、杀虫剂、除草剂），主张将动物、作物和土壤作为一个整体，唤醒土壤自身的肥力和免疫力，借助人类、地球、宇宙三者的力量来维护和滋养土壤，生产健康的农产品。美国的有机农业（organic agriculture）按照生态学的管理办法，提高生物多样性，恢复生物正常生长周期，提高土壤地力。所有生态/有机农业都注重土壤的健康，土壤更加富含有机物质，土壤养分更平衡，土壤微生物多样性更高。通过合理耕作和有机质的添加，保持土壤的肥力和结构。与常规化学农业方式耕作的农田相比，长期利用生态循环耕作方式的农田土壤中铁增加三分之一左右，锰增加二分之一左右，钙、锌、硫、磷、铜增加近一倍。减少农业对土壤的污染和破坏，促进土壤生态系统的健康与稳定，提高农产品的品质和安全性。

与传统农业相比，有机农业作物中营养含量同样显著提高，2001年，英国营养学家对比了 400 份有机食品与非有机食品营养成分，发现有机食品的维生素 C、矿物质和微量元素均高于非有机食品，其中维生素 C 高 27%、铁高 21.1%、镁高 29.3% 及磷高 13.6%。英国纽卡斯尔大学等 33 家研究机构在欧洲不同地区开展长期研究，结果显示有机水果和蔬菜中抗氧化剂含量远高于非有机同类产品（40%）。此外，铁、锌等中微量元素浓度明显高于非有机产品。

## （二）保护性农业

保护性农业（也称保护性耕作）被定义为将最小的土壤扰动（免耕、少耕）、永久土壤覆盖（覆盖物）与轮作相结合的耕作系统。我们脚下的土壤如何持续养活这个星球上庞大而快速增长的人口，核心在于土壤健康，需要让土壤重新焕发生机，好的耕作方式是维持地力的基础。保护性农业的目的是改善土壤健康，因而短期内并不一定看到产量的提升，但是长期增产效果显著，尤其是干旱地区的雨养作物。

### 1. 最少地扰动土壤

在诸多耕作模式和土壤管理技术的选择上，免耕技术在很多国家和地区得到广泛的认同。免耕的好处不仅仅是节约劳力和能源，美国研究发现，免耕农业的能源消耗比传统耕作少三分之一。免耕还有助于提高土壤的物理肥力和生物肥力，从而提高土壤的化学肥力。改善土壤质量和土壤物理、化学及生物特性，增加土壤有机质。土壤中丛枝菌根真菌分泌的一种糖蛋白——球囊霉素，其寿命长达几十年，性质稳定、有粘性还防水，像沥青一样。从老化的菌丝上剥落下来后，可以把土壤矿物质微粒、有机质微粒粘合成更坚固的土壤团聚体。传统农业可能会产生土壤团聚体，但缺乏球囊霉素稳固团聚体。通过免耕可促进球囊霉素的合成及土壤团聚体的形成。

### 2. 作物覆盖

种植覆盖作物并保留作物残茬，确保土地一直被作物覆盖，是保护性耕作的另一个关键技术。全年作物或残茬覆盖地表，根茬固土，可防止土壤遭受风蚀、水蚀和水分无效蒸发，提高天然降水利用率。覆盖植物能够有效控制杂草和积累土壤碳，增加土壤碳含量。理想的覆盖作物是那些能在开花前终止其生长，这样不会产出种子从而变成杂草。我国主要局限于绿肥，绿肥属覆盖作物之一，种植目的是为土壤提供有机物质和养分，但保护性耕作包括的覆盖作物及其生态效益不限于此。

### 3. 多样化轮作

轮作能够促进土壤健康并保持种植效益的原因主要在于土壤微生物群落的恢复。除了氮以外作物所必需的营养元素在土壤矿物中充足存在，微生物将其转化为植物可利用形式即可。至于氮素，空气中含有大量的氮，固氮微生物是天然的氮肥工厂，种植豆科覆盖作物让固氮微生物充分发挥作用。植物和土壤微生物互惠互利，植物根系分泌物"喂养"微生物，微生物为植物输送营养元素。同时在根系附近保护植物，避免被病原微生物侵染。

## 四、培育健康土壤，支撑健康中国

### （一）健康土壤是农业可持续发展的基石

我国人多地少，在未来很长时间内，要可持续地解决我国粮食安全问题仍是一个重大挑战。为守住"18亿亩耕地红线"，尽管严格实施"占补平衡"的政策，但是很多情况下被占的是肥沃耕地而补的是边际土地，单位土地的生产力显著下降。健康的土壤是农业可持续发展的基石，鉴于我国有限的土地资源和土地日益增长的需求，为确保"中国人的饭碗任何时候都要牢牢端在自己手上"，在大力保护现有耕地的同时，更应注重土壤健康状况的提升，迫切需要提高土壤生物多样性，以维持土壤食物网、土壤元素循环、城市人居安全、人类健康保护，并将其作为应对未来农业生产、公共卫生防控、环境保护、气候变化的储备。

### （二）加强土壤污染源头防控，保障人民"吃得安全"

和大气与水体污染相比，土壤重金属污染具有隐蔽性、累积性和难治理等特点，从这个角度上说，土壤污染的防治更需以"防"为主，"防""治"结合。目前我国对土壤污染防控高度重视，防控重点主要集中于行业防治（如采矿、冶金、电镀等行业）中废水、废渣和废气的排放，但对于农业源头的防治尚未引起足够重视。例如当污染秸秆用于畜牧饲料时，秸秆中的重金属进入动物体内并富集，动物排泄物中的重金属等污染物又会随有机肥施入土壤，造成新一轮的重金属循环。无机肥和杀虫剂、除草剂等农药作为提高作物产量的有效手段，其造成的土壤有机污染也不可忽视。为应对我国快速工业化进程给耕地土壤环境质量带来的挑战，一方面，应明确土壤污染物的来源，探明污染物在土壤和作物中的迁移转化过程；另一方面，应研发针对大面积农田的高效、廉价污染修复技术和受污染耕地安全利用技术，保护农田土壤环境质量，保障农产品生产安全。

### （三）以土壤健康理论为指导，提升农业科技创新

目前对于地力提升，主要以休耕、轮作，少耕、免耕等操作模式为主，以施用有机肥、微量元素肥和菌肥为辅，这些措施有一定效果，但恢复过程较长，需要基于土壤健康原理，加强土壤肥力快速恢复的原理、途径和方法的研究，尤其是针对土壤微生物组定向调控的研究。

将土壤中病原微生物数量控制在对作物安全的范围内是解决土传病害的根本途径。但对于土传病原微生物和拮抗微生物赖以生长、繁殖的土壤环境，特别是土壤微环境认识不足，严重制约了土传病害的防控效果。此外，秸秆还田已实施多年，遗憾的是在大力提倡作物秸秆还田的背景下，对秸秆还田不利因素的研究极其有限。比如秸秆携带的大量植物病原菌和虫卵，还田后留在土壤里，增加了土传病原微生物的数量和作物发病率。土壤中有益微生物可抑制病原微生物的生长和繁殖，起到抵御病害的作用，但如何有效控制因秸秆还田诱发的农作物病虫害，仍缺乏理论支撑和调控方式。

## 五、结语

　　土壤作为不可再生资源，具有区域性、整体性、有限性等特点，形成一米厚的土壤约需 18000 年。长期以来土壤被视为"黑箱"，土壤生态系统被认为是大自然赋予的免费资本。由于土地用途变更、植物物种入侵、地上生物多样性丧失、土壤封闭和城市化、土壤污染与退化、不可持续的土壤管理策略、气候变化等多方面原因，土壤生态退化触目惊心。当前各国政府采用多种激励机制积极推动可持续土壤管理，为保护土壤这一珍贵的自然资源而倡导韧性农业、可持续农业等多项措施。我们必须即刻行动起来，认识土壤，合理利用及保护土壤，通过综合的土壤管理措施、生态恢复计划和环境政策，实现土壤健康和农业生态系统的良性循环。同时提高全社会对土壤健康重要性的认识，实现土壤绿色、低碳、可持续发展。

# 污染场地修复：可持续开发利用的密码

李笑诺，陈卫平 ①

在城市发展的进程中，工矿企业的搬迁遗留了大量的污染场地，这些场地不仅对生态环境和人体健康构成威胁，也制约着土地资源的可持续利用。如何对这些污染场地进行有效治理和合理开发，成为城市环境管理和国土空间规划的重要课题。**本讲将回顾污染场地修复的发展历程，介绍修复技术及其再利用的国际趋势与我国现状，通过典型案例分析，探讨如何持续推动污染场地的绿色修复与可持续利用。**

土壤环境质量关系到生态环境、农产品质量和人居环境的安全、健康，也是我国生态文明建设的重要内容。然而近年来，在产业结构调整和城市发展转型的过程中，工矿企业搬迁后遗留场地的土壤和地下水污染问题呈集中爆发态势，环境风险和土地再利用安全隐患突出。如何管理应对城市大量的污染场地，实现可持续开发利用是政府管理面临的一个难题。

---

① 陈卫平：博士，中国科学院生态环境研究中心研究员，中科院百人计划入选者。主要从事土壤污染过程模拟、受污染耕地安全利用、土壤污染修复、生态风险评价等方面的研究。

## 一、污染场地修复发展历程

20 世纪 70 年代，美国爆发了震惊世界的拉夫运河（Love Canal）毒地事件，引发了社会各界的广泛关注，促使美国国会于 1980 年 12 月 11 日颁布了具有划时代意义的超级基金法案，明确了责任方"严格、连带和具有追溯力"的法律责任。拉夫运河事件不仅是人类历史上最典型的固体填埋污染事件，也是全球污染场地治理的推动者。污染场地，又名污染地块、棕地，2016 年原国家环保局发布的《污染地块土壤环境管理办法》将其定义为"从事过有色金属冶炼、石油加工、化工、焦化、电镀、制革等行业生产经营活动，以及从事过危险废物贮存、利用、处置活动的用地，按照国家技术规范确认超过有关土壤环境标准"。

土壤污染类型多样、危害严重，具有隐蔽性、滞后性、累积性、地域性和不可逆性等特点。按照主要污染物类型划分，污染场地大致可以分为重金属、挥发性有机污染物、持续性有机污染物和放射性污染等四种类型。污染物通过土壤、地下水等相互迁移、释放，影响范围广，毒性持续可达上百年。首先，场地污染土壤和地下水严重威胁人体健康和生态环境安全，频繁引发社会群体事件和政府信任危机；其次，场地闲置造成土地供需矛盾突出，基于新功能的修复工程将会产生较大的地方财政压力；最后，污染的复杂性也大大增加了污染场地治理的难度，影响土地用途及再开发，制约城市可持续发展。因此，污染场地的治理修复和开发利用成为城市环境管理和国土空间规划的重要内容，具有现实的必要性、迫切性和重要性。

### （一）国际发展历程

从全球范围来看，污染场地以美国拉夫运河事件为起点进入公众视野，并自此引起国际社会对土壤污染问题的广泛关注。经过40余年发展，欧美发达国家已形成完善的土壤污染防治技术体系，其经验表明，尽管修复行为解决了场地污染问题，但传统修复方案的设计和执行低估了绿色可持续理念的社会认同，并未全面考虑修复模式的可持续性和利益相关方诉求，导致修复过程本身引起的过度修复、二次污染等问题可能更甚于需要治理的污染。基于上述问题，修复行为环境效益与社会效益、经济效益三者之间的平衡备受关注，依次提出绿色修复（GR）、可持续修复（SR）、绿色可持续修复（GSR）和可持续韧性修复（SRR）的概念，贯穿修复全过程的环境、社会和经济影响多个维度，并开始考虑气候变化和极端气候事件等不可预料因素对修复工程的长期影响。

总体来看，污染场地修复经历了彻底清除（1980—1990年）、风险管理（1991—2000年）、绿色可持续管理（2001—2020年）和可持续韧性修复（2020年至今）四个主要发展阶段（见图19.1）。其中，彻底清除阶段是目的导向，即将所有物质都恢复到自然背景值或修复目标值，存在技术问题、经济问题和二次污染问题；风险管理阶段是风险导向，即污染场地风险管理框架强调源—暴露途径—受体链，关注修复技术的选择及环境效益；绿色可持续管理阶段和可持续韧性修复阶段是效益导向，即基于风险管理框架，更加关注修复过程中环境效益、社会效益及经济效益的平衡。

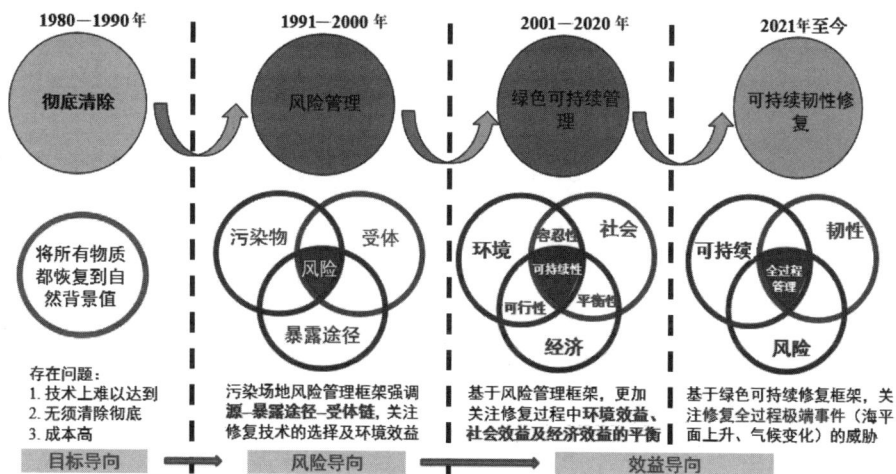

图 19.1　国际污染场地修复发展历程

### 1. 绿色修复（GR）

2008 年，美国环保局（USEPA）首先提出绿色修复概念，核心要素包括 6 个方面：减少能耗、减少废气排放、减少用水量及对水环境的影响、减少对土地和生态系统的影响、减少材料的使用和废弃物的产生、减少长期的管理行为。随后陆续发布绿色修复指导文件和其他用于指导超级基金项目的绿色修复策略，即最佳管理实践（Best Management Practices，BMPs），通过在所有修复阶段中使用 BMPs 达到降低修复过程负面影响的目的。由于 USEPA 职能受到相关法律的约束，导致其提出的绿色修复思想只能关注环境效益最大化，而不能对社会和经济方面做过多干涉。

### 2. 可持续修复（SR）

可持续修复最早可以追溯到 1995 年，荷兰首次将风险、环境和成本三个指标纳入污染场地管理决策，体现了对修复过程社会、经济、环境影响的全面考量。2002 年，欧盟首次提出可持续污染场地管理概念（sustainable land management），强调围绕风险管理优化修复过程的社会、经济、环境影响。

美国和英国可持续修复论坛（SURF-US 和 SURF-UK）所提出的 SR 框架最具代表性。SURF-US 发布《可持续修复白皮书——将可持续原则、实践和指标纳入修复项目》等系列文件总结修复过程中采用可持续性思想和实践举措的经验，将可持续修复定义为"通过合理使用有限资源实现人类健康和环境净效益最大化的修复手段"，同时强调了可持续修复"环境、社会和经济平衡"的核心概念。SURF-UK 形成了第一个完整的可持续修复框架和修复技术评估指标导则，从环境、社会和经济三方面定义了包含 15 个主要指标的修复决策可持续评估指标，并建立了包含 A 阶段（即项目规划）和 B 阶段（即修复实施）的综合决策框架，主张将可持续发展的理念贯穿整个工程初始设计、实施和后期监测阶段，配套政策立法和实践工程检验。SURF-US 和 SURF-UK 所提出的 SR 框架都提倡一种分层评估方法，即根据项目目的、数据可得性、成本、时间等因素分别采用定性—半定量—定量的分层方法评价修复可持续性。

3. 绿色可持续修复（GSR）

绿色可持续修复主要是由美国洲际技术和管理委员会（ITRC）推动发展起来的，在 GR 和 SR 基础上，ITRC 率先提出"绿色可持续修复"理念，指出绿色可持续修复可以应用于修复全过程，在控制土壤和地下水污染风险的同时，要综合考虑短期和长期时间维度上社区情况、经济影响及环境效益，达到"净效益最大化"。美国材料与试验协会（ASTM）和国际标准化组织（ISO）两大国际标准组织也都已经发布绿色可持续修复相关的国际标准。有关绿色可持续修复的指导文件、工程项目、评估流程、评估工具等相关内容都可以在

USEPA 专题网站获取。

4. 可持续韧性修复（SRR）

2021 年，ITRC 发布可持续韧性修复框架，是在现有绿色修复、可持续修复和绿色可持续修复框架体系的基础上，进一步考虑全生命周期过程中修复行为对气候变化和极端气候事件的脆弱性、敏感性、适应性能力，包括对生态系统和社区的影响。ASTM 发布的《修复行为抵御气候变化的标准指南》也详细规定了针对污染场地修复全过程的韧性最佳管理实践（RBMPs）。

## （二）中国发展历程

我国污染场地修复起步较晚，真正意义上的污染场地管理始于 2004 年北京宋家庄地铁（原农药厂地块）工人中毒事件。土壤污染防治工作"十三五"时期仍处于起步阶段，主要是开展土壤污染调查、摸清底数和研发治理修复技术等基础夯实工作。"十四五"时期我国土壤生态环境保护形势依然严峻，污染土壤体量庞大与管控资源短缺、修复费用高昂与高风险场地亟待修复矛盾突出，对土壤的精细化管理和可持续利用提出了更为紧迫的现实需求。为切实加强土壤污染防治，逐步改善土壤环境质量，我国各级政府和相关部门积极建立健全法规政策体系、研发污染场地管理技术和推广工程示范应用，其引领性、标志性事件包括（见图 19.2）：

- 2004 年 6 月，原国家环保总局发布《关于切实做好企业搬迁过程中环境污染防治工作的通知》，是我国第一个为"保障群众的生命安全和维护正常的生产建设，防止企业搬迁遗留土地使用性质改变时发生环境污染事故"做出明确规定的规范性文件。
- 2005 年，原国家环保总局和原国土资源部开展首次全国土壤污染状况调查，调查工作历时 8 年，于 2014 年发布了《全国土壤污染状况调查公报》，厘清了我国土壤污染总体形势。

- 2016 年 5 月，国务院印发土壤污染防治行动计划（简称"土十条"），对土壤质量详查、分类管理、土壤污染防治专项资金等土壤污染防治的重点难点问题做出了全面战略部署。

- 2017 年以来，阻隔技术、铬污染地块风险管控技术指南和固化／稳定化、热脱附、生物堆等污染土壤修复工程技术规范相继发布，为工程实施提供了技术支撑保障。

- 2018 年 8 月 31 日，十三届全国人大常委会第五次会议通过《中华人民共和国土壤污染防治法》，自 2019 年 1 月 1 日起施行。土壤法的实施填补了我国土壤污染防治领域的立法空白，为扎实推进"净土"保卫战，全面落实土壤污染防治工作提供了有力的法律保障。

- 2018 年生态环境部发布的《土壤环境质量　建设用地土壤污染风险管控标准（试行）》，以及 2019 年发布的《建设用地土壤污染状况调查技术导则》《建设用地土壤污染风险管控和修复监测技术导则》《建设用地土壤污染风险评估技术导则》《建设用地土壤修复技术导则》和《建设用地土壤污染风险管控和修复术语》等 5 项国家环境保护标准和《关于贯彻落实土壤污染防治法推动解决突出土壤污染问题的实施意见》（环办土壤〔2019〕47 号），为开展建设用地土壤污染状况调查、风险评估、风险管控、修复等提供了规范的、标准的、可执行的工作依据和指导。

- 2021 年，生态环境部发布《建设用地土壤污染风险管控和修复名录及修复施工相关信息公开工作指南》，建立建设用地土壤污染风险管控和修复名录，进一步有效保障土地安全利用。

其中，绿色可持续修复与风险管控关键节点包括：

- 2017 年，"中国可持续环境修复大会"在北京召开并签署《绿色可持续修复倡议书》；同年，国际可持续修复论坛（中国）（SURF-China）成立，发布《绿色可持续性修复指南》，旨在建立与健全我国土壤污染可持续修复环境框架体系。

- 2020 年发布首个团标文件《污染地块绿色可持续修复通则》，提出污染场地绿色可持续修复理念及其原则、评价指标和方法等方面的通用技术要求，为相关从业者提供了明确、具体的实施步骤和建议。

- 2023 年 6 月，生态环境部发布《关于促进土壤污染绿色低碳风险管控和修复的指导意见（征求意见稿）》，专项提出土壤污染风险管控和修复领域的绿色化、低碳化、可持续化转型发展，有助于积极推动减污降碳协同增效。

- 2023 年 9 月，《绿色低碳环境修复工程评价技术指南》等系列团标立项，旨在为我国污染场地绿色低碳可持续修复工作提供规范化指导意见。

- 2023 年，城市绿心森林公园作为绿色可持续风险管控典型案例获评"北京市绿色生态示范区"，入选自然资源部第四批生态产品价值实现典型案例，获得世界绿色设计大奖。

- 由南方科技大学、清华大学和浙江大学联合建立的 GSR 专题网站（http://www.gsrcn.com.cn/）已正式上线，致力于更有效地推动我国 GSR 发展。

图 19.2　我国污染场地修复标志性事件时间轴

历经近 20 年发展，我国建立健全了涵盖污染防治、早期调查、风险评估、治理修复、结果验收和开发利用等各个环节的污染土壤修复与再利用政策体系；在修复药剂、设备研发方面取得了显著成果，形成了一批易推广、成本低、效果好的适用技术；在污染场地调查方面大规模快速铺开，截至 2023 年 6 月，我国共计 12000 余个关闭搬迁企业地块依法完成土壤污染状况调查，列入国家建设用地土壤污染风险管控和修复地块名录的地块共计 2436 个；在修复资金方面投资力度大幅增加，"十四五"以来工业地块修复投资约 206.1 亿元，较"十三五"增长 39.06%。

## 二、污染场地修复技术

为保障土地安全再利用，对经调查后确定存在土壤或地下水污染的场地再开发利用前必须采取相应的治理措施，消除土壤和地下水污染风险。国外通常采用"修复"（remediation）或"风险管理"（risk management）描述污染场地治理技术，而国内习惯采用修复与风险管控。因此，在科学研究和工程实践中，目前还没有对"修复"或"风险管控"的技术类型界定达成统一的行业共识（见表 19.1），主要存在如下三种观点。

表 19.1 污染场地修复与风险管控定义

| 术语 | 定义 | 出处 |
|---|---|---|
| 修复（remediation）或风险管理（risk management） | 将土壤污染的风险管控与修复并列为土壤污染治理的主要技术手段，通常作为土壤治理与修复的补充手段，修复失效或者修复未能达到预期修复目标时的"最后补救措施" | 美国环保局（USEPA） |
| | 将污染土壤的修复治理与风险管控措施统称为治理，并按风险作用机制分为去除或消减污染源、阻断污染源与受体（人或物）之间的传递途径、减少暴露风险和移除受体四类治理措施 | 英国环保局（EA） |
| 土壤修复（soil remediation） | 采用物理、化学或生物的方法固定、转移、吸收、降解或转化地块土壤中的污染物，使其含量降低到可接受水平，或将有毒有害的污染物转化为无害物质的过程 | 《建设用地土壤修复技术导则（发布稿）》（HJ 25.4—2019） |
| 风险管控（risk management and control） | 采取移除或清理重污染源、污染隔离阻断、环境介质长期监测、污染扩散及时补救等工程和张贴告示牌等非工程措施防止污染扩散和暴露的过程 | 《铬污染地块风险管控技术指南（试行）（征求意见稿）》 |
| | 固化 / 稳定化、封顶、阻隔填埋、地下水阻隔墙、可渗透反应墙，后期环境监管的方式一般包括长期环境监测与制度控制 | 《污染地块风险管控与土壤修复效果评估技术导则（发布稿）》（HJ 25.5—2018） |
| 土壤污染风险管控和修复（risk control and remediation of soil contamination） | 包括土壤污染状况调查和土壤污染风险评估、风险管控、修复、风险管控效果评估、修复效果评估、后期管理等活动 | 《建设用地土壤污染风险管控和修复监测技术导则（发布稿）》（HJ 25.2—2019） |
| 修复技术（remediation technology） | 可改变待处理污染物的结构，或减轻污染物毒性、迁移性或数量的单一或系列的化学、物理或生物治理措施 | 《污染场地修复技术应用指南（征求意见稿）》（环办函〔2014〕564 号） |

　　一是修复与风险管控相互独立，将风险管控技术定义为适应性较强、可显著减少场地治理过程中环境足迹的基于风险的治理方法，根据 USEPA 国家优先名录（NPL）对污染场地管理措施的汇总分类，主要包括工程控制技术、制度控制技术和监测自然衰减技术。而根据我国《污染地块风险管控与土壤修复效果评估技术导则（发布稿）》（HJ 25.5–2018），固化/稳定化技术也被纳入风险管控。

　　二是按"源—途径—受体"控制方式，修复技术含风险管控技术。根据《污染场地修复技术应用指南（征求意见稿）》（环办函〔2014〕564 号），污染场地治理措施统称为修复技术，按照处置场所、原理、修复方式、污染物存在介质等方面的不同，可以有多种技术分类方法（见表 19.2）。

表 19.2　污染场地修复技术分类

| 技术类别 | | 技术种类 |
|---|---|---|
| 污染介质治理技术 | 物理修复技术 | 土壤混合/稀释技术、土壤淋洗（土壤清洗）、土壤气相抽提、机械通风（挥发）、溶剂萃取 |
| | 化学修复技术 | 化学萃取、焚烧、氧化还原、电动力学修复 |
| | 生物修复技术 | 微生物降解、生物通风、生物堆、泥浆相生物处理、植物修复、空气注入、监控式自然衰减 |
| | 物理化学修复技术 | 固化/稳定化、热解吸、玻璃化、抽出处理，渗透性反应墙 |
| 污染途径阻断技术 | | 封顶、填埋、垂直/水平阻断 |
| 受体保护技术 | | 制度控制措施、人口迁移 |

　　三是按实施阶段，风险管控技术范围较修复技术更广。一般认为，修复技术是在污染事件发生后进行的，针对已经存在的污染问题进行直接处理；而风险管控则贯穿整个污染防控过程中，包括事前预防、事中治理和事后监护各个阶段。

　　实际修复过程中，鉴于污染场地的污染特征和水文地质条件差异较大，污染土壤和地下水修复技术的筛选是一个复杂的多准则决策过程，需要确保在污染场地修复效果满足土地利用方式要求的前提下，综合考虑技术可行性、成熟性和修复时间、费用等多个限制因素，避免二次污染和舆情。

## 三、污染场地再利用

### （一）国际发展趋势

污染场地作为城市土地存量的一部分，其再生可以改善生态环境、缓解土地供需压力和促进城市良性发展。同时作为碳源碳汇的载体，土地在实现"生态修复，城市修补"（双修）和"碳达峰、碳中和"（双碳）目标过程中也具有重要的政治意义。从全生命周期的角度来看，后期土地再开发中的社会、环境和经济的可持续发展能力对土地资源高质量管理也十分重要。因此，以绿色空间和再生能源生产为主的"软再利用"理念在发达国家的棕地管理中得到迅速落实。英国发布的棕地再开发路线图、欧盟城市棕地再开发矩阵和美国棕地再开发流程等，旨在通过社会、环境、经济等多个维度指标的系统整合，从地区再开发潜力、场地吸引力和市场竞争力、环境风险消除等多个维度综合评估，识别具备再开发条件及再开发适宜程度较高的污染场地，进行优先管控与用地规划部署，鼓励通过棕地的"软再利用"促进土地再生和提高整体可持续性，实现有形和隐形效益增值（见表19.3）。如美国西雅图煤气厂公园（Gas Work Park）是对工业污染场地进行再利用的典型先例，在景观设计、工业景观的美学文化价值等方面都对棕地可持续再利用模式产生了深远影响。

表 19.3    棕地"软再利用"及效益

| 软再利用 | 主要效益 | |
| --- | --- | --- |
| | 棕地机会矩阵 | 可持续维度 |
| • 由于场地生态价值未改变场地利用方式<br>• 调整场地利用方式，提供旅游休憩相关活动<br>• 作为社区资产，如公园<br>• 农业或林业生产（如都市农场）<br>• 可再生能源（生物质能、太阳能、风能等）<br>• 开发前暂时性的土地恢复 | • 土壤改善：肥力，土壤结构<br>• 水资源改善：水资源效率与质量，洪水与容量管理，水环境修复<br>• 绿色基础设施：提高生态系统服务，改善当地环境，保育<br>• 污染土壤与地下水风险规避：生物圈（包括人体健康），水资源（水圈）<br>• 缓解人类活动引起的气候变化（全球气候变暖）：可更新能源生产，可再生材料生产，减少温室气体排放<br>• 社会经济效益：美观，经济资产 | • 环境：减少使用绿色用地，改善空气质量，减少能源消耗和温室气体排放，改善水质等<br>• 社会：减少人体健康威胁，美观效益，减少交通拥堵等<br>• 经济：场地价值、周围房产价值、雇佣和投资效益，提高税收，绿色基础设施集聚效应等 |

## （二）我国现状

在我国，污染场地再利用类型根据《土地利用现状分类》（GB/T 21010—2017）和《城市用地分类与规划建设用地标准》（GB 50137—2011），结合《土壤环境质量 建设用地土壤污染风险管控标准（试行）》（GB 36600—2018）中的土地类型划分，分为一类用地和二类用地。大量污染场地位于城市中心地带，地理位置优越，迫于我国人口压力和资本利益驱使的现实国情，棕地再生主要用于诸如住宅或基础设施开发的"硬再利用"用途。通过分析 2011—2021 年我国 573 例工业污染场地修复案例，修复后的土地超 55% 被规划为居住用地。然而，随着层出不穷的毒地事件和修复过程频发的社会负面影响，加上修复资金的高昂需求和绿色、低碳、可持续风险管控理念的政策导向，决策者开始思考污染场地再利用与景观设计结合的可行性，基于生物多样性和工业遗址保护原则，探讨风景园林学与生态学、美学和环境科学等多学科在棕地景观设计中的交叉应用，已成功完成多个污染场地由"棕"变"绿"的生态景观设计项目（见图 19.3）。

（a）

（b）

图 19.3　棕地生态景观设计项目
【（a）图：河北省邯郸园博园，（b）图：北京市通州绿心城市森林公园】

## （三）典型案例：北京通州绿心森林公园

### 1. 场地基本情况

北京绿心森林公园（以下简称绿心公园）位于通州区大运河南岸，是北京市城市副中心"一带、一轴、两环、一心"绿色空间布局的重要组成部分，占地面积 11.2 平方公里，相当于 3.8 个颐和园或 2 个奥森公园的面积，林木覆盖率达 80% 以上，于 2020 年 9 月底开园，开园至今已接待 640 万余人次游客。除了是北京城东重要的休闲娱乐胜地，绿心公园更是污染场地修复与园林造景有效融合的典型案例。

绿心公园由东方化工厂、造纸七厂等多个老旧工业厂区以及 3 个行政村构成，生态保育核的原址为东方化工厂，于 1978 年建厂生产丙烯酸（及酯）、乙烯、环氧乙烷等系列产品。随着工厂运行，一系列生态环境问题和生产安全问题不断凸显，1997 年仓储区发生过储罐爆炸事故。经调查，厂区内污染面积约90万平方米，土壤和地下水均受到不同程度污染，土壤主要污染物为苯，地下水主要污染物为苯、总石油烃、甲基叔丁基醚。

2. 场地修复模式

2017年6月，占地1200亩的原东方化工厂进行整体搬迁。为保障绿心公园游客人体健康，及人群活动密集的公共设施和运河故道等环境敏感点的环境安全，采用"生态恢复＋阻隔覆土＋自然衰减＋环境监测＋制度管控"的近自然解决方案对搬迁遗留的污染场地开展低碳经济、环境友好、绿色可持续的风险管控，并被纳入绿心公园绿化布局的一部分。监测数据表明，自开展风险管控至今，该场地环境空气达标，地下水流场稳定，污染物未发生明显扩散，实现厂区污染土壤及地下水100%安全管控。

3. 再利用设计

秉持近零碳排放的设计理念，绿心公园从前期设计、工程施工到后期运行管理采取多项高新技术，全过程体现保护、恢复、低碳、绿色的可持续管理思想，彻底消除了土壤污染的负面影响，实现了保持水土、涵养水源、丰富生物多样性等多种生态功能。同时推进绿心公园自然生态修复与历史文化深度融合，以多种森林生境为载体，展现中国传统的"天人合一"生态观念；挖掘通州运河特色文化魅力，通过承办150余次文体活动实现了传统文化、非遗文化、节日文化的弘扬教育和社会主义核心价值观的融合培育；活化利用老旧厂房资源，保留地域工业遗存文化。

4. 修复与再利用效益分析

根据运营数据统计，通过减污降碳协同增效，绿心公园可达到80%的雨水非传统水源利用、40%以上的再生能源利用、约46万度的光伏年发电量，固碳减排效果显著。经计算，绿心公园所产生的生态系统服务（包括固碳释氧、水文调节、生物多样性等功能）价值总量超 3000 万元 / 年，其中固碳服务贡献占比 28%，实现碳中和；所产生的以就业服务、文化弘扬、教育研学、旅游休憩和景观观赏等为主要功能的社会价值超 1.5 亿元 / 年；通过市场化运营产生的营业收入约 2000 万元 / 年，并对周边房产价格产生超 50 亿元的经济价值溢价效应。通过成本效益分析，由原东方化工厂风险管控后再开发为城市公园绿地所产生的净效益超 60 亿元，效益显著。

## 四、持续推动污染场地绿色修复与可持续利用

我国污染场地修复与再利用起步较晚，"十三五"时期工作基础薄弱，"十四五"以来进一步完善了涵盖场地土壤环境调查、风险评估、修复工程实施、效果评估与验收、后期监测维护各个环节的土壤污染风险管控与修复全过程监管制度，在产企业边生产边管控模式、绿色低碳修复模式、污染土壤"修复工厂"模式、从业单位信用记录等方面工作稳步推进。污染场地管理进入绿色、低碳、可持续风险管控与修复的新阶段，但仍存在一些问题需要重点关注。

### （一）完善制度体系建设

当前，我国试图将修复过程的绿色、低碳、可持续国际通用理念纳入现有土壤污染防治政策体系，但还未形成标准的、行业认可的、易落地执行的评估指标与方法，评定标准、奖惩机制、主导主体不明晰，导致实践推动力不足，最佳管理实践难落地。需要借鉴发达国家经验，制订最佳管理实践计划，完善政策调控—执法监管—科技支

撑—绿色评估体系，明确可持续评估环节、指标、方法和评定标准、实施主体，倒逼实现过程规范化、管控长效化、效益最大化，完善我国污染场地制度体系，进一步提升我国污染场地管理水平。

### （二）提升科学决策能力

目前，我国污染场地治理实际决策过程仍多以项目周期、资金投入、效果为主要约束进行技术筛选，加上绿色可持续修复材料、设备研发进展缓慢，难以有效平衡风险管控与修复各个阶段与环境、社会、经济三个维度的系统协调发展。需要探索由土地功能导向的修复模式向用途适宜性的风险管控模式转变，加快原位水土共治、多技术联用、生物修复、风险管控及其配套监管技术等原创技术研发，尽量减少土壤原生环境扰动，助力污染场地修复行业的绿色、低碳、可持续转型。

### （三）推动绿色低碳应用

通过行政手段干预或引导污染场地业主开展污染场地修复，具有很强的被动性和滞后性。开展治理修复的污染场地多是急需进行土地流转或开发建设，在片面追求效率和经济利益的"短平快"的思想影响下，通常采用异位修复技术直接将污染土壤清挖转运，存在二次污染隐患且资源需求量大，与可持续发展理念相悖。需要以科技创新为支撑，以严格监管和奖惩为保障，持续强化工程实践水平、过程监管和应对环境变化的能力，形成一批可复制、可借鉴、可推广的绿色、低碳、可持续修复经验，为国内外污染场地修复工程实施提供示范样板，发挥行业引领带动作用。

## （四）优化棕地再生定位

在城市更新背景和韧性城市理论指导下，政府逐渐认识到城市棕地改造过程中公共空间重塑对生态性、文化性与经济性的重要平衡作用。但在具体实践上，尤其在土地规划与场地污染程度、修复工程的适配性方面还存在较大优化空间。因此，应在规划阶段纳入污染场地修复行业从业人员的专业意见和公众舆论，加强各利益相关方的有效沟通，从而优化土地规划配置，探索并推广生态恢复和社会福利效应导向下的棕地可持续再生模式。

## 五、结语

长期以来，污染场地环境污染问题已经引起社会各利益群体的广泛关注，场地污染相关的社会群体事件和法律诉讼层出不穷，除了对人体健康和生态环境造成严重危害，场地污染也给地方政府带来了巨大的财政压力和信任危机。在全球化的可持续发展背景下，绿色、低碳、可持续的污染场地风险管控和棕地再开发势在必行，也面临着发展的不确定性和制度体系、决策模式、规模应用和规划衔接等多方面的阻碍。在有序部署、推进"十四五"土壤污染防治工作的同时，未来工作重点也应在继续完善土壤污染治理体系、适当调整主管部门职能、加强修复全产业链条能力建设、棕地生态恢复与土地功能再生等方面持续发力。

## 第 20 讲

# 耕地保护：粮食安全的压舱石

张丽梅[①]，黄斯韵，朱永官

耕地是粮食生产的命根子，是人类生存和发展的根基。我国作为一个人口众多的农业大国，耕地资源的保护和合理利用对于保障国家粮食安全具有极为重要的战略意义。然而，随着城市化的加速和耕地质量的退化，耕地保护面临着前所未有的挑战。**本讲将分析我国粮食生产和耕地分布现状，探讨耕地质量面临的问题，提出耕地数量保护和质量提升的途径，为守住耕地红线、确保粮食安全提供战略思考与实践指导。**

"万物土中生，有土斯有粮。"全球 80 亿人口每天消耗的 80% 以上的热量、75% 的蛋白质和植物纤维均来自于土壤。耕地，一般指用于生产食物（一年生作物）的土地，是粮食生产的主要载体，因此也是宝贵的自然资源，被形象地比喻为"粮食生产的命根子"。2021年公布的第三次全国国土调查数据显示，我国耕地总面积 19.2 亿亩，

① 张丽梅：博士，中国科学院生态环境研究中心研究员，国家自然科学基金优秀青年基金获得者，中国科学院青年创新促进会优秀会员。主要从事土壤氮循环机制，微生物组与土壤健康等方面的研究。

人均耕地占有量仅 1.36 亩，不足世界平均水平的 40%。毫不夸张地说，我国用仅占世界 9% 的耕地，养活了世界近 20% 的人口。有限的耕地资源使得我国农业生产高度依赖高强度的土地利用以及农药和化学肥料的大量使用，导致耕地质量等级总体偏低并进一步退化。与此同时，随着城市化进程的加快，我国人多地少的问题持续加深，与 2013 年第二次全国国土调查数据相比，耕地面积在十年间减少了 1.13 亿亩，耕地资源面临着质量退化和数量减少的双重困境。在日益增加的气候变化影响和全球人口增长的形势下，我国乃至全球耕地资源保护和粮食供给都将面临更大的挑战和压力。

## 一、我国粮食生产和耕地分布现状

我国主要的粮食作物包括稻谷、小麦、玉米、大麦、高粱、荞麦等谷类、豆类以及薯类。我国的粮食生产区可分为粮食生产功能区和重要农产品生产保护区。以水稻、小麦、玉米为代表的谷物粮食生产功能区主要集中在东北、华北和中部地区；大豆、棉花、油菜籽、糖料蔗、天然橡胶等重要农产品生产保护区零星分布在我国东北、西北、中部、西南地区以及海南岛。其中，东北黑土区（黑龙江、吉林、辽宁和内蒙古东四盟）是我国主要的商品粮生产基地，粮食产量占全国的 1/4，调出量占全国的 1/3；华北平原（包括河北、河南、山东、安徽、江苏、北京和天津）生产的粮食占全国的 35% 左右，小麦产量占全国的 80%。

自 2003 年以来，我国通过多种政策激励和措施保障，粮食生产实现"十九连丰"态势，粮食产量增长至 1.37 万亿斤，并连续多年维持在 1.3 万亿斤以上（见图 20.1）。我国人均粮食占有量约 480 千克，高于国际安全线 400 千克，虽然基本实现了谷物自给，但人均粮食占有量远低于澳大利亚（~2000 千克）、阿根廷和美国（~1600 千克）、加拿大和罗马尼亚（~1400 千克）等国，大量食用油和饲料粮主要依赖进口。近 5 年来我国年均谷物进口量达 3853 万吨 / 年，大豆进口量则达 9277 万吨 / 年（见图 20.1）。由于大豆亩产量低（仅为主粮作物的 1/3 左右），我国 85% 以上的大豆依靠进口，将耕地集中用于主粮生产，相当于向国外借用了近 7.8 亿亩的耕地。但大豆种植面积过少也使得农田系统中豆科作物共生固氮对作物氮素供应贡献较少，一定程度上增加了我国农业生产对化学氮肥的依赖。因此，近年来我国出台了大豆生产补贴政策，并鼓励农业种植结构调整，扩大大豆和油料作物种植。2022 年，我国粮食作物种植总面积 17.75 亿亩，各主要粮食作物的种植面积排名为：玉米（6.46 亿亩）> 稻谷（4.42 亿亩）> 小麦（3.53 亿亩）> 豆类（1.78 亿亩）> 薯类（1.08 亿亩）> 其他（0.48 亿亩）（见图 20.2）。

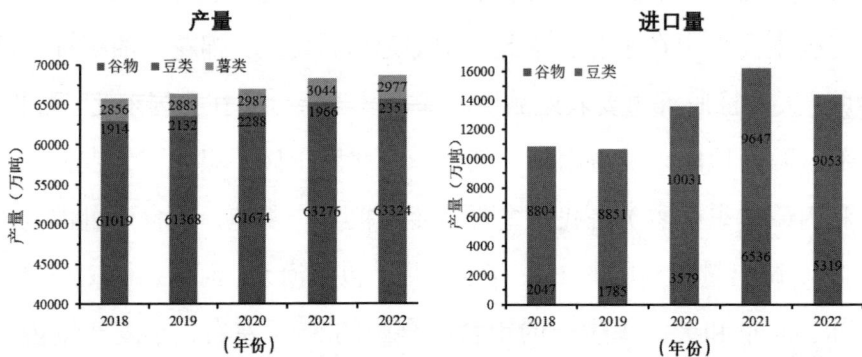

图 20.1　近 5 年我国主要粮食产量和进口量（数据来源于国家统计局）

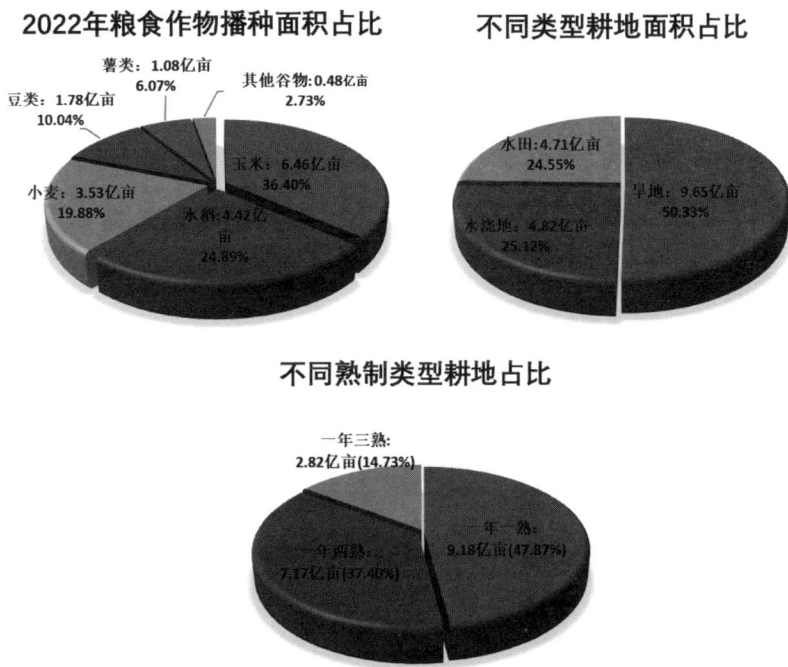

图 20.2　我国主要粮食作物播种和不同类型耕地面积占比
（资料来源于《第三次全国国土调查主要数据公报》和国家统计局网站）

根据《第三次全国国土调查主要数据公报》，我国目前耕地总面积约 19.2 亿亩。其中，旱地（缺乏水利灌溉设施的耕地）9.65 亿亩（约占 50.3%），水田 4.71 亿亩（约占 24.6%），水浇地（可灌溉的耕地）4.82 亿亩（约占 25.1%）。坡度小于 6 度的耕地约占 77.25%，坡度大于 6 度小于 25 度的坡耕地约占 19.44%，坡度大于 25 度的约占 3.31%。以熟制（指同一块耕地一年内收获的作物的季数）进行分类，我国位于一年一熟制地区的耕地有 9.18 亿亩（约占 47.87%），主要分布于东北地区、内蒙古大部分地区和新疆北部；位于一年两熟制地区的耕地有 7.17 亿亩（约占 37.40%），主要分布于黄河中下游大部分地区、新疆南部；位于一年三熟制地区的耕地有 2.82 亿亩（约占 14.73%），主要分布于长江中下游平原、四川盆地、云贵高原、东南丘陵。就地区而言，我国耕地资源分布不均，64% 的耕地分布在秦岭—淮河以北。黑龙江、内蒙古、河南、吉林、新疆 5 个省份耕地面积较大，占全国耕地的 40%。

## 二、我国耕地质量状况

由于土地高强度利用以及过度依赖农药和化学肥料的使用，我国耕地质量等级总体偏低。据《2019 全国耕地质量等级情况公报》显示，全国耕地按质量等级由高到低依次划分为一等至十等，平均等级为 4.76 等。其中，一等至三等的耕地面积为 6.3 亿亩，仅占耕地总面积的 31.2%，主要分布在东北黑土区、黄淮海区、长江中下游区和西南区。四等至六等的耕地面积为 9.5 亿亩，占耕地总面积的 46.8%，主要分布在长江中下游区、西南区、东北区、黄淮海区和内蒙古部分地区。七等至十等的耕地面积为 4.4 亿亩，占耕地总面积的 22%，这部分耕地基础地力相对较差，主要分布在黄土高原区、黄淮海区、内蒙古及长城沿线区、华南区、西南区。

总体而言，我国有 68% 以上的耕地处于中低等级，对我国的粮食安全构成潜在威胁。目前，我国耕地质量面临以下主要问题。

1. 化肥的过量施用

我国的氮肥施用量位居世界前列，占全球氮肥总产量的 35%。从 1978—2021 年，我国粮食产量从 6.0 万亿斤增加 13.6 万亿斤（增加了 1.3 倍），而化学肥料施用量也从 884 万吨增加至 5191 万吨（纯量，增加了 4.9 倍）。2003—2015 年，我国化肥总施用量仍在增加，但是单位化肥施用量的粮食产量没有增加。我国化肥的总体利用率仅为

40% 左右，未被作物吸收利用的化肥会造成一系列的生态环境问题，如水体氮磷污染、温室气体排放等。同时化学肥料大量使用也对耕地质量造成了较大的威胁。以氮肥为例，出于生产和使用安全性考虑，目前农业生产中使用的氮肥以铵态氮肥和酰胺态氮肥为主，进入土壤后很容易被微生物通过硝化作用转化为硝态氮，硝态氮易通过淋溶或地表径流损失，降低氮素利用效率，并通过反硝化作用导致温室气体 $N_2O$ 排放。同时，土壤硝化过程释放大量氢离子，导致土壤酸化。有研究表明，在 1981—2008 年的近 20 年间，氮肥的大量使用导致我国耕地土壤的酸碱度（pH）平均下降了 0.5 个单位，我国强酸性耕地（pH<5.5）面积进一步增加，目前已达 2.61 亿亩。酸化的土壤会增加土壤中铝和其他重金属元素如镉的溶解释放，增加铝毒对作物生长的抑制，并导致农产品中重金属含量的超标，危害粮食质量安全。此外，化肥长期大量施用还会导致土壤中的钙离子流失，造成耕作层缺钙和土壤板结等问题。因此，近年来我国出台了一系列政策和行动计划，如"测土配方施肥补贴项目（2005）"、"土壤有机质提升补贴项目（2005）"、"到 2020 年化肥使用零增长行动方案（2015）"等鼓励合理施肥和增加有机肥使用，保障耕地土壤质量和农产品安全。

2. 土壤侵蚀

东北黑土区作为主要的商品粮生产基地，土地总面积 108.75 万平方公里，由于其"上疏下密"的土壤结构、坡缓坡长的地形、降雨集中且多暴雨的气候导致土壤侵蚀问题较为严重。根据《2022 年中国水土保持公报》，东北黑土区水土流失面积为 21.15 万平方公里，达总面积的 19.45%。其中，水力侵蚀面积为 13.49 万平方公里，风力侵蚀面积为 7.66 万平方公里。每形成 1 厘米厚的耕层土壤需要 200~400 年。然而，由于水蚀和风蚀影响，黑土层厚度以年均 0.3~2

毫米的速度下降，黑土层不断变薄甚至出现"破皮黄"现象。水蚀形成的大量侵蚀沟也对黑土有效耕地面积构成一定威胁。此外，南方红壤区与西南紫色土区由于坡耕地和降雨多等原因，也存在不同程度的土壤侵蚀问题，以水力侵蚀为主，导致耕地土壤肥力的下降。近年来，由于全球气候变化导致的极端降雨事件不断增加，由此带来的强烈雨滴冲击和地表径流冲刷也会进一步加剧耕地土壤侵蚀。

3. 土壤盐渍化

土壤盐渍化是制约世界农业发展的主要问题之一。我国是全球第三大盐碱地分布国家，我国盐渍土面积为5.2亿亩，其中盐碱化耕地1.14亿亩，占全国耕地面积的5.9%，集中分布在我国东北（吉林、黑龙江和内蒙古）、青新（青海、新疆）、西北内陆（内蒙古、宁夏、甘肃等）以及滨海和华北平原（河北、山东、江苏等）共四个地区。盐渍土是我国最主要的中低产土壤类型之一，其主要特点为土壤含盐量高、土壤结构差、土壤碱化、有机质含量低、养分利用率低，以及土壤溶液中离子比例失调对作物具有毒害作用，大大制约了耕地产能。我国盐渍土分布广、面积大，类型众多，不同生物气候带盐渍土的成因和演变规律各不相同。干旱半干旱地区土壤和水资源不合理利用，不当管理条件和设施栽培条件下次生盐渍化是我国土壤盐渍化加速的主要原因。

4. 土壤污染

据2014年《全国土壤污染状况调查公报》显示，我国耕地土壤污染点位超标率达19.4%，主要污染物为镉（Cd）、镍（Ni）、铜（Cu）、砷（As）、汞（Hg）、铅（Pb）、滴滴涕和多环芳烃。其中，重金属是影响农用地土壤环境质量的主要污染物。土壤重金属超标带来的水稻、小麦等粮食作物重金属超标问题令人担忧。据报道，全国每年因重金属污染而减产的粮食达 1000 多万吨，被重金属污染的粮食多达 1200 万吨。此外，我国化学农药平均每亩施用量达 930g，是世界平均水平的 2.5 倍。农药施用后在土壤中的残留量可达 50%~60%，已经长期停用的六六六、滴滴涕目前在土壤中仍有很高的检出率。东北黑土区因天气寒冷和一年一熟制，杀虫剂和杀菌剂用量相对较小，但除草剂用量占农药用量的 80% 左右，超量使用除草剂现象普遍，除草剂残留导致的作物药害和土壤微生态失衡严重影响了黑土地的产能和健康。近年来，我国高度重视土壤污染防治与粮食安全生产，明确将"保护耕地资源，防治耕地重金属污染"作为《全国农业可持续发展规划（2015—2030 年）》的重点任务，并于 2015 年发布了《到 2020 年农药使用零增长行动方案》，2016 年发布了《土壤污染防治行动计划》（简称"土十条"）等，以加强土壤污染管控与修复，以及面源污染阻控，以确保国家粮食安全。

## 三、耕地数量保护和质量提升途径

总体而言，我国耕地数量和质量都不容乐观。自 2006 年以来，我国多次在《全国土地利用总体规划纲要》，以及《国民经济和社会发展规划纲要》中提出，要严守住全国耕地不少于 18 亿亩这条红线，即到 2030 年全国耕地保有量不低于 18.25 亿亩，永久基本农田保护面积不低于 15.46 亿亩，坚持耕地数量、质量和生态并重。2021 年，国务院印发《全国高标准农田建设规划（2021—2030 年）》，提出到 2030 年，要累计建成 12 亿亩高标准农田，稳定保障 1.2 万亿斤以上粮食产能。2023 年，中央一号文件提出实施新一轮千亿斤粮食产能行动，进一步提出粮食增产的目标。因此，坚守住 18 亿亩耕地数量红线、提升我国耕地质量和土壤健康是保障我国粮食安全的重大战略需求。

## （一）因地制宜深入挖掘后备耕地资源潜力

过去几十年中，我国经历了国民经济的快速增长，以及城镇化和工业化的快速发展，建设用地需求旺盛与耕地保护的矛盾日益加剧，同时区域性耕地退化严重，是造成我国耕地面积减少的主要原因。自1997年以来，我国《土地管理法》规定实行占用耕地补偿制度，即占用多少耕地需开垦多少数量和质量相当的耕地，耕地后备资源开发成为补充建设用地占用耕地的重要途径。2017年，国务院印发的《全国国土规划纲要（2016—2030年）》中再次提出要严格控制非农业建设占用耕地，加强对农业种植结构的调整，遏制耕地"非农化""非粮化"和撂荒等现象，并加强对损毁耕地的复垦和耕地后备资源的适度开发。

我国后备耕地资源有限，当前约有11.7亿亩边际土地，即存在强烈土壤障碍因子限制、水热资源约束和地形条件限制的农业产能低、生态脆弱的土地，如黄河滩地和滨海盐土、东北苏打盐碱土、西北内陆盐碱土、南方低山丘陵红壤、西南紫色土、西北黄绵土盐碱土、风沙土等。其中，部分边际土地如灌木林地、沙地和部分草地因为地理位置偏远、土壤质量差、水资源缺乏、地形条件限制等因素难以用于粮食作物生产，但适合种植抗逆性较高的能源作物（如甜高粱、木薯、甘薯、甜菜、菊芋、麻枫树等），有助于缓解粮油争地的矛盾，并为生物质产业的发展提供新的方向。

边际土地中土壤质量相对较好，具有开发为耕地的潜力，是我国耕地资源的重要后备力量。如我国有约1.5亿亩盐碱地具有开发利用潜力。我国自 20 世纪 50 年代起对盐碱地开展了系统研究和治理，发展了淡水洗盐、灌排结合等水利工程措施，结合物理（如地表覆盖、秸秆隔层、滴灌）、化学（如高钙化学制剂、腐殖酸或有机培肥）和生物改良措施（如种植盐生植物移盐或耐盐植物改土等）进行盐碱地治理的理论和技术体系，在黄淮海和新疆等地区的盐碱地改良和利用中取得巨大成就。但盐碱地治理需要充足的淡水灌溉，而盐碱地主要分布于我国北方水资源匮乏的地区。同时，盐碱地改良水利工程需要一定的经济投入，淡水灌溉淋盐排水也将会引发次生灾害和导致土壤退化等问题。因此，盐碱地改良利用需进一步创新肥沃耕层构建改土技术和水热资源高效利用调控技术，并结合抗性作物育种改良等措施齐头并进。此外，由于受气候和淡水资源的限制，大部分盐碱地难以被改良利用，但盐碱地地区有广袤的土地资源，丰富的盐生植物和咸水资源，应综合考虑当地的气候、淡水资源、经济发展水平以及生态可持续性，提出分类改良与利用规划，对于较难改良的地区因地制宜发展设施种养业，经济盐生植物、耐盐碱苗木和草牧业等产业，协同促进盐碱区农业可持续发展和生态环境保护。

总之，后备耕地对于保障国家粮食安全和促进农业可持续发展具有重要意义，后备耕地资源的开发利用是一项系统工程，需要综合考虑多方面因素，遵循生态优先、科学性、可持续性等原则，通过科技创新和政策引导，实现资源的可持续利用。

### （二）因地制宜科技创新提升耕地质量

就耕地质量保护而言，通过农业耕作管理措施优化、有机肥替代、土壤障碍因子消除及污染修复，结合农业微生物组开发和利用是提升我国土壤健康的重要途径。

1. 农业耕作管理措施优化

连作、间作与保护性耕作在长期的农业实践与研究中被证明是有效的农业管理措施，有利于耕地保护及可持续的产能实现。单一作物连作会增加土传病虫害的发生，导致农作物产量下降。而通过轮作和间套作提高作物多样性可有效降低病虫害的发生，并通过增加空间、时间、光能资源的利用效率，在增加作物产量的同时减少化肥、农药的使用，并通过增加归还到土壤中的植物残体碳源多样性改善土壤质量，实现耕地保护的目标。

此外，保护性耕作是一种以农作物秸秆覆盖还田、免（少）耕播种为主要内容的现代耕作技术体系，能够有效减少土壤风蚀水蚀、增加土壤肥力和保墒抗旱能力、提高农业生态和经济效益。如在吉林省梨树县高家村进行的一项连续 15 年秸秆覆盖免耕的实践结果显示，秸秆覆盖免耕能够有效促进土壤有机质的积累，增加土壤养分库容量和养分供应能力，同时，改善了土壤结构，增加了土壤蓄水抗旱保墒能力并提升了土壤的生物多样性及功能，实现生态效益与经济效益双丰收的可持续耕作技术。保护性耕作"梨树模式"也因而被纳入《国家黑土地保护工程实施方案（2021—2025 年）》，作为黑土保护的重要技术方案进行推广。

2. 有机肥替代

大量研究表明，作物产量与稳定性和土壤有机质含量呈正相关，耕地质量退化的本质问题是有机碳含量下降。而我国耕地土壤有机质含量偏低，不及欧洲同类土壤的一半。因此，耕地质量提升的核心和关键是提高土壤有机质。长期施用单一化肥会引起土壤的养分失衡和土壤质量退化，而有机无机配合施用是最好的土壤培肥手段。有机肥使用可以缓解由于化肥施用导致的土壤酸化、改善土壤结构、提高土壤生物活性及微生物介导的生态系统功能，在长期尺度上提高土壤肥力和作物生产力。因此，充分利用各种有机肥资源，可通过提高土壤有机质数量和质量实现耕地质量提升。有机肥资源主要包括农家肥、养殖场的畜禽粪便、秸秆还田、绿肥还田、农业废弃物等。这些物料如不加以利用，是一个大的污染源，如能科学利用则是重要的农业资源。为此，2015年，中央多部门联合颁布《全国农业可持续发展规划（2015—2030年）》和《关于打好农业面源污染防治攻坚战的实施意见》，强调秸秆还田和畜禽粪便、农作物秸秆资源化利用和无害化处理。2017年国务院办公厅印发《关于加快推进畜禽养殖废弃物资源化利用的意见》，农业农村部和生态环境部多部门连续多年印发相关指导意见和通知，督促畜禽粪污的资源化利用。

另外，耕地土壤本身也是巨大的碳库，2015年，联合国率先启动"千分之四计划"，即建议每年全球力争增加千分之四土壤有机碳储量，以抵消当年全球矿物燃料导致的碳排放。因此，通过良好的农田管理提升土壤有机碳含量，减少温室气体排放，对保障粮食安全和助力"双碳"目标均具有重要意义。

### 3. 土壤障碍因子消除及污染修复

我国不同地区的中低产田障碍因素各不相同，可通过针对性地研发相应的土壤调理剂和应用技术，消除或阻控土壤酸化、盐渍化、碱化等障碍因子，恢复中低产田的基础地力。如由农林废弃物在完全或部分缺氧的情况下，经高温热解碳化生成的生物炭可长期稳定地存在于土壤中而不易被矿化分解，具有改善土壤结构、保水保肥、提高土壤肥力和养分利用效率，还具有增加土壤碳库容量，钝化、吸附重金属等功能，被广泛应用于土壤改良和污染修复。对于污染土壤，进行源头管控和分类管理，根据不同农田土壤污染物特征和污染程度，结合采用重金属低积累粮食作物品种、重金属钝化与阻隔技术及农艺管理等措施，实现中轻度重金属污染农田的安全利用，为粮食安全生产提供保障。

4.农业微生物组开发和利用

一方面，微生物是土壤养分循环转化的主要驱动力，在土壤有机质形成、土壤养分供应和损失、温室气体产生与消减、污染物降解等中起着不可替代的作用。同时，微生物也是植物的"第二基因组"，在作物养分吸收、生长发育、病害抵御等方面发挥重要作用，直接或间接地影响着农田生态系统的生产力。如根瘤菌与豆科作物共生固氮可向植物提供90%以上的需氮量。自然界中80%以上的陆地植物都能与菌根真菌形成共生体系，通过菌根真菌的菌丝增加磷的吸收与活化，为植物提供了80%左右的磷元素。另如木霉菌、白僵菌、淀粉芽孢杆菌等已广泛应用于病虫害的生物防治和连作障碍土壤改良。另一方面，土壤和植物系统中也存在大量致病性微生物，包括病毒、细菌、真菌和卵菌等，可引起植物病害和生态系统失衡。如疫霉引起的马铃薯晚疫病曾导致爱尔兰100万人死于饥饿，200万人逃荒他乡。因此，挖掘和利用农田生态系统中微生物及其基因资源（即微生物组），被认为是实现农业绿色发展的重要途径。通过多组学技术和高通量培养，规模化筛选有益功能菌资源，并利用合成生物学原理构建最简作物微生物组促进作物生长，提高作物的抗病性、抗盐碱和干旱等逆境能力，以及利用植物—微生物互作关系指导作物育种等研究，成为当前生命科学、土壤学和生态学等学科交叉的热点前沿。农业微生物组的研究也逐渐进入产业化阶段，大型生物技术公司也加大对微生物组产品的研发和推广，为提升耕地质量和健康提供了新的机遇和途径。

## 四、结语

我国春秋时期就有管仲通过诱使鲁国大量生产鲁缟（一种绢布）而荒于种粮，最终借粮食危机不用一兵一卒灭了鲁国的典故，今有美国前国务卿基辛格"如果你控制了石油，你就控制了所有国家；如果你控制了货币，你就控制了全世界；如果你控制了粮食，你就控制了所有的人！"的经典名言。民以食为天，粮食是一个国家的命脉，是社会稳定和安康的基础，粮食安全怎么强调都不为过。"耕地是粮食生产的命根子，是中华民族永续发展的根基"，耕地数量保护和质量提升是国家战略的重要组成部分。

近年来，党中央、国务院高度重视耕地保护工作，习近平总书记多次指示，强调"保障国家粮食安全的根本在耕地"，要"像保护大熊猫一样保护耕地"，"确保中国人的饭碗牢牢端在自己手中"。2015年 10 月，党的十八届五中全会提出："坚持最严格的耕地保护制度，坚守耕地红线，实施"藏粮于地、藏粮于技"战略，提高粮食产能，确保谷物基本自给、口粮绝对安全。"党的二十大报告中也多次强调"农田必须是良田"，要"牢牢守住十八亿亩耕地红线，逐步把永久基本农田全部建成高标准农田"。2022 年 8 月，《中华人民共和国黑土地保护法》（简称《黑土地保护法》）颁布实施，成为我国第一部为耕地保护颁布的立法。2022 年 9 月，《耕地保护法（草案）》（征求意见稿）公开向社会征求意见，这是继《黑土地保护法》颁布施行后，针对全国耕地保护的又一重大的立法动向，标志着我国耕地保护制度的重大进步。这些政策、法规的颁布和实施，将为我国耕地保护和粮食安全保障保驾护航。

总之，我国耕地数量和质量不容乐观，全球气候变化背景下，全球气温上升，极端降水与极端干旱事件发生的频率和强度不断增加，也为我国耕地保护和粮食生产带来更大的挑战。需要从中央到地方各级决策和管理部门、广大科研人员、农机技术人员、农户和全社会的力量共同参与，为端牢"中国饭碗"努力！